普通高等院校计算机基础教育“十四五”规划教材
全国高等院校计算机基础教育研究会计算机基础教育教学研究项目成果

计算机应用基础教程

赵洪帅　李　潜◎编著

中国铁道出版社有限公司
CHINA RAILWAY PUBLISHING HOUSE CO., LTD.

内 容 简 介

本书是在教育部高等学校大学计算机课程教学指导委员会发布的教学基本要求及《计算机应用基础教程》第二版基础上改编而成，是全国高等院校计算机基础教育研究会计算机基础教育教学研究项目成果。

WPS 是国产软件的代表作，经过多年的积累和发展，现已成为云时代的全方位办公套件，拥有广大的用户群，所占市场份额逐年递增。本书针对这一变化，在第二版的基础上，结合日常学习和工作的需要，重点介绍了 WPS 办公套件的应用，并更新了计算机基础、计算机网络的部分内容。同时为了紧跟信息技术发展的脚步，向读者介绍计算机应用技术的热点和发展趋势，本书还新增了数据库与大数据技术、人工智能技术的章节。

全书共 8 章，包含大学计算机基础课程中公共基础部分的内容，主要包括计算机基础与信息表示、Windows 10 操作系统、计算机网络与 Internet 应用、WPS Office 2019 办公套件、数据库与大数据技术、人工智能技术等。

本书内容全面、图文并茂、案例典型、注重实践、强调计算思维和信息素养的培养，可作为普通高等学校非计算机专业“大学计算机基础”课程的教材，也可作为各类计算机培训班和成人教育同类课程的教材或自学读物。

图书在版编目（CIP）数据

计算机应用基础教程 / 赵洪帅，李潜编著 . —3 版 . —北京：中国铁道出版社有限公司，2021.8（2022.7 重印）
普通高等院校计算机基础教育“十四五”规划教材
ISBN 978-7-113-28140-3

Ⅰ.①计… Ⅱ.①赵… ②李… Ⅲ.①电子计算机 - 高等学校 - 教材 Ⅳ.①TP3

中国版本图书馆 CIP 数据核字（2021）第 131842 号

书　　名：计算机应用基础教程
作　　者：赵洪帅　李　潜

策　　划：魏　娜　　　　**编辑部电话**：（010）51873202
责任编辑：刘丽丽　贾淑媛
封面设计：郑春鹏
责任校对：苗　丹
责任印制：樊启鹏

出版发行：中国铁道出版社有限公司（100054，北京市西城区右安门西街 8 号）
网　　址：http://www.tdpress.com/51eds/
印　　刷：三河市国英印务有限公司
版　　次：2017 年 8 月第 1 版　2021 年 8 月第 3 版　2022 年 7 月第 3 次印刷
开　　本：787 mm×1 092 mm 1/16　**印张**：13.75　**字数**：370 千
书　　号：ISBN 978-7-113-28140-3
定　　价：49.80 元

前　言

随着信息技术和网络的快速发展，社会各行业对人才的信息素养要求也与日俱增。大学计算机基础是高等学校非计算机专业的公共必修课程，是学习其他计算机相关技术的基础，承担着培养学生的计算思维能力、提升其信息素养的重要责任。本书是在教育部高等学校大学计算机课程教学指导委员会发布的教学基本要求及《计算机应用基础教程》第二版基础上改编而成，是全国高等院校计算机基础教育研究会计算机基础教育教学研究项目成果。

WPS Office 2019 是国产软件的代表作，经过多年的积累和发展，现已成为云时代的全方位办公套件，拥有广大的用户群，所占市场份额逐年递增。本书针对这一变化在第二版的基础上，结合日常学习和工作的需要，重点介绍了 WPS Office 2019 办公套件的应用，并更新了计算机基础、计算机网络的部分内容。同时为了紧跟信息技术发展的脚步，向读者介绍计算机应用技术的热点和发展趋势，本书还新增了数据库与大数据技术、人工智能技术的章节。

本书采用案例式教学法，以任务为导向，引导学生通过解决实际问题熟练掌握计算机操作技能，培养学生利用计算机技术发现问题、解决问题的计算思维能力，激发学生的学习兴趣和创新意识，语言简洁，概念清晰，注重实用性和可操作性。本书采用“纸质教材 + 数字课程”的出版形式，纸质教材与丰富的数字化资源一体化设计。纸质教材内容精炼适当，编排新颖；对大量操作类实例提供操作演示视频，读者可以通过扫描二维码直接观看精心制作的微视频，方便学习与使用。

本书共分为 8 章。第 1 章介绍计算机基础知识；第 2 章介绍操作系统基本概念与 Windows 10 的操作应用；第 3 章介绍计算机网络的基础理论和常见的 Internet 应用技能与工具；第 4 章介绍 WPS 2019 文字的操作；第 5 章介绍 WPS 2019 表格的操作；第 6 章介绍 WPS 2019 演示文稿的操作；第 7 章介绍数据库与大数据技术；第 8 章介绍人工智能技术及其最新应用。

本书第1~3章由李潜编写，第4~6章由李潜和赵洪帅共同编写，第7~8章由赵洪帅编写。中央民族大学信息工程学院公共计算机教学部的全体教师对本书的编写提出许多宝贵的意见和建议，在此表示衷心的感谢。

由于编者水平有限，书中不足之处在所难免，恳请专家、教师及读者批评指正，提出宝贵意见。

编 者

2021年5月

目　录

第1章 计算机基础与信息表示

计算机是20世纪最伟大的科学发明之一，是当今信息化社会最不可或缺的应用工具。理解和掌握计算机的基本概念、构成及工作原理，对于应用计算机解决实际问题至关重要。本章将从计算机的产生、发展、构成和工作原理出发，详细介绍微型计算机的基本组成、工作原理以及计算机内部的信息表示。

1.1 计算机概述

1.1.1 计算机基本概念

1. 计算机体系结构

冯·诺依曼（John von Neumann，1903—1957年，见图1-1）是美籍匈牙利数学家，在现代计算机、博弈论等诸多领域具有杰出建树，有“现代计算机之父”和“博弈论之父”之称。

图1-1 冯·诺依曼

冯·诺依曼提出了一个全新的存储程序通用电子数字计算机方案——EDVAC（Electronic Discrete Variable Automatic Computer，离散变量自动电子计算机），这就是人们通常所说的冯·诺依曼型计算机。该计算机采用“二进制”代码表示数据和指令，并提出了“程序存储”的概念，从而奠定了现代计算机的坚实基础。

冯·诺依曼体系结构计算机具有以下几个特点：

① 计算机硬件系统由运算器、控制器、存储器、输入设备和输出设备5个部分组成。

② 采用存储程序的方式，程序和数据存放在同一个存储器中，计算机按照程序控制执行。

③ 数据和程序以二进制表示。

冯·诺依曼体系结构是现代计算机的基础，虽然计算机制造技术发生了巨大变化，但冯·诺依曼体系结构仍沿用至今。

2. 计算机工作原理

依据冯·诺依曼的体系结构，计算机工作原理如图1-2所示。控制器把需要的程序和数据从存储器取出来，送至运算器。运算器能够完成各种算术、逻辑运算和数据传送等数据加工处理的能力，而存储器必须具有长期记忆程序、数据、中间结果及最终运算结果的能力。控制器能够根据需要控制程序走向，并能根据指令控制机器的各部件协调操作。输出设备则能够按照要求将处理结果输出给用户。

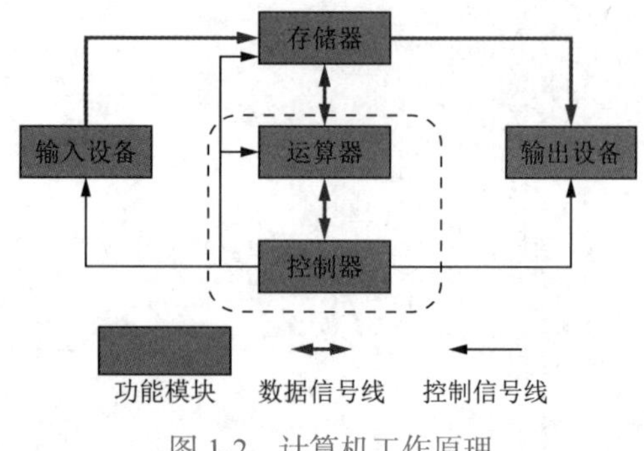

图 1-2 计算机工作原理

3. 计算机类别

人们按照计算机的运算速度、字长、存储容量、软件配置及用途等多方面的综合性能指标，将计算机分为超级计算机、大型计算机、小型计算机、微型计算机、工作站等几类。

（1）超级计算机

超级计算机（Supercomputer）也叫巨型计算机，是目前功能最为强大的计算机。超级计算机可以极其迅速地处理大量的数据。由于规模和价格的原因，超级计算机比较少见，只是在需要拥有极大、极快计算机能力的组织和机构中才会使用。超级计算机主要被用于气象预报、核能研究、石油勘探、人类基因组分析，以及社会和经济现象模拟等新科技领域的研究。

（2）大型计算机

大型计算机（MainFrame）是被广泛应用于商业运作的一种通用型计算机。大型计算机运算速度快，存储容量大，可靠性高，通信联网功能完善，有丰富的系统软件和应用软件，能提供数据的集中处理和存储功能，可以支持几千个用户同时访问同样的数据。常用来为大中型企业的数据提供集中的存储、管理和处理，承担主服务器的功能，在信息系统中起着核心作用。大型计算机通常用来执行规模庞大的任务，例如：银行的交易服务与内部管理，航空公司的航班安排与管理，大型企业的生产、库存、客户业务等的管理，股票交易系统管理等。

（3）小型计算机

小型计算机（Minicomputer）是比大型计算机存储容量小、处理能力弱的中等规模的计算机。小型计算机结构简单，可靠性高，成本较低，它使用更加先进的大规模集成电路与制造技术，主要面向中小企业。通常被用作网络环境中的服务器，在这里，多台计算机被连接起来共享资源。

（4）微型计算机

微型计算机（Microcomputer）是基于微处理器（Microprocessor）技术的计算机，又称 PC 或微机，这是最常见的计算机，其特点是价格便宜，使用方便，适合办公室或家庭使用。微型计算机又可分为台式计算机和便携式计算机。两类微型计算机的性能相当，只不过后者体积小，质量轻，便于外出携带，例如笔记本计算机、掌上电脑等。

（5）工作站

工作站（Workstation）是一种中型的单用户计算机，它比小型计算机的处理能力弱，但是比个人用微型计算机拥有更强大的处理能力和较大的存储容量。工作站常用于需执行大量运算的特殊应用程序。例如，科学建模、设计工程图、动画制作以及软件开发、排版印刷等。工作站和小型计算机一样，都常被用作网络环境中的服务器。

1.1.2 计算机发展史

1. 计算机的诞生

电子计算机诞生于 20 世纪中叶，是人类最伟大的技术发明之一，是科学发展史上的里程碑。

在当今的信息社会，计算机已经成为获取、处理、保存信息和与他人通信的必不可少的工具，成为人们工作和生活中的得力助手。

（1）图灵机

20 世纪上半叶，图灵机的出现在理论上奠定了现代电子计算机的基础。

图 1-3　阿兰 • 图灵

阿兰 • 图灵（Alan Mathison Turing，1912—1954 年，见图 1-3）是英国科学家，被视为计算机科学和人工智能之父。1936 年，图灵发表了《可计算数字及其在判断性问题中的应用》，论文中图灵提出了一种抽象的计算模型——“图灵机”。图灵机的基本思想是用机器来模拟人们用纸笔进行数学运算的过程，可以描述为：有一条无限长的纸带，纸带分成了一个一个的小方格，每个方格有不同的颜色。有一个机器头在纸带上移来移去。机器头有一组内部状态，还有一些固定的程序。在每个时刻，机器头都要从当前纸带上读入一个方格信息，然后结合自己的内部状态查找程序表，根据程序输出信息到纸带方格上，并转换自己的内部状态，然后进行移动。为了纪念图灵，美国计算机学会于 1966 年创立了“图灵奖”，这是计算机科学领域的最高奖项。

（2）ENIAC

图 1-4　ENIAC

世界上第一台电子数字计算机于 1946 年 2 月在美国宾西法尼亚大学研制成功，名称为 ENIAC（Electronic Numerical Integrator And Computer），即“电子数字积分计算机”，如图 1-4 所示。第一台电子计算机解决了计算速度、计算准确性和复杂计算的问题，标志着计算机时代的到来。它用了 1.8 万多个电子管，质量 30 多吨，占地 170 m^2，每小时耗电 140kW • h，运算速度 5 000 次 / 秒。ENIAC 的成功是计算机发展史上的一座里程碑。

2. 计算机的发展

根据所用电子器件的不同，计算机的发展过程可分为四个阶段。

（1）第一代电子计算机（1946—1954 年）

第一代电子计算机是电子管计算机，时间为 1946—1954 年。其主要特征是采用电子管作为计算机的主要逻辑部件；用穿孔卡片机作为数据和指令的输入设备；主存储器采用汞延迟线和磁鼓，外存储器采用磁带机；使用机器语言或汇编语言编写程序；运算速度是每秒几千次至几万次。第一代电子计算机体积大、功耗高且价格昂贵，主要用于军事计算和科学研究工作。

（2）第二代电子计算机（1954—1964 年）

第二代电子计算机是晶体管计算机，时间为 1954—1964 年。其主要特征是采用晶体管作为计算机的主要逻辑部件；主存储器采用磁心，外存储器开始使用硬磁盘；利用 I/O 处理机提高输入输出能力；开始有了系统软件，提出了操作系统的概念，推出了 Fortran、Cobol 和 Algol 等高级程序设计语言及相应的编译程序；运算速度达每秒几十万次。与第一代电子计算机相比，第二代电子计算机体积小、功能强、可靠性高、成本低，除了用于军事计算和科学研究工作外，还用于数据处理和事务处理。

（3）第三代电子计算机（1964—1970 年）

第三代电子计算机是集成电路计算机，时间为 1964—1970 年。其主要特征是采用中、小规模集成电路作为计算机的主要逻辑部件；主存储器采用半导体存储器；出现了分时操作系统，产生了标准化的高级程序设计语言和人机会话式语言；运算速度可达每秒几百万次。第三代电子计算机速度和稳定性有了更大程度的提高，而体积、重量和功耗则大幅度下降。计算机开始广泛应用于企业管理、辅助设计和辅助系统等领域。

（4）第四代电子计算机（1970 年至今）

第四代电子计算机是大规模、超大规模集成电路计算机，时间是 1971 年至今。其主要特征是采用大规模集成电路和超大规模集成电路作为计算机的主要逻辑部件；内存储器普遍采用半导体存储器；在操作系统方面，发展了并行处理技术和多机系统等，在软件方面，发展了数据库系统、分布式系统、高效而可靠的高级语言等；运算速度可达每秒几百亿次到几百万亿次；微型计算机大量进入家庭，产品更新、升级速度加快；多媒体技术崛起，计算机技术与通信技术相结合，计算机网络把世界紧密地联系在一起；应用领域更加广泛，计算机已经深入到办公自动化、数据库管理、图像处理、语音识别和专家系统等领域。

3. 计算机的未来

随着超导技术、量子科学及生物科学的不断发展，以及它们与计算机技术的深度融合，未来的计算机将向着以下几个方向发展。

（1）超导计算机

超导计算机的耗电仅为半导体器件计算机的几千分之一，它执行一条指令只需十亿分之一秒，比半导体元件快几十倍。以目前的技术制造出的超导计算机的集成电路芯片只有 3 ～ $5mm^2$ 大小。

（2）量子计算机

量子力学证明，个体光子通常不相互作用，但是当它们与光学谐腔内的原子聚在一起时，它们相互之间会产生强烈影响。光子的这种特性可以用来发展量子力学效应的信息处理器件——光学量子逻辑门，进而制造量子计算机。量子计算机利用原子的多重自旋进行。量子计算机可以在量子位上计算，可以在 0 和 1 之间计算。在理论方面，量子计算机的性能能够超过任何可以想象的标准计算机。

（3）生物计算机

生物计算机主要是以生物电子元件构建的计算机。它利用蛋白质的开关特性，利用蛋白质分子作元件，从而制成生物芯片。其性能是由元件与元件之间电流启闭的开关速度来决定的。用蛋白质制成的计算机芯片，它的一个存储点只有一个分子大小，所以它的存储容量可以达到普通计算机的十亿倍。由蛋白质构成的集成电路，其大小只相当于硅片集成电路的十万分之一，而且运行速度更快，执行一条指令只需 10^{-11} 秒，大大超过人脑的思维速度。

1.1.3 计算机应用

1. 科学计算

科学计算也称“数值计算”。在近代科学技术工作中，科学计算量大而复杂。利用计算机的高速度、大容量存储和连续运算能力，可解决人工无法实现的各种科学计算问题。使用计算机后，由于运算速度可以提高成千上万倍，过去人工计算需要几年或几十年才能完成的，现在用几天甚至几小时、几分钟就可以得到满意的结果。目前，在整个计算机的应用领域中，从事科学计算的比重虽已不足 10%，但这部分工作的重要性依然存在。

2. 数据处理和信息管理

计算机中的“数据”指文字、声音、图像、视频等信息。数据处理是利用计算机对所获取的信息进行记录、整理、加工、存储和传输等。信息管理是指企业管理、统计、分析、资料管理等数据处理量比较大的加工、合并、分类等方面的工作。

计算机的应用从数值计算发展到非数值计算是计算机发展史上的一次巨大飞跃，数据处理和信息管理是计算机应用十分重要的一个方面。据统计，用于数据处理和信息管理的计算机在所有应用方面所占比例达 80% 以上。

3. 自动控制

自动控制就是由计算机控制各种自动装置、自动仪表、自动加工工具的工作过程。例如，在机械工业方面，用计算机控制机床、整个生产线、整个车间甚至整个工厂。利用计算机中的自动控制不仅可以实现精度高、形状复杂的零件加工自动化，而且还可以使整个生产线、整个车间甚至整个工厂实现完全自动化。

自动控制不但可以提高产品质量，而且可以增加产量、降低成本。近几年来，以计算机为中心的自动控制系统被广泛地应用于工业、农业、国防等部门的生产过程中，并取得了显著成效。

4. 计算机辅助系统

计算机辅助设计（Computer Aided Design，CAD）就是用计算机来帮助设计人员进行设计。例如，可以使用 CAD 技术进行建筑结构设计、建筑图纸绘制等。

计算机辅助教学（Computer Aided Instruction，CAI）是利用多媒体技术来辅助教学，可以使教学内容生动、形象，从而使教学收到良好的效果。

计算机辅助制造（Computer Aided Manufacture，CAM）就是用计算机来进行生产设备的管理、控制和操作的过程。例如，在产品的制造过程中，用计算机控制机器的运行，自动完成产品的加工、装配、检测和包装等制造过程；在生产过程中，利用 CAM 技术能提高产品质量、降低成本、缩短生产周期、改善劳动条件。

计算机辅助测试（Computer Aided Test，CAT）就是利用计算机进行产品测试。

5. 网络应用

覆盖全球的计算机网络帮助人们跨越了地理距离的鸿沟，实现了全世界范围内电子信息及软硬件资源的零距离共享。网络与社会的交融并包，已经涉及社会经济和个人生活的方方面面，不可或缺。

6. 计算机新热点

（1）人工智能

人工智能主要是指利用计算机模拟人类某些智能行为（如感知、思维、推理、学习、理解等）的理论、技术和应用。人工智能主要表现在以下三个方面：

① 机器人。主要分为工业机器人和智能机器人两类。前者用于完成重复性的规定操作，通常用于代替人进行某些作业（如海底、井下、高空作业等）；后者具有某些智能，具有感知和识别能力，能“说话”和“回答”问题。

② 专家系统。计算机具有某些领域专家的专门知识，并使用这些知识来处理该领域的问题。

例如，医疗专家系统能模拟医生分析病情、开药方和假条。

③ 模式识别。重点研究图形识别和语音识别。例如，机器人的视觉器官和听觉器官、公安机关的指纹分析器、识别手写邮政编码的自动分信机等，都是模式识别的应用。

（2）云计算

简单地说，云计算就是让用户通过互联网，随时随地快速方便地使用其提供的各种资源服务。这种服务模式提供可用的、便捷的、按需的网络访问，进入可配置的计算资源共享池（资源包括网络、服务器、存储、应用软件、服务），这些资源能够被快速提供，只需投入很少的管理工作，或与服务供应商进行很少的交互。

① 云计算的特点：

- 计算资源集成提高设备计算能力。
- 分布式数据中心保证系统容灾能力。
- 平台模块化设计体现高可扩展性。
- 虚拟资源池为用户提供弹性服务。
- 按需付费降低使用成本。

② 云计算的典型应用。

云计算提供的服务包括基础设施即服务（Infrastructure-as-a-Service，IaaS）、平台即服务（Platform-as-a-Service，PaaS）、软件即服务（Software-as-a-Service，SaaS），如图 1-5 所示。

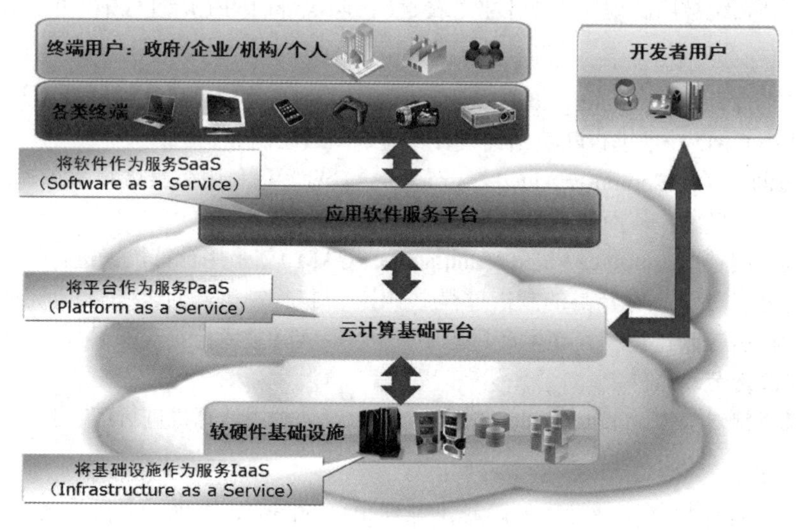

图 1-5 云计算应用模式示意图

云计算的典型应用领域有：

云教育。教育在云技术平台上的开发和应用，被称为“教育云”。云教育从信息技术的应用方面打破了传统教育的垄断和固有边界。通过教育走向信息化，使教育的不同参与者——教师、学生、家长、教育部门等在云技术平台上进行教育、教学、娱乐、沟通等。同时可以通过视频云计算的应用对学校特色教育课程进行直播和录播，并将信息存储至流存储服务器上，便于长时间和多渠道享受教育成果。

云社交。云社交是一种虚拟社交应用。它以资源分享作为主要目标，将物联网、云计算和移动互联网相结合，通过其交互作用创造新型社交方式。云社交把社会资源进行测试、分类和集成，并向有需求的用户提供相应的服务。用户流量越大，资源集成越多，云社交的价值就越大。

目前，云社交已经初具模型。

云安全。云安全是云计算在互联网安全领域的应用。云安全融合了并行处理、网络技术、未知病毒等新兴技术，通过分布在各领域的客户端对互联网中存在异常的情况进行监测，获取最新病毒程序信息，将信息发送至服务端进行处理并推送最便捷的解决建议。通过云计算技术使整个互联网变成了终极安全卫士。

云存储。云存储是云计算的一个新的发展浪潮。云存储不是某一个具体的存储设备，而是互联网中大量的存储设备通过应用软件共同作用、协同发展，进而带来的数据访问服务。云计算系统要运算和处理海量数据，为支持云计算系统需要配置大量的存储设备，这样云技术系统就自动转化为云存储系统。故而，云存储是云计算的概念的延伸。

（3）物联网

物联网是新一代信息技术的重要组成部分，其英文名称是“The Internet of things”。顾名思义，物联网就是物物相连的互联网。这有两层意思：其一，物联网的核心和基础仍然是互联网，是在互联网基础上延伸和扩展的网络；其二，其用户端延伸和扩展到了任何物品与物品之间，进行信息交换和通信。物联网通过智能感知、识别技术与普适计算，广泛应用于网络的融合中，也因此被称为继计算机、互联网之后世界信息产业发展的第三次浪潮。物联网是互联网的应用拓展，与其说物联网是网络，不如说物联网是业务和应用。物联网示意图如图 1-6 所示。

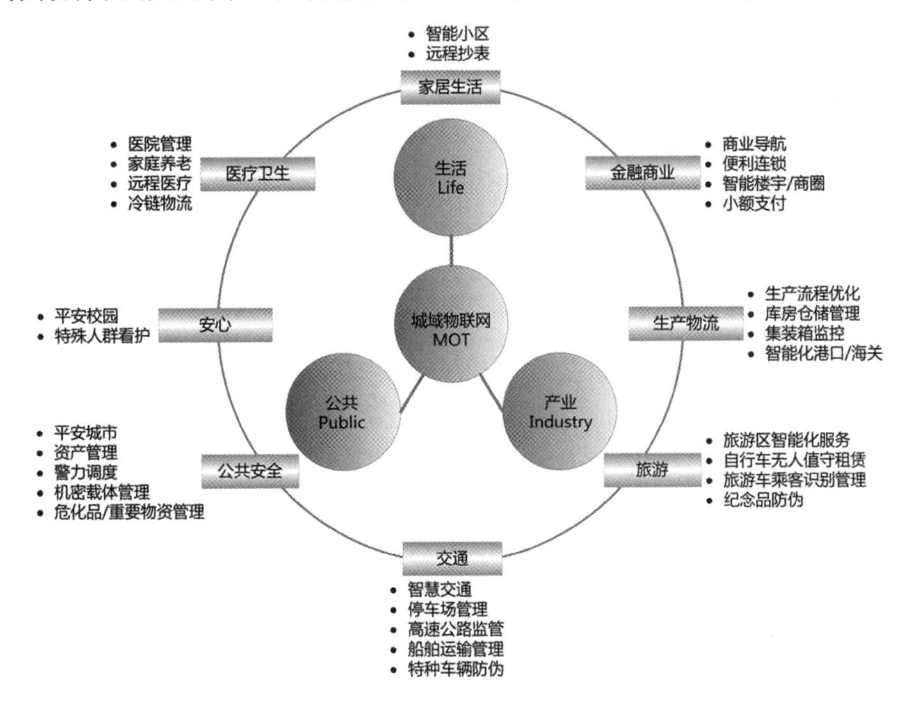

图 1-6　物联网示意图

① 物联网的实现主要依赖以下几个关键技术：

● RFID 技术。RFID 即射频识别技术，通过射频信号自动识别目标对象，并对其信息进行标记、登记、存储和管理等。

● 传感技术。传感技术是关于从自然信源获取信息，并对之进行处理（变换）和识别的一门多学科交叉的现代科学与工程技术，它涉及传感器、信息处理和识别的规划设计、开发、建造、测试、应用及评价改进等活动。

●嵌入式技术。嵌入式是一种专用的计算机系统，作为装置或设备的一部分。通常，嵌入式系统是一个控制程序，存储在ROM中的嵌入式处理器控制板上，如智能手机、PDA、数码照相机等都是嵌入式设备。

●位置服务技术。位置服务又称定位服务，是由移动通信网络和卫星定位系统结合在一起提供的一种增值业务，通过一组定位技术获得移动终端的位置信息，提供给移动用户本人或他人以及通信系统，实现各种与位置相关的业务。位置服务技术实质上是一种概念较为宽泛的与空间位置有关的新型服务业务。

② 物联网典型应用。物联网的应用广泛，下面介绍几个典型的应用案例。

●物联网传感器产品已率先在上海浦东国际机场防入侵系统中得到应用。该系统铺设了3万多个传感结点，覆盖了地面、栅栏和低空探测，可以防止人员的翻越、偷渡、恐怖袭击等攻击性入侵。

●首家手机物联网落户广州。将移动终端与电子商务相结合，让消费者可以与商家进行便捷的互动交流，随时随地体验品牌品质，传播分享信息，实现互联网向物联网的从容过渡，缔造出一种全新的零接触、高透明、无风险的市场模式。手机物联网购物其实就是闪购。这种智能手机和电子商务的结合，是“手机物联网”的一项重要功能。

●与门禁系统的结合。一个完整的门禁系统由读卡器、控制器、电锁、出门开关、门磁、电源、处理中心这八个模块组成，无线物联网门禁将门点的设备简化到了极致：一把电池供电的锁具。除了门上面要开孔装锁外，门的四周不需要任何辅佐设备。整个系统简洁明了，大幅缩短施工工期，也能降低后期维护的成本。无线物联网门禁系统的安全与可靠首要体现在以下两个方面：无线数据通信的安全性和传输数据的安稳性。

●与云计算的结合。物联网的智能处理依靠先进的信息处理技术，如云计算、模式识别等技术，云计算可以从两个方面促进物联网和智慧地球的实现：首先，云计算是实现物联网的核心；其次，云计算促进物联网和互联网的智能融合。

●与移动互联结合。物联网的应用在与移动互联相结合后，发挥了巨大的作用，智能家居使得物联网的应用更加生活化，具有网络远程控制、遥控器控制、触摸开关控制、自动报警和自动定时等功能，普通电工即可安装，变更扩展和维护非常容易，开关面板颜色多样，图案个性，给每一个家庭带来不一样的生活体验。

●与指挥中心的结合。物联网在指挥中心已得到很好的应用，网连网智能控制系统可以指挥中心的大屏幕、窗帘、灯光、摄像头、DVD、电视机、电视机顶盒、电视电话会议，也可以调度马路上的摄像头图像到指挥中心，同时也可以控制摄像头的转动。网连网智能控制系统还可以通过5G网络进行控制，可以多个指挥中心分级控制，也可以连网控制，还可以显示机房温度湿度，可以远程控制需要控制的各种设备开关电源。

●物联网助力食品溯源。从2003年开始，中国已将先进的RFID射频识别技术运用于现代化的动物养殖加工企业，开发出了RFID实时生产监控管理系统。该系统能够实时监控生产的全过程，自动、实时、准确地采集主要生产工序与卫生检验、检疫等关键环节的有关数据，较好地满足质量监管要求，使过去市场上常出现的肉质问题得到了妥善的解决。此外，政府监管的部门可以通过该系统有效监控产品质量安全，及时追踪、追溯问题产品的源头及流向，规范肉食品企业的生产操作过程，从而有效提高肉食品的质量安全。

（4）大数据

互联网时代，人们热衷于利用网络进行社交、通信、获取生活信息，开展工作交流，建立起越来越复杂的基于电子数据的社会链接，数据量呈现爆炸式增长。随着计算机计算能力的长足进步和数据处理技术的发展，人们逐渐开发出管理和分析这些巨量数据的方法和工具，发现其中隐藏着巨大的机会和价值，将给许多领域带来变革性的发展。因此，大数据研究领域吸引了产业界、政府和学术界的广泛关注，大数据时代已经到来。

目前，大数据技术已经被广泛应用于金融、通信、电力、医疗、旅游等多个领域。

① 金融大数据。大数据时代，“互联网＋金融”已经成为极具潜力的大数据应用领域。移动支付、众筹、投资顾问、互联网保险等互联网金融新业态的蓬勃发展，塑造了“以客户为中心、满足客户消费体验”的新型金融服务模式。应用大数据挖掘和分析工具有效管理非结构化金融数据，进行多维实时分析和挖掘，可以获得关于客户消费习惯、资产负债、流动性状态、信用变化等信息的精准结论，从而为金融服务机构准确预测客户行为奠定基础。这些历史性变革已经加速推进了金融机构的业务和产品创新，实现了精准营销和加强风险管控，促使企业数据资产向战略资产转化。

② 通信大数据。随着移动互联网业务的飞速发展和移动终端设备的普及，移动通信数据的数量成倍增长且类型繁杂，所以运营商必须对这些数据进行科学的采集、清洗和存储，才能更好地分析数据的潜在价值，明确客户所需服务。大数据技术能够帮助移动通信运营商快速实现数据采集，建立跨域的统一数据模型，对各类数据进行分析整理，面向现有用户，针对性细化各类通信业务，提升运营商在客户心中的信任度，增加用户黏性。

③ 电力大数据。电力大数据的有效应用可以面向行业内外提供大量的高附加值的增值服务业务，对于电力企业盈利与控制水平的提升有很高的价值。有电网专家分析称，每当数据利用率调高 10%，便可使电网提高 20%~49% 的利润。电力行业的数据源主要来源于电力生产和电能使用的发电、输电、变电、配电、用电和调度各个环节，可大致分为三类：一是电网运行和设备检测或监测数据；二是电力企业营销数据，如交易电价、售电量、用电客户等方面数据；三是电力企业管理数据。通过使用智能电表等智能终端设备，可采集整个电力系统的运行数据，再对采集的电力大数据进行系统地处理和分析，从而实现对电网的实时监控；进一步结合大数据分析与电力系统模型对电网运行进行诊断、优化和预测，为电网实现安全、可靠、经济、高效地运行提供保障。

④ 医疗大数据。2018 年 9 月，国家卫生健康委印发了《国家健康医疗大数据标准、安全和服务管理办法（试行）》，对医疗健康大数据行业从规范管理和开发利用的角度出发进行规范。该办法从医疗大数据标准、医疗大数据安全、医疗大数据服务、医疗大数据监督四个方面提出指导意见。目前，医疗大数据技术已被应用于慢病管理、医疗保险、医药研发、医院管理、健康管理、智慧养老、基因测序等医疗健康领域。未来，深挖医疗大数据的价值将是医院升级、医疗健康相关企业发展的重要方向。

1.2　计算机系统组成

1.2.1　计算机系统组成

计算机系统包括硬件系统和软件系统两大部分。硬件是计算机的躯体，软件是计算机的灵魂，两者缺一不可。硬件系统是指所有构成计算机的物理实体，它包括计算机系统中一切电子、机械、光电等设备。软件系统是指计算机运行时所需的各种程序、数据及其有关资料。微型计算机又称个人计算机（或 PC），其系统的主要组成如图 1-7 所示。

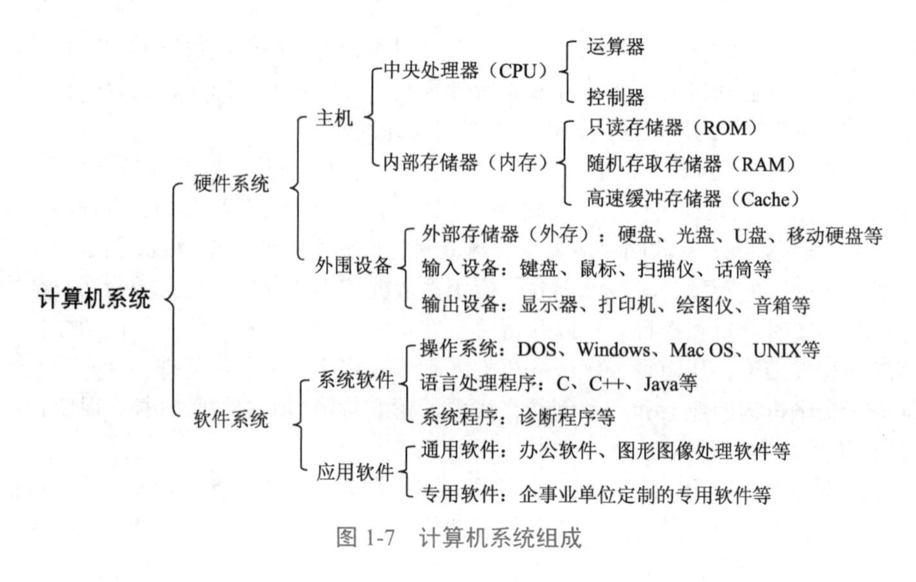

图 1-7 计算机系统组成

1.2.2 计算机硬件系统

从用户的角度看，计算机由主机和外围设备组成，主机内部重要的部件有主板、CPU、内存、硬盘、电源以及各种接口等，外围设备主要是显示器、键盘、鼠标等。

1. 中央处理器

中央处理器（Central Processing Unit，CPU）是计算机进行数据处理和运算的地方，是整个计算机硬件系统的核心。目前许多微型计算机的CPU是由单个或两个处理器（甚至更多个）构成，有时又被称作微处理器（MicroProcessor）或双核处理器（四核处理器等）。

在微型计算机上，CPU和微处理器这两个名词是经常被互换使用的。CPU位于计算机的主板上，它由两部分组成：

控制器（Control Unit，CU）。控制器是计算机的控制指挥中心，是计算机的神经中枢。它的基本功能是从存储器中取出指令并对指令进行分析和判断，并根据指令发出控制信号，使计算机能自动、连续地工作。

运算器（Arithmetic/Logic Unit，ALU）。运算器又称算术/逻辑单元，是进行算术运算和逻辑运算的部件。

2. 存储器

存储器（Memory）是指提供数据、指令及运算结果暂时或永久存储的地方，当计算机要进行运算时，需先从存储单元取出所需的数据，然后送至算术/逻辑单元处理。存储单元可分为主存储器与辅助存储器两类，其存储层次如图1-8所示。

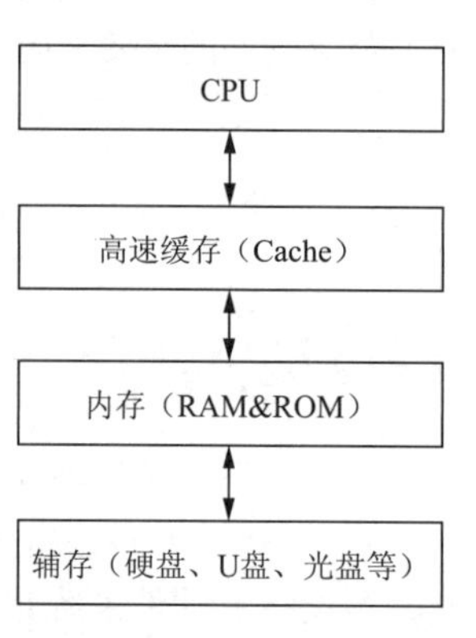

图 1-8 计算机存储层次结构

（1）主存储器

主存储器，也称内存储器，通常包括以下三种。

高速缓存（Cache），在逻辑上位于CPU和内存之间，其运算速度高于内存而低于CPU。它只是提高CPU的读写速度，而不会改变内存的容量。当CPU读写数据或程序时首先访问Cache，若Cache中没有时再访问随机存储器RAM。Cache分内部和外部两种类型：内部Cache容量较小，集成在CPU芯片内部，称为一级

Cache；外部 Cache 其容量比内部 Cache 大，集成在系统板上，称为二级 Cache。

随机存取存储器（Random Access Memory，RAM），又称可读写存储器，如图 1-9 所示，是计算机存储目前正在使用的数据和程序的主要存储器，“随即存取”表示当在键盘上输入信息或打开一个程序时，信息直接就存入 RAM，RAM 可以非常迅速地存取数据，根据可用的容量大小，快速存取大量的数据。但是，RAM 只在计算机的电源打开时才起作用。当电源关闭时，RAM 上存储的任何信息都会丢失。计算机内存容量一般指的是 RAM 的容量，目前市场上常见的内存容量为 4 GB、8 GB、16 GB 和 32 GB 等。

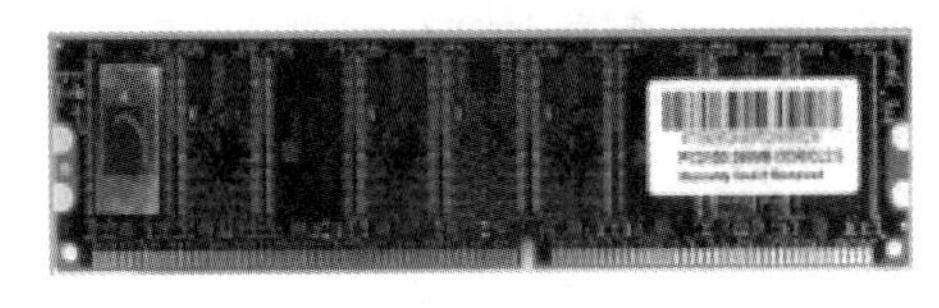

图 1-9　随机存取存储器（RAM）

只读存储器（Read Only Memory，ROM）存放的数据只能被读取和使用，但不能被改写，数据也不会因为电源中断而丢失。存放于 ROM 中的数据通常是由制造商事先写入、用来控制计算机基本功能的信息或软件程序。因此，ROM 通常是存放系统中比较重要或初始设置的数据，例如个人计算机的 BIOS（Basic Input and Output System）就是一个 Flash ROM，存放计算机系统的控制程序和硬件的设置数据。

（2）辅助存储器

辅助存储器，也称外存储器，是指被 CPU 间接访问的存储器，用于存放当前不需要立即使用的信息，是内存功能的补充和延伸。它只能与内存交换信息，不能被计算机系统中的其他部件直接访问。外存储器的特点是容量大、价格低，但是存取速度慢。外存用于存放暂时不用的程序和数据。常用的外部存储器包括机械硬盘、固态硬盘、光盘、U 盘等。它们的存储容量也以字节（Byte）为基本单位。

机械硬盘，是计算机主要的外部存储介质之一，由一个或者多个铝制或者玻璃制的碟片组成，这些碟片外覆盖有铁磁性材料。绝大多数硬盘都是固定硬盘，即把磁头、盘片及执行机构都密封在一个整体内，与外界隔绝，也称为温彻斯特盘。硬盘按数据接口的类型分为 SCSI、IDE 和 SATA。

固态硬盘（Solid State Disk）是摒弃传统磁介质，采用电子存储介质进行数据存储和读取的一种技术，即用固态电子存储芯片阵列制成的硬盘，由控制单元和存储单元（DRAM 或 FLASH 芯片）两部分组成。存储单元负责存储数据，控制单元负责读取、写入数据。它拥有速度快、耐用防震、无噪声、质量轻等优点，突破了传统机械硬盘的性能瓶颈，拥有极高的存储性能。

光盘是利用光学原理进行信息读写的存储器。光盘存储器主要由光盘驱动器（即 CD-ROM 驱动器）和光盘组成。光盘驱动器（光驱）是读取光盘的设备，通常固定在主机箱内。光盘是指利用光学方式进行信息存储的圆盘。

U 盘以 USB（Universal Serial Bus，通用串行总线）作为与主机通信的接口，可采用多种材料作为存储介质，是性能很好又具有可移动性的存储产品。U 盘体积小，容量大，存取速度快，可靠性高，可擦写，不需要驱动器，无外接电源，只要介质不损坏，里面的数据就可以长期保存。

3. 主板

主机是微型计算机中的一块集成电路板。为了与外围设备连接，在主机板上还安装有若干个接口插槽，可以在这些插槽上插入与不同外围设备连接的接口卡。主板上有控制芯片组、CPU 插座、BIOS 芯片，内存条插槽，主板上也集成了软驱接口、硬盘接口、并行接口、串行接口、USB 接口、AGP 总线扩展槽、PCI 局部总线扩展槽、ISA 总线扩展槽、键盘和鼠标接口以及一些连接其他部件的接口等。主板是微型计算机系统的主体和控制中心，它几乎集合了全部系统的功能，控制着各部分之间的指令流和数据流。随着计算机的发展，不同型号的微型计算机的主板结构是不一样的，图 1-10 所示为主板外观示意图。

图 1-10　主板外观示意图

4. 总线与接口

（1）总线

在 CPU、存储器和外围设备进行连接时，计算机系统采用了总线结构。所谓总线（Bus），实质上是一排信号导线，是在两个以上的数字设备之间提供和传送信息的公用通路，其作用是进行设备彼此间的信息交换。

总线按功能划分，包括数据总线（Data Bus，DB）、地址总线（Address Bus，AB）、控制总线（Control Bus，CB）。

（2）接口

不同的外围设备与主机相连都必须根据不同的电气、机械标准，采用不同的接口来实现。主机与外围设备之间信息通过多种接口传输。一种是串行接口，串行接口按机器字的二进制位，逐位传输信息，传送速度较慢，但准确率高，如鼠标；一种是并行接口，并行接口一次可以同时传送若干个二进制位的信息，传送速度比串行接口快，但器材投入较多，如打印机。目前微型计算机普遍配置有 USB 接口、1394 接口等。

5. 输入设备

输入设备用来负责接收数据或命令，将其转换为计算机能处理的数字信号，再传送至主存储器内存储。常见的输入设备包括键盘、鼠标、手写板、扫描仪和数码照相机等。

键盘（Keyboard）在计算机的输入设备中是最为常用的。根据键盘上按键的多少可将键盘分为 101 键键盘和 102 键键盘，便携式或笔记本计算机大多使用的是 83 键键盘。

鼠标（Mouse）通过电缆与计算机的输入接口相连，是一种小巧的人机交互输入设备，因其外观似老鼠而得名。鼠标分为机械型鼠标和光电型鼠标。机械型鼠标的内部装有一个橡胶球，通过它在桌面上滚动时产生的位移信号来控制显示器上指针的同步移动。光电型鼠标俗称光电鼠，它的底部装有一个光电检测器。当它在桌面上滑动时，光电检测器即把感应板上的网络坐标移动转换成计算机能够识别的信号，以控制显示器上指针的同步移动，然后再通过按键进行相应的操作。

扫描仪（Scanner）是一种光电转换装置，它可以快速地将图形、图像、照片、文字等信息输入到计算机中。目前，使用最广泛的是由 CCD 阵列组成的电子扫描仪，这种扫描仪可分为平板式扫描仪和手持式扫描仪两类。CCD 扫描仪的主要性能指标有：扫描幅面、分辨率、灰度层次和扫描速度等。

6. 输出设备

输出单元负责将计算机处理之后的结果显示或输出。常见的输出设备包括显示器、打印机、音箱和绘图仪等。

显示器（Monitor）是最重要的输出设备之一，计算机通过显示屏幕向用户输出信息。显示器上输出的一切信息都是由光点（即像素）构成的。组成屏幕显示画面的最小单位是像素，像素之间的最小距离为点距（Pitch）。点距越小像素密度越大，画面越清晰。

打印机（Printer）是常用的输出设备之一。目前使用的打印机主要有针式打印机、喷墨打印机和激光打印机。衡量打印机的主要性能指标是：

①打印速度，单位 ppm，即每分钟可以打印的页数。

②分辨率，单位 dpi，即每英寸的点数，分辨率越高打印质量越高。

绘图仪是能按照人们要求自动绘制图形的设备。它可将计算机的输出信息以图形的形式输出，主要可绘制各种管理图表和统计图、建筑设计图、各种机械图与计算机辅助设计图等。最常用的是 X-Y 绘图仪。现代的绘图仪已具有智能化的功能，它自身带有微处理器，可以使用绘图命令，具有直线和字符演算处理及自检测等功能。

7. 计算机主要性能指标

衡量一台微型计算机性能强弱的指标很多。一般常用的指标有以下几种。

（1）字长

字长是指一台计算机所能处理的二进制代码的位数。 微型计算机的字长直接影响到它的精度、功能和速度。字长愈长，能表示的数值范围就越大，计算出的结果的有效位数也就越多；字长愈长，能表示的信息就越多，机器的功能就更强。但是，字长又受到器件及制造工艺等的限制。目前常用的是 32 位和 64 位字长的微型计算机。

（2）运算速度

运算速度是指计算机每秒所能执行的指令条数，一般以 MIPS（Million of Instructions Per Second，每秒百万条指令）为单位。由于不同类型的指令执行时间长短不同，因而运算速度的计算方法也不同。

（3）主频

主频是指计算机 CPU 的时钟频率，它在很大程度上决定了计算机的运算速度。一般时钟频率越高，运算速度就越快。主频的单位一般是 MHz（兆赫）或 GHz（吉赫）。

（4）内存容量

内存容量是指内存储器中能够存储信息的总字节数，一般以 GB 为单位。内存容量反映了内存储器存储数据的能力。目前微型机的内存容量有 8 GB、16 GB 等。

（5）输入 / 输出数据的传送率

计算机主机与外围设备交换数据的速度称为计算机输入 / 输出数据的传送率，以“字节 / 秒（B/s）”或“位 / 秒（bit/s）”表示。一般来说，传送率高的计算机要配置高速的外围设备，以便在尽可能短的时间内完成输出。

8. 可靠性

一般用微型计算机连续无故障运行的最长时间来衡量微型机的可靠性。连续无故障运行时间越长，机器的可靠性越高。

1.2.3 计算机软件系统

计算机软件分两大类：系统软件和应用软件。为运行计算机而必需的最基本的软件称为“系统软件”，它实现对各种资源的管理，基本的人机交互，高级语言的解释、编译，以及基本的系统维护调试等工作。系统软件主要是指各种操作系统，语言解释、编译程序，调试、查错程序等。为完成某种具体的应用性任务而编制的软件称为“应用软件”，如字处理软件、电子表格软件、演示文稿制作软件等。

1. 系统软件

系统软件是为计算机提供管理、控制、维护和服务等各项功能，充分发挥计算机效能和方便用户使用的各种程序的集合。系统软件主要包括操作系统、语言处理程序和工具软件等。

（1）操作系统

计算机系统是由硬件和软件组成的一个相当复杂的系统，它有着丰富的软件和硬件资源。为了合理地管理这些资源，并使各种资源得到充分利用，计算机系统中必须有一组专门的系统软件来对系统的各种资源进行管理，这种系统软件就是操作系统（Operating System，OS）。

操作系统管理和控制整个计算机系统中一切可以使用的与硬件因素相关的资源，以及所有用户共需的系统软件资源，并合理地组织计算机工作流程，以便有效地利用资源，为使用者提供一个功能强大、方便实用、安全完整的工作环境，从而在最底层的软硬件基础上为计算机使用者提供一个统一的操作接口。不同的硬件结构，尤其是不同的应用环境，应有不同类型的操作系统，以实现不同的追求目标。

个人计算机常用操作系统有 Microsoft Windows、Linux、mac OS 等。

（2）语言处理程序

计算机语言可以分为机器语言、汇编语言、高级语言三类。

机器语言（即机器指令）是计算机能够直接识别和执行的一组二进制代码。不同的计算机系统具有各自不同的指令。由于机器指令是二进制代码，所以计算机硬件能直接识别和执行。但是对于使用计算机的程序员来说，机器语言难以掌握和编程，只有少数对计算机硬件有深入理解并熟练掌握编程技术的人员才能用机器指令编程。

为了克服上述机器指令的缺点，汇编语言用 ADD、SUB、JMP 等英文字母或其缩写形式取代原来的二进制操作码来表示加、减、转移等操作，并采用容易记忆的英文符号名来表示指令和数据地址。由于汇编语言与机器指令一一对应，机器指令和汇编语言都是直接与计算机硬件本身密切相关的。但这两种语言都要求程序员了解计算机的硬件，因而学习汇编语言需要积累一定的硬件基础。由于汇编语言执行速度快，易于对硬件进行控制，所以在一些对程序空间和时间要求很高的工业控制场合，汇编语言仍然得到广泛的应用。

高级语言是目前应用最为广泛的一类计算机语言。常用的语言如 C、C++、Java 、Python 等都是高级语言。之所以称为高级语言，是因为这些语言与自然语言比较接近，容易学习。高级语言可以在不同的机器上执行，使用很方便。与机器语言和汇编语言不同，在高级语言中，与计算机硬件有关的内容被抽去，所以对不懂计算机硬件的人来说，便于学习和使用。

使用上述语言编写的计算机程序称为源程序。

将计算机本身不能直接读懂的源程序翻译成相应的机器语言程序称为目标程序。

计算机将源程序翻译成目标程序时，有解释和编译两种方式。编译方式与解释方式的工作过程如图 1-11 所示。由图可以看出，编译方式是用编译程序翻译成相应的机器语言的目标程序，然后再通过连接装配程序连接成可执行程序，再执行可执行程序得到结果。在编译之后生成的程序称为目标程序，连接之后形成的程序称为可执行程序，目标程序和可执行程序都以文件方式存放在磁盘上，再次运行该程序，只需直接运行可执行程序，不必重新编译和连接。

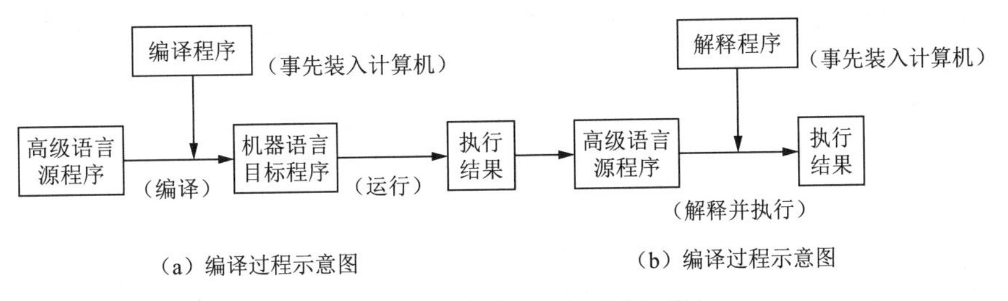

图 1-11　语言处理程序执行过程

解释方式就是将源程序输入计算机后，用该种语言的解释程序将其逐条解释，逐条执行，执行后只得到结果，而不保存解释后的机器代码，下次运行该程序时，还要重新解释执行。

（3）工具软件

工具软件又称为服务性程序，是在系统开发和维护时使用的工具，完成一些与管理计算机系统资源及文件有关的任务，包括链接程序、计算机测试和诊断程序、数据库管理软件及数据仓库等。

2. 应用软件

应用软件是指为用户解决某个实际问题而编制的程序和有关资料，可分为应用软件包和用户程序。应用软件包是指软件公司为解决带有通用性的问题精心研制的供用户选择的程序。用户程序是指为特定用户（如银行、邮电等行业）解决特定问题而开发的软件，它具有专用性。

通用的应用软件包括文字处理软件、表格处理软件、演示文稿制作软件等，如 WPS 就是目前流行的集文字、表格、演示文稿处理为一体的软件。

专用的应用软件有财务管理系统、计算机辅助设计（CAD）软件和部门的应用数据库管理系统等，适用于不同的专业领域。

1.3　计算机信息表示

1.3.1　数制

1. 数制的概念

数制也称计数制，是指用一组固定的符号和统一的规则来表示数值的方法。记数法通常使用的是进位计数制，即按进位的规则进行计数。在进位计数制中，有“基数”和“位权”两个基本概念。

基数是进位计数制中所用的数字符号的个数。假设以 X 为基数进行计数，其规则是“逢 X 进一”，则称为 X 进制。例如，十进制的基数为 10，其规则是“逢十进一”；二进制的基数为 2，其规则是“逢二进一”。

在进位计数制中，把基数的若干次幂称为位权，幂的方次随该位数字所在的位置而变化，整数部分从最低位开始依次为 0，1，2，3，4，…小数部分从最高位开始依次为 −1，−2，−3，−4，…

任何一种用进位计数制表示的数，其数值都可以写成按位权展开的多项式之和：

$$N = a_n \times X^n + a_{n-1} \times X^{n-1} + \cdots + a_1 \times X^1 + a_0 \times X^0 + a_{-1} \times X^{-1} + a_{-2} \times X^{-2} + \cdots + a_{-m} \times X^{-m}$$

其中，X 是基数；a_i 是第 i 位上的数字符号（或称系数）；X_i 是位权；n 和 m 分别是数的整数部分和小数部分的位数。

例如，十进制数 123.45 可以写成：

$$(123.45)_{10}=1 \times 10^2+2 \times 10^1+3 \times 10^0+4 \times 10^{-1}+5 \times 10^{-2}$$

例如，二进制数 1011 可以写成：

$$(1011)_2=1 \times 2^3+0 \times 2^2+1 \times 2^1+1 \times 2^0=8+0+4+1=(13)_{10}$$

一般在计算机文献中，用在数据末尾加下角标的方式表示不同进制的数。例如，十进制用“$(数字)_{10}$”表示，二进制数用“$(数字)_2$”表示。

在计算机中，一般在数字的后面用特定字母表示该数的进制。例如，B 表示二进制，D 表示十进制（D 可省略），O 表示八进制，H 表示十六进制。

日常生活中，人们习惯使用十进制，有时也使用其他进制，例如，计算时间采用六十进制，1 小时为 60 分钟，1 分钟为 60 秒；在计算机科学中，经常涉及二进制、八进制、十进制和十六进制等；但在计算机内部，不管什么类型的数据都使用二进制编码的形式来表示。下面介绍几种常用的数制：二进制、八进制、十进制和十六进制。

（1）几种常用数制的基本信息及计数特点

表 1-1 列出了几种数制的基本信息及计数特点。

表 1-1 常用数制的基数、数值及各进制的特点

数 制	数值符号	基 数	特 点
十进制	0，1，2，3，4，5，6，7，8，9	10	逢十进一
二进制	0，1	2	逢二进一
八进制	0，1，2，3，4，5，6，7	8	逢八进一
十六进制	0，1，2，3，4，5，6，7，8，9，A，B，C，D，E，F	16	逢十六进一

（2）几种数制之间的简单对应关系

各数制之间的简单对应关系如表 1-2 所示。

表 1-2 二、八、十、十六进制间数的对应关系

数 制				数 制			
十	二	八	十六	十	二	八	十六
0	0	0	0	8	1000	10	8
1	1	1	1	9	1001	11	9
2	10	2	2	10	1010	12	A
3	11	3	3	11	1011	13	B
4	100	4	4	12	1100	14	C
5	101	5	5	13	1101	15	D
6	110	6	6	14	1110	16	E
7	111	7	7	15	1111	17	F

2. 数制的转换

数制转换主要分为十进制数转换为二、八、十六进制数，二、八、十六进制数转换为十进制数，以及二进制数转换为八、十六进制数 3 类。

（1）十进制数转换为 *r* 进制数

将十进制数转换为 *r* 进制数（如二进制数、八进制数和十六进制数等）的方法如下。

整数的转换采用“除 *r* 取余”法，将待转换的十进制数连续除以 *r*，直到商为 0，每次得到的余数按相反的次序（即第一次除以 *r* 所得到的余数排在最低位，最后一次除以 *r* 所得到的余数排在最高位）排列起来就是相应的 *r* 进制数。

小数的转换采用“乘 *r* 取整”法，将被转换的十进制纯小数反复乘以 *r*，每次相乘乘积的整数部分若为 1，则 *r* 进制数的相应位为 1；若整数部分为 0，则相应位为 0。由高位向低位逐次进行，直到剩下的纯小数部分为 0 或达到所要求的精度为止。

对具有整数和小数两部分的十进制数，要用上述方法将其整数部分和小数部分分别转换，然后用小数点连接起来。

【例 1-1】将 $(10.25)_{10}$ 转换为二进制数。

将整数部分“除 2 取余”，将小数部分“乘 2 取整”。

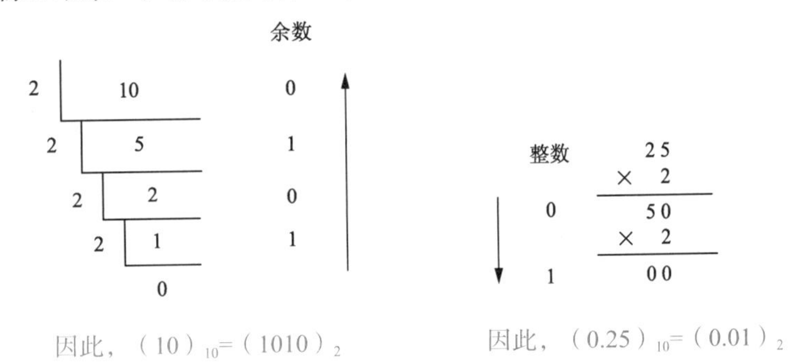

因此，$(10)_{10}=(1010)_2$　　因此，$(0.25)_{10}=(0.01)_2$

最后得出转换结果：$(10.25)_{10}=(1010.01)_2$。

（2）将 r 进制数转换为十进制数

将 *r* 进制数（如二进制数、八进制数和十六进制数等）按位权展开并求和，便可得到等值的十进制数。

【例 1-2】将二进制数 1101 转换为十进制数。

$(1101)_2=1\times2^3+1\times2^2+0\times2^1+1\times2^0=8+4+1=(13)_{10}$

【例 1-3】将八进制数 1101 转换为十进制数。

$(1101)_8=1\times8^3+1\times8^2+0\times8^1+1\times8^0=512+64+1=(577)_{10}$

【例 1-4】将十六进制数 1101 转换为十进制数。

$(1101)_{16}=1\times16^3+1\times16^2+0\times16^1+1\times16^0=4\,096+256+1=(4\,353)_{10}$

（3）二进制数与八、十六进制数之间的转换

由于 $8=2^3$，$16=2^4$，因此 1 位八进制数相当于 3 位二进制数，1 位十六进制数相当于 4 位二进制数。

二进制数转换为八进制数或十六进制数。

把二进制数转换为八进制数或十六进制数的方法如下。

以小数点为界向左和向右划分，小数点左边（整数部分）从右向左每 3 位（八进制）或每 4 位（十六进制）一组构成 1 位八进制或十六进制数，位数不足 3 位或 4 位时最左边补 0；小数点

右边（小数部分）从左向右每 3 位（八进制）或每 4 位（十六进制）一组构成 1 位八进制或十六进制数，位数不足 3 位或 4 位时最右边补 0。

例如：

$(1101010)_2=(1\ 101\ 010)2=(152)_8$

$(1101010)_2=(110\ 1010)2=(6A)_{16}$

八进制数或十六进制数转换为二进制数。

把八进制数或十六进制数转换为二进制数的方法如下。

把 1 位八进制数用 3 位二进制数表示，把 1 位十六进制数用 4 位二进制数表示。

例如：

$(12.34)_8=(001\ 010.011\ 100)_2=(1010.0111)_2$

$(1A.26)_{16}=(0001\ 1010.0010\ 0110)_2=(11010.0010011)_2$

3. 数据存储单位

在计算机内部，数据都是采用二进制的形式进行存储、运算、处理和传输的。二进制数据经常使用的单位有位、字节等。

（1）位

位（bit，简写为 b）是二进制数中的一个数位，可以是 0 或者 1，是计算机中数据的最小单位。

（2）字节

字节（Byte，简写为 B）是计算机中数据的基本单位，各种信息在计算机中存储、处理至少需要一个字节，例如，1 个 ASCII 码用 1 个字节表示，1 个汉字用 2 个字节表示。一个字节由 8 个二进制位组成，即 1 Byte=8 bit。比字节更大的容量单位有 KB（KiloByte，千字节）、MB（MegaByte，兆字节）、GB（GigaByte，吉字节）和 TB（TeraByte，太字节），其中：

1 KB=1 024 B

1 MB=1 024 KB=2^{10} KB=1 024 × 1 024 B

1 GB=1 024 MB=2^{10} MB=1 024 × 1 024 × 1 024 B

1 TB=1 024 GB=2^{10} GB=1 024 × 1 024 × 1 024 × 1 024 B

1.3.2 信息表示

日常生活中，人们习惯使用十进制，但在计算机领域，最常用到的是二进制，这是因为计算机是由千千万万个电子元件（如电容器、电感器、三极管等）组成的，这些电子元件一般都只有两种稳定的工作状态（如三极管的截止和导通），用高、低两个电位“1”和“0”表示是在物理上最容易实现的。

其次，计算机内的数据是以二进制数表示的。数据包括字符、字母、符号等文本型数据和图形，以及图像、声音等非文本型数据。在计算机中，所有类型的数据都被转换为二进制代码形式加以存储和处理。待数据处理完毕后，再将二进制代码转换成数据的原有形式输出。

1. 数值表示

（1）字符数据的表示

在计算机数据中，字符型数据占有很大比重。字符编码是指用一系列的二进制数来表示非数值型数据（如字符、标点符号等）的方法，简称为编码。那么，对字符编码需要多少位二进制数呢？假如要表示 26 个英文字母，则 5 个二进制数已足够表示 26 个字符了。但是，每个英文字母有大小写之分，还有大量的标点符号和其他一些特殊符号（如 $、#、@、&、+ 等）。目前计算机中用得最广泛的字符集和编码是由美国国家标准局（ANSI）制定的 ASCII（American Standard Code for Information Interchange，美国标准信息交换码），包括了所有拉丁文字字母。

（2）数值数据的表示

计算机可以通过二进制格式来存储十进制数字，即存储数值型数据。在计算机中表示一个数值型数据需要解决以下两个问题：首先，要确定数的长度，在数学中，数的长度一般指它用十进制表示时的位数；其次，数有正负之分，在计算机中，总是用最高位的二进制数表示数的符号，并约定以“0”代表正数，以“1”代表负数。

2. 图像数据的表示

随着信息技术的发展，越来越多的图形信息要求计算机来存储和处理。

在计算机系统中，有两种不同的图形编码方式，即位图编码和矢量编码方式。两种编码方式的不同影响到图像的质量、存储图像的空间大小、图像传送的时间和修改图像的难易程度。

（1）位图图像

位图图像是以屏幕上像素点的位置来存储图像的。最简单的位图图像是单色图像。单色图像只有黑白两种颜色，如果某像素点上对应的图像单元为黑色，则在计算机中用 0 来表示，如果对应的是白色，则在计算机中用 1 来表示，如图 1–12 所示。

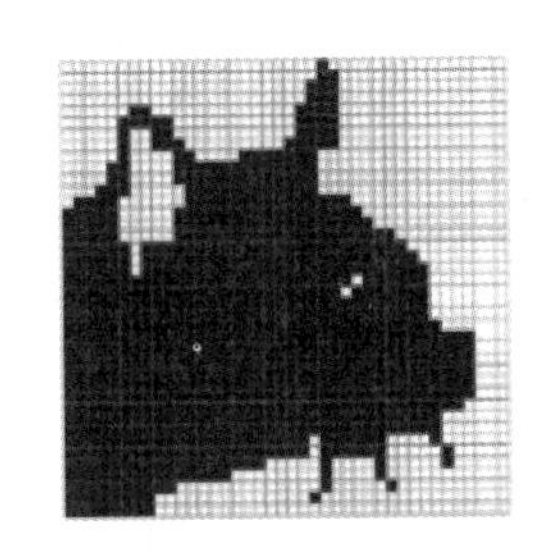
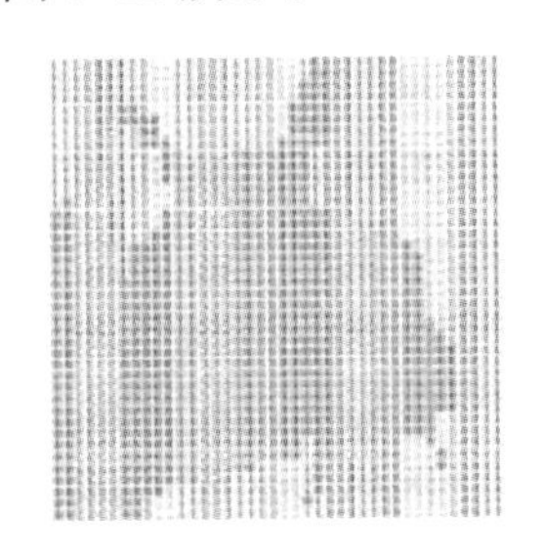

图 1–12　位图图像存储

计算机可以使用 16、256 或 1 670 万色来显示彩色图像，颜色越多，用户得到的图像越真实。

位图图像常用来表现现实图像，适合表现比较细致、多层次和色彩丰富、包含大量细节的图像。例如，扫描的图像，摄像机、数字照相机拍摄的图像，或帧捕捉设备获得的数字化帧画面。经常使用的位图图像文件扩展名有 bmp、pcx、tif、jpg 和 gif 等。

由像素矩阵组成的位图图像可以修改或编辑单个像素，即可以使用位图软件（也称照片编辑软件或绘画软件）来修改位图文件。可用来修改或编辑位图图像的软件有 Adobe Photoshop、Micrografx Picture Publisher 等，这些软件能够将图片的局部区域放大，然后进行修改。

（2）矢量图像

矢量图像是由一组存储在计算机中，描述点、线、面等大小形状及图像位置、维数的指令组成的。它不是真正的图像，而是通过读取这些指令并将其转换为屏幕上所显示的形状和颜色的方式来显示图像的，矢量图像看起来没有位图图像直观。用来生成矢量图像的软件通常称为绘图软件，常用的绘图软件有 Illustrator、CorelDraw 等。

3. 音频数据的表示

复杂的声波由许许多多具有不同振幅和频率的正弦波组成，这些连续的模拟量不能由计算机直接处理，必须将其数字化才能被计算机存储和处理。

计算机获取声音信息的过程就是声音信号的数字化处理过程。经过数字化处理之后的数字声音信息能够像文字和图像信息一样被计算机存储和处理。图 1–13 所示即为模拟声音信号转化为数字音频信号的大致过程。

存储在计算机上的声音文件的扩展名为 wav、mod、au 和 voc。要记录和播放声音文件，软件方面需要使用声音软件，硬件方面需要使用声卡。

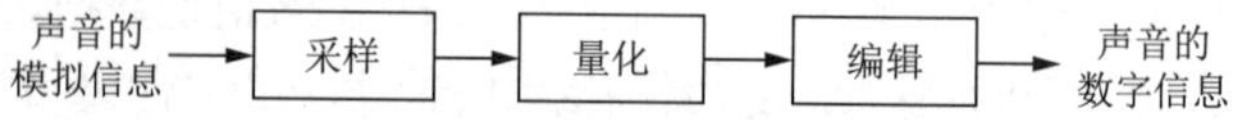

声音的模拟信息 → 采样 → 量化 → 编辑 → 声音的数字信息

图 1–13 声音信息的采集与存储

4. 视频数据的表示

视频是图像数据的一种，由若干有联系的图像数据连续播放而形成。人们一般讲的视频信号为电视信号，是模拟量；而计算机视频信号是数字量。

视频信息实际上是由许多幅单个画面帧所构成。电影、电视通过快速播放每帧画面，再加上人眼的视觉滞留效应便产生了连续运动的效果。视频信号的数字化是指在一定时间内以一定的速度对单帧视频信号进行捕获、处理以生成数字信息的过程。

5. 非数值信息的编码

编码是采用少量的基本符号，选用一定的组合原则，将字符变为指定的二进制形式，以表示大量复杂多样信息的技术。前面我们已介绍过，计算机中是以二进制的形式存储和处理信息的，对非数值的文字和其他符号进行处理时，要对文字和符号进行数字化处理，即用二进制编码来表示文字和符号。

字符编码（Character Code）是用二进制编码来表示字母、数字以及专门符号。字符编码的方法很简单，先确定需要编码的字符总数，然后将每一个字符按顺序确定编号，编号值的大小无意义，仅作为识别和使用这些字符的依据。

（1）ASCII 码

西文字符编码普遍采用 ASCII 码，ASCII 码有 7 位版本和 8 位版本两种，国际上通用的是 7 位版本。7 位版本的 ASCII 码有 128 个元素，只需用 7 个二进制位（$2^7=128$）表示，其中控制字符 34 个，阿拉伯数字 10 个，大小写英文字母 52 个，各种标点符号和运算符号 32 个。用一个字节（8 位二进制位）表示 7 位 ASCII 码时，最高位为 0，它的范围为 00000000 B ～ 01111111 B。

8 位 ASCII 码称为扩充 ASCII 码，是 8 位二进制字符编码，最高位可以是 0 或 1，它的范围为 00000000 B ～ 11111111 B，因此可以表示 256 种不同的字符。其中，范围在 00000000 B ～ 01111111 B 为基本部分，共有 128 种；范围在 10000000 B ～ 11111111 B 为扩充部分，也有 128 种。尽管美国国家标准信息协会对扩充部分的 ASCII 码已经给出定义，但实际上多数国家都将 ASCII 码扩充部分规定为自己国家语言的字符代码。

（2）十进制 BCD 码

十进制 BCD（Binary-Coded Decimal）码是指每位十进制数用 4 位二进制编码来表示。选用 0000 ～ 1001 来表示 0 ～ 9 这 10 个数符，这种编码又称为 8421 码。十进制数与 BCD 码的对应关系如表 1–3 所示。

通过表中给出的十进制数与 BCD 码的对应关系可以看出，2 位十进制数是用 8 位二进制数并列表示的，但它不是一个 8 位二进制数。如 11 的 BCD 码是 00010001，而二进制数 $(00010001)_2=(17)_{10}$。

表 1-3　十进制数与 BCD 码的对应关系

十进制数	BCD 码	十进制数	BCD 码
0	0000	10	00010000
1	0001	11	00010001
2	0010	12	00010010
3	0011	13	00010011
4	0100	14	00010100
5	0101	15	00010101
6	0110	16	00010110
7	0111	17	00010111
8	1000	18	00011000
9	1001	19	00011001

（3）国标码 GB 2312—1980

汉字编码方案有多种，GB 2312—1980 是应用最广泛、历史最悠久的一种。GB 2312—1980 是指我国于 1980 年颁布的“中华人民共和国国家标准信息交换汉字编码”，简称国标码。

在国标码中，提供了 6 763 个汉字和 682 个非汉字图形符号。6 763 个汉字按使用频度、组词能力以及用途大小，分为一级常用汉字（按拼音字母顺序）3 775 个和二级常用汉字（按笔形顺序）3 008 个。规定一个汉字由两个字节组成，每个字节只用低 7 位。一般情况下，将国标码的每个字节的高位设置为 1，作为汉字机内码，这样做既解决了西文机内码与汉字机内码的二义性，又保证了汉字机内码与国标码之间非常简单的对应关系。汉字机内码是供计算机系统内部进行存储、加工处理、传输而统一使用的代码，又称为汉字内码。汉字内码是唯一的。

（4）GBK 和 GB 18030

GB 2312 表示的汉字比较有限，一些偏僻的地名、人名等用字在 GB 2312 中没有，于是我国的信息标准委员会对原标准进行了扩充，得到了扩充后的汉字编码方案 GBK，使汉字个数增加到 20 902 个。在 GBK 之后，我国又颁布了 GB 18030。GB 18030 共收录 27 484 个汉字，它全面兼容 GB 2312，可以充分利用已有资源，保证不同系统间的兼容性，是未来我国计算机系统必须遵循的基础标准之一。

（5）Unicode

Unicode 是一个多种语言的统一编码体系，被称为“万国码”。Unicode 给每个字符提供了一个唯一的编码，而与具体的平台和语言无关。它已经被 Apple、HP、Microsoft 和 SUN 等公司采用。Unicode 采用的是 16 位编码体系，因此它允许表示 65 536 个字符，使用两个字节表示一个字符。

（6）汉字输入码

汉字输入码（外码）是为了将汉字通过键盘输入计算机而设计的代码，有音码、形码和音形结合等多种输入法。外码不是唯一的，可以有多种形式。

（7）汉字字形码

汉字字形码是一种使用点阵方法构造的汉字字形的字模数据，在显示或打印汉字时，需要使用汉字字形码，也称为汉字字库。汉字字形点阵有 16×16、24×24、32×32、64×64、96×96、128×128、256×256 等。点阵越多，占用的存储空间越多。例如，16×16 点阵汉字使用 32 个字节（16×16/8=32）。

第 2 章

Windows 10 操作系统

操作系统最根本的功能是管理计算机资源和提供人机交互的界面，借助 Windows 10 操作系统强大的管理功能实现对计算机的软硬件资源的管理是本章的重点。因此，学习 Windows 10 的基本操作是前提，熟练管理文件夹和文件是根本。本章的主要内容包括 Windows 10 的基本操作、文件和文件夹操作、控制面板和 Windows 设置的使用以及附件工具的使用。

2.1 Windows 10 基础知识

2.1.1 Windows 10 概述

Windows 10 是由微软（Microsoft）公司推出的操作系统，是目前个人计算机上使用较为广泛的操作系统。

1. 计算机的启动与退出

（1）启动计算机

启动计算机应先开启连接在计算机上的外围设备，如显示器、打印机等。然后，按下主机箱的电源即可启动计算机。如果计算机中安装有 Windows 10 操作系统，计算机启动后进入 Windows 10 的操作界面。

（2）关闭计算机

计算机不使用时，要用正确的方式关闭计算机，不能简单地切断计算机电源。正确的做法是：首先关闭所有打开的应用程序，然后通过选择“开始”→“电源”→“关机”命令，关闭计算机，最后关闭与之连接的外围设备。

（3）用户的登录、切换和注销

① 用户登录。Windows 10 是多用户多任务操作系统，允许多个用户使用同一台计算机。所以，在 Windows 10 系统中可以创建多个用户账户，不同的用户账户登录可以设置各自的个性化操作界面，因此就会涉及用户登录、注销和切换等操作。

如果系统中有多个用户账户，则在计算机启动过程中会出现登录界面，选择相应账户和输入密码后即可登录计算机，系统会加载该用户账户的信息和数据。

② 切换用户。当另一账户要登录计算机时，可以通过“切换用户”命令，以另一用户账户

登录该计算机，但并不关闭当前用户账户运行的程序。

③ 注销账户。如果当前账户不再使用计算机了，该用户可通过“注销”命令关闭当前用户运行的程序，保存用户账户信息和数据，结束使用状态。其他用户账户无须重启即可登录计算机。

（4）计算机的锁定和解锁

为保护个人信息不被他人看到，当暂时不用而离开计算机时，可以锁定计算机。

锁定计算机：选择“锁定”命令或使用【Win+L】组合键可以锁定计算机。

解锁计算机：以用户账户和密码登录计算机后，即可解除对计算机的锁定，而锁定前打开的应用程序可以立即使用。

2. Windows 10 的桌面

微视频2-1
认识Windows 10桌面

启动计算机，进入 Windows 10 系统后，屏幕上首先出现 Windows 10 桌面。桌面是一切工作的平台。Windows 10 桌面将明亮鲜艳的外观和简单易用的设计结合在一起，可以把桌面看作是个性化的工作台。

Windows 10 的桌面主要是由桌面背景、“开始”按钮、任务栏、桌面图标等部分组成，如图 2–1 所示。详见微视频 2–1 认识 Windows 10 桌面。

图 2–1　桌面

（1）桌面图标

Windows 10 中用一个个小图形的形式（即图标）来代表 Windows 中不同的程序、文件或文件夹、设备，也可以表示磁盘驱动器、打印机及网络中的计算机等。图标由图形符号和名字两部分组成。

在默认的状态下，Windows 10 安装之后桌面上只保留了回收站的图标。如果要在桌面上显示其他图标，其操作为：在桌面空白处右击，在快捷菜单中选择“个性化”命令，在打开的设置窗口左侧单击“主题”命令，然后在右侧选择“桌面图标设置”命令，打开“桌面图标设置”对话框，如图 2–2 所示，在该对话框中勾选要在桌面上显示的图标。单击“确定”按钮，桌面便会出现勾选的图标了。

（2）任务栏

任务栏是位于屏幕底部的水平长条，如图 2–3 所示，主要包括三个部分。

① “开始”按钮，用于打开“开始”菜单。

② 中间部分，显示锁定于任务栏上的程序图标和打开的应用程序图标。

③ 通知区域。包括日期时钟以及一些告知特定程序和计算机设置状态的图标。

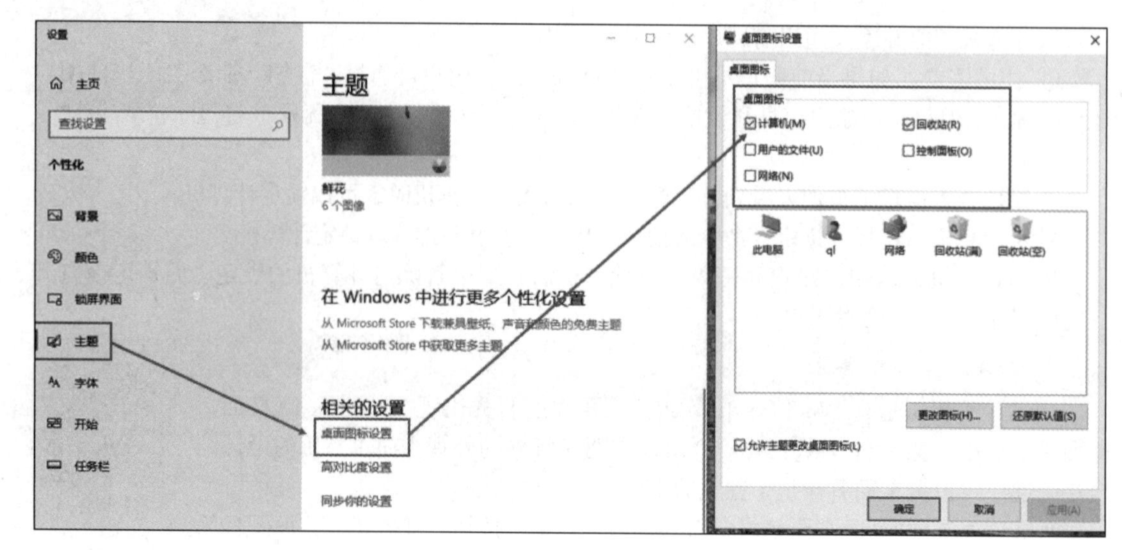

图 2–2 桌面图标设置

图 2–3 任务栏

（3）“开始”菜单

“开始”菜单是用户进行计算机操作的起始位置。Windows 10 采用了全新的“开始”菜单设计。在“开始”菜单，应用列表按字母索引排序，左下角为用户账户头像、资源管理器、“设置”按钮以及“电源”按钮；右侧则为“开始”屏幕，可将应用程序固定在其中。使用“开始”菜单可以启动应用程序、打开常用文件，搜索、调整计算机设置、获取帮助信息、关闭计算机、切换用户、注销用户等。

微视频2–2
设置“开始”菜单及任务栏属性

单击任务栏最左边的“开始”按钮或按下【Win】键，即可打开“开始”菜单。

（4）任务栏和“开始”菜单属性设置

右击“开始”按钮或任务栏空白处或，然后选择“设置”或“任务栏设置”命令，打开任务栏设置窗口，如图 2–4 所示。在窗口左侧列表中选择“开始”或“任务栏”命令，则可以在窗口右边的界面中设置相应的参数。详见微视频 2–2 设置“开始”菜单及任务栏属性。

（5）虚拟桌面设置

Windows 10 操作系统中新增对虚拟桌面功能的支持。用户可以在保留现有桌面设置的情况下，根据需要创建多个新的桌面。虚拟桌面功能允许将运行中的应用程序窗口放置于不同的桌面上，每个虚拟桌面中的任务栏只显示在该虚拟桌面环境下的窗口或应用程序图标。虚拟桌面突破了传统桌面的使用限制，给用户更多的桌面使用空间。详见微视频 2–3 使用虚拟桌面。

微视频2–3
使用虚拟桌面

按下【Win+Tab】组合键或单击任务栏虚拟桌面图标，即可启用虚拟桌面，如图 2–5 所示。单击右上角带有加号的“新建桌面”按钮，可以创建新的虚拟桌面。

按下【Win+Ctrl+D】组合键也以创建新虚拟桌面。【Win+Ctrl+ F4】组合键用于删除当前虚拟桌面。如果被删除的虚拟桌面中有打开的窗口，则虚拟桌面自动将窗口移动至前一个虚拟桌面。【Win+Ctrl+ ←】和【Win+Ctrl+ →】组合键则可以实现在不同虚拟桌面之间的快速切换。

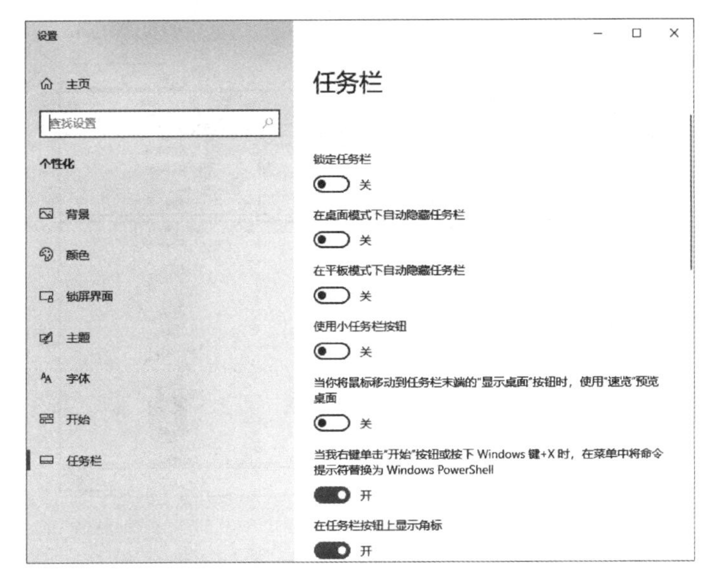

图 2-4　任务栏设置窗口

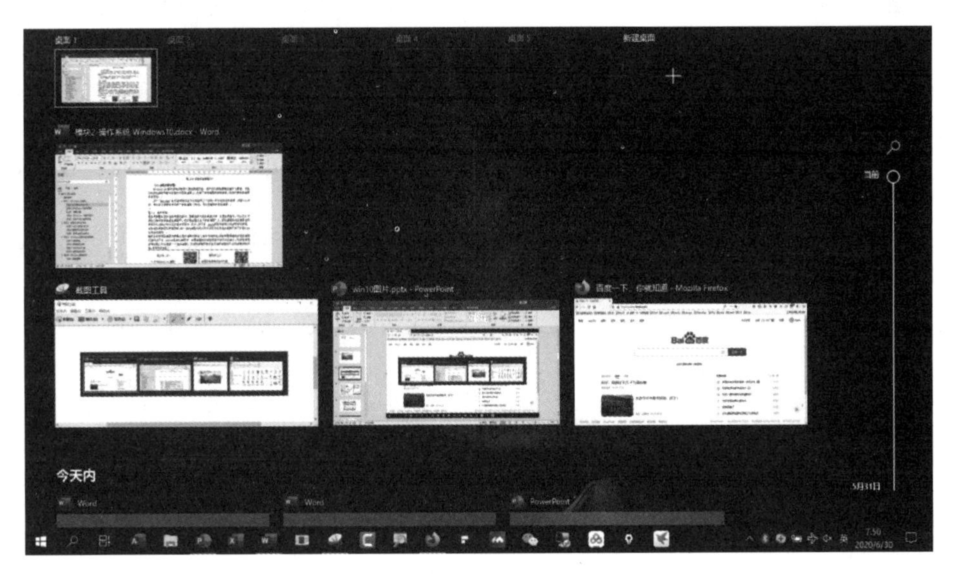

图 2-5　虚拟桌面

2.1.2　Windows 10 基本操作

1. 窗口及其操作

当用户打开一个文件或者应用程序时，都会出现一个窗口，窗口是用户进行操作时的重要组成部分，熟练地对窗口进行操作，会提高用户的工作效率。详见微视频 2-4 窗口及其操作。

（1）窗口的组成

Windows 有多种类型的窗口，如应用程序窗口、文件夹窗口、对话框窗口、搜索窗口等，其中大部分都包括了相同的组件，如图 2-6 所示是资源管理器窗口，它具有一般窗口的外观及操作方法，由标题栏、功能区、工作区、状态栏等几部分组成。

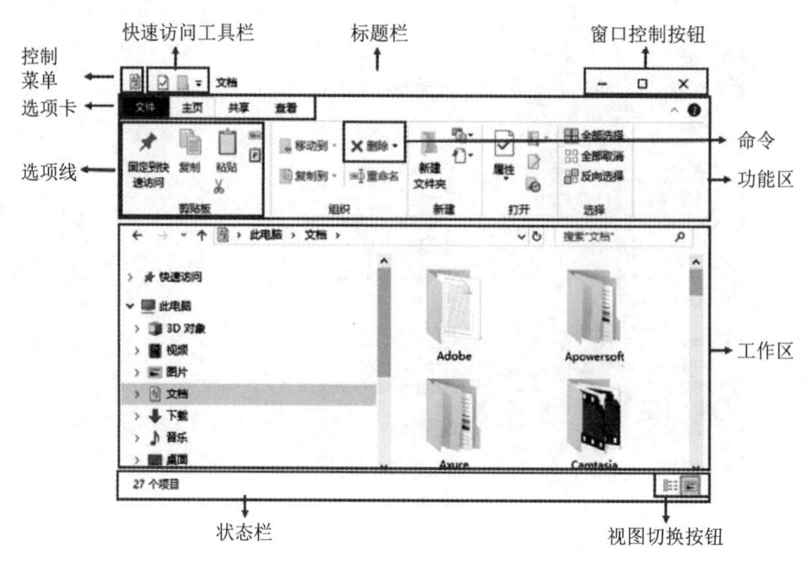

图 2-6 “资源管理器”窗口组成

① 标题栏。标题栏位于窗口最上面，通常用于显示选中文件的名称，其上还有控制菜单、快速访问工具栏、窗口控制按钮。

② 功能区。功能区位于标题栏的下面，由选项卡、选项组和一些命令按钮组成，这里集合了资源管理器的绝大部分功能。

③ 选项卡：位于功能区的顶部。不同的应用程序，默认显示的选项卡也不同。用户单击选项卡即可选中它。

④ 选项组：位于每个选项卡内部。例如，资源管理器的“主页”选项卡中包括“剪贴板”“组织”“新建”等选项组，相关的命令组合在一起来完成各种任务。

⑤ 命令：命令的表现形式有下拉列表、按钮下拉菜单或按钮，放置在选项组内。

⑥ 工作区。窗口中面积最大的部分是应用程序的工作区，它是用户操作应用程序的地方。有的应用程序如记事本、写字板、Word 等，使用这个区域建立、编辑文档，此时工作区也称为文本区。

⑦ 状态栏：位于主界面的最下方，用于显示软件的状态，其右侧往往显示应用程序的视图切换按钮或显示比例调节功能的滑块。

（2）窗口操作

窗口操作是 Windows 中最基本也是最重要的操作。窗口的操作包括打开和关闭窗口、移动窗口、改变窗口大小、在桌面上排列窗口及多窗口间的切换操作等。

常见的窗口操作如表 2-1 所示。

表 2-1 窗口操作

功　能	操　作
打开窗口	双击文件夹图标或应用程序图标，即可打开相应的窗口
关闭窗口	按快捷键【Alt+F4】，或单击“关闭”按钮，或双击控制菜单等
移动窗口	用鼠标拖动窗口标题栏
更改大小	单击窗口的边缘，将边界拖动到想要的大小
改变宽度	指向窗口的左边框或右边框，当指针变为水平双向箭头时，向左或向右拖动边框

续表

功 能	操 作
改变高度	指向窗口的上边框或下边框，当指针变为垂直双向箭头时，向上或向下拖动边框
改变高度和宽度	指向窗口的任何一个角，当指针变为斜双向箭头时，沿任何方向拖动边框
窗口最小化	单击最小化按钮，收缩窗口，此操作将窗口减小成任务栏上的按钮
窗口最大化	单击位于标题栏的最大化按钮，或双击标题栏，可使窗口最大化，此操作使窗口充满桌面，再次单击该按钮可使窗口恢复到原始大小
浏览窗口菜单	在窗口中浏览菜单，查看可使用的不同命令和工具。当找到所需的命令时，只需单击它即可实现相应的功能

（3）多窗口操作

在 Windows 10 系统内打开的多个窗口中，按【Tab+Alt】组合键，可以缩略窗口的形式了解当前开启的窗口内容，此时再按【Tab】键可快速在不同窗口间完成切换。

拖动某一窗口标题栏上下、左右进行摇晃时，也可以看到其会显示类似水滴的切换效果，快速实现最大化、最小化操作，切换效果如图 2-7 所示。

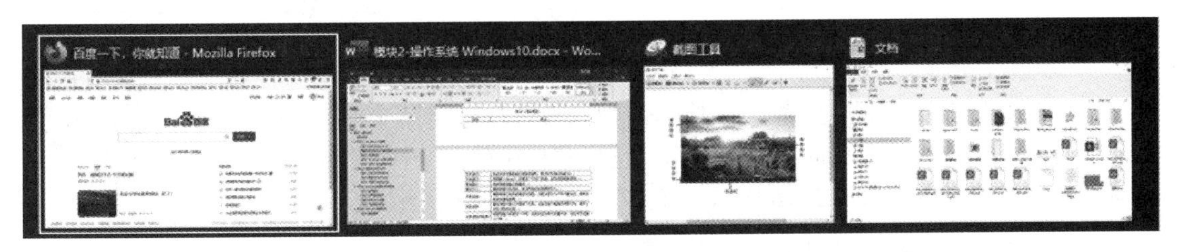

图 2-7 切换效果

2. 菜单操作

（1）菜单

菜单中含有命令列表，用于完成一个操作或实现某个具体的功能，其中一些命令旁会显示图像，以便快速地将命令与图像联系起来。详见微视频 2-5 菜单及其使用。

微视频2-5
菜单及其使用

（2）菜单类型

① 控制菜单。包含可用来操纵窗口或关闭程序命令的菜单。单击标题栏左边的程序图标，可以打开控制菜单。

② 快捷菜单。显示用于该项目的大多数常用命令，如图 2-8 所示。快捷菜单在这几种情况下也会出现：右击桌面上的空白处、文件、文件夹、系统菜单、窗口标题栏、窗口菜单栏、窗口工具栏、“开始”按钮、任务栏空白处、任务栏快速启动工具栏、“任务栏活动区域”按钮、“任务栏语言相关”按钮、任务栏时间等。要显示整个快捷菜单，可在右击时按住【Shift】键。

③ 级联菜单。在菜单项列表中，有的菜单项后边带有一个实心三角形符号“▶”，它表示该项还有下一层子菜单，子菜单项还可以包含子菜单。有的菜单项后边带有省略号“…”，它表示该项对应一个对话框。当鼠标指针在不同的菜单项间移动时，指向的目标颜色反向显示，若该项包含子菜单，则显示该子菜单，如图 2-9 所示。

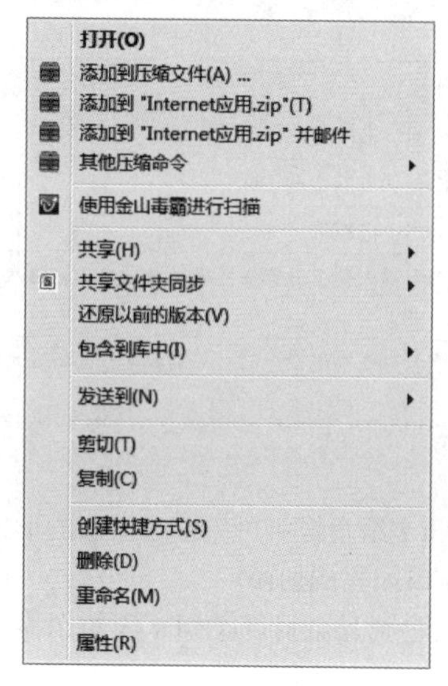

图 2-8 “快捷菜单”命令

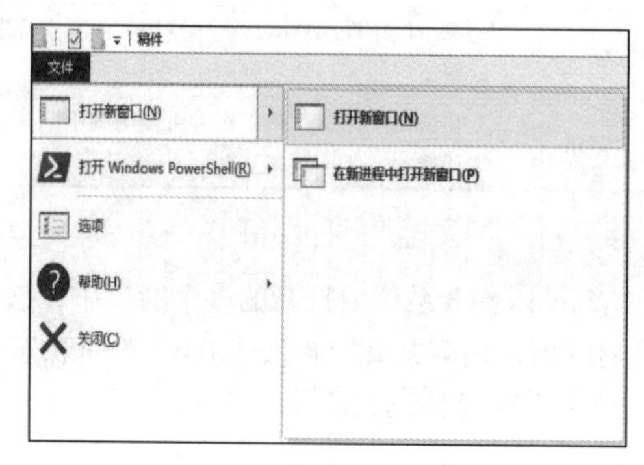

图 2-9 级联菜单

3. 桌面个性化定制

如果对系统默认的桌面主题、壁纸并不满意，可以通过对应的选项设置对其进行个性定制，方法是在桌面空白处右击，选择菜单中的“个性化”选项，进入桌面个性化设置窗口，如图 2-10 所示。详见微视频 2-6 桌面个性化。

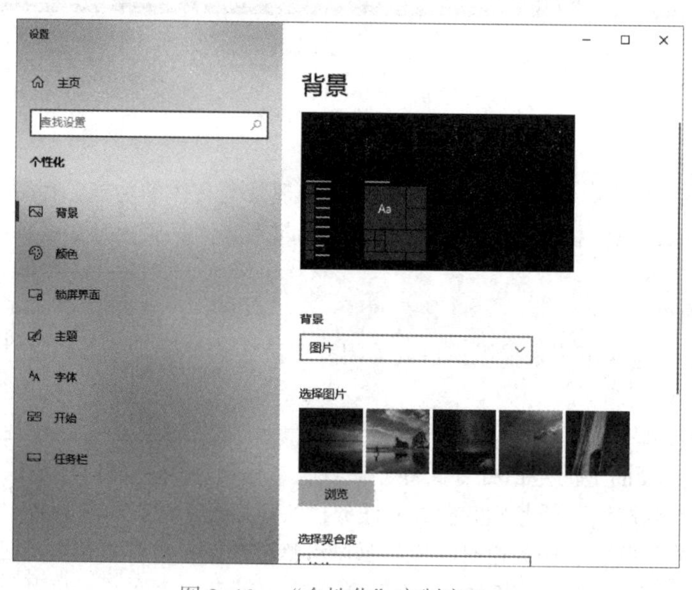

图 2-10 “个性化”定制窗口

在“个性化”定制窗口中，如果选择左侧列表的“背景”命令，能够在右侧窗格设置幻灯片放映形式、自动切换壁纸等参数，如图 2-11 所示。若选择“颜色”命令，可以对界面窗口的色调、显示风格进行调整，只要硬件条件达到了可支持 Aero 效果的水准，那么可以通过 Windows 10 系统实现非常炫目的窗口切换效果。“锁屏界面”命令为用户提供了锁屏状态下桌面背景、显示信息、屏幕保护等参数设置。在“主题”命令中，Windows 10 系统为用户内置更多的桌面主题信息，包括按照不同的主题类型、风格等进行整齐排列，依次单击即可自动切换到对应的主题状态当中。“字体”则允许用户从字体列表中进行选择设置。

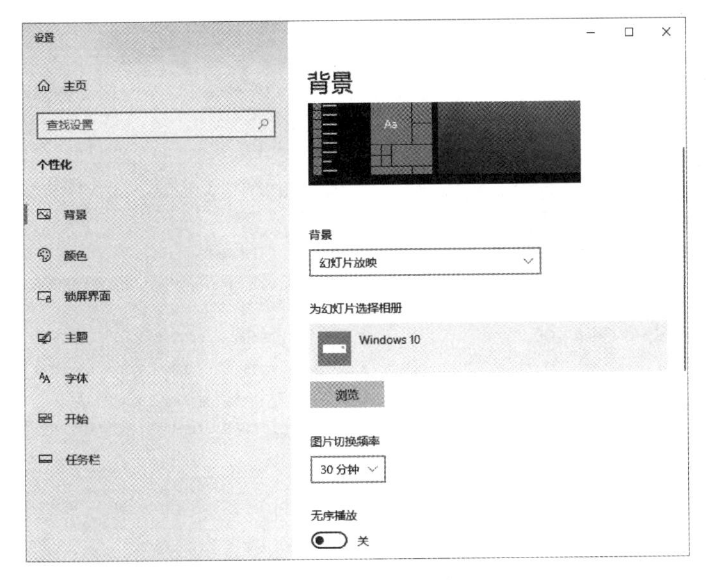

图 2-11　“背景”设置

4. 对话框及其操作

详见微视频 2-7 对话框及其操作。

（1）对话框及组成元素

对话框是一种次要窗口，为向用户提供信息或要求用户提供必要信息而出现的窗口。图 2-12 所示为“文件夹选项”对话框。

微视频2-7
对话框及其操作

对话框可以由多种元素组成：对话框标题栏、选项卡、下拉列表框、文本框、单选按钮（也称选项按钮）、复选按钮（也称选择框）、命令按钮、微调按钮、标签、表态文本、关闭窗口按钮、帮助按钮等。不同的对话框含有的元素可能不同。下面对主要的组成元素作简要说明。

① 选项卡。对话框中一般含有选项卡，图 2-13 所示有 3 个选项卡，分别是“缩进和间距”、“换行和分页”和“中文版式”。每个选项卡上可以放多个诸如单选按钮、命令按钮等对象。

② 文本框。是在对话框中可输入执行命令所需信息的框。当对话框打开时，文本框可能是空白的，也可能包含文本。

③ 下拉列表框。平时只显示一个选择项，当单击框右边的下拉按钮时，可以显示其他选项。它使用方便，占用的空间小。

④ 单选按钮。它一般是显示一组单选按钮，每次只能选择其中的一项，主要用于多选一。

⑤ 复选框。它一般是显示一个或一组复选框，每次可选择其中的一项或多项，主要用于多选。

⑥ 命令按钮。单击它执行一定的操作。如单击“确定”按钮，则接受用户操作，并退出对话框；如单击“取消”按钮，则不接受用户操作，并退出对话框。

⑦ 微调按钮。单击微调按钮可以调整微调按钮中的数值。

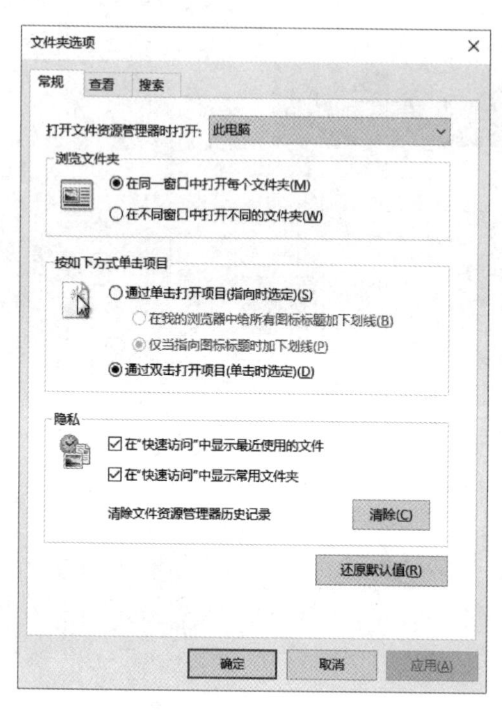

图 2-12 “文件夹选项”对话框

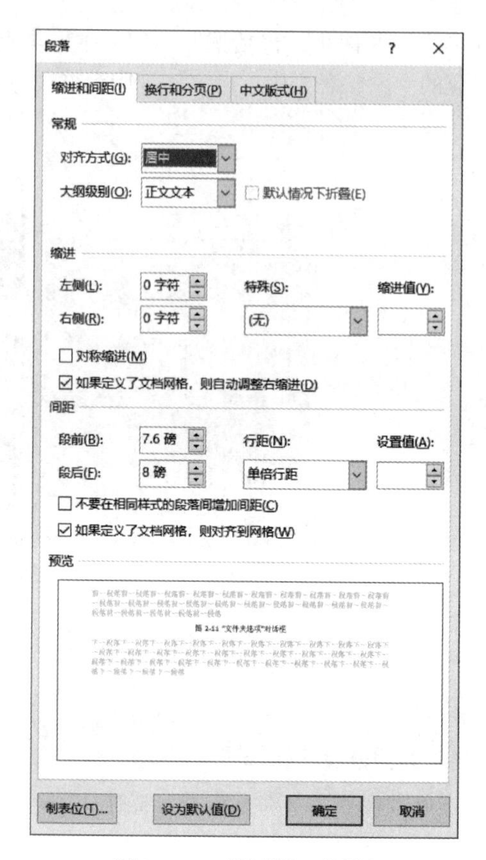

图 2-13 “段落”对话框

（2）对话框的基本操作

① 选择对话框中的不同元素。直接单击相应的部分，或按【Tab】键指向下一元素，或按【Shift+Tab】组合键指向前一个元素。

② 文本框操作。用户可以使用系统提供的默认值；可以删除默认值，并再输入新值；可以修改原有的默认值，首先必须将插入点定位到指定位置再修改，按【Backspace】键可删除插入点前的字符，按【Delete】键可删除插入点后的字符。

③ 从下拉列表中选择值。单击框右边的下拉按钮时，显示其他选择项，用鼠标指针指向要选择的项，单击。

④ 选定某单选项。在对应的圆形按钮上或其后的文字上单击。

⑤ 选定或清除复选框。复选框前面的方形框中显示“✓”，表示选定复选框，否则表示未选定复选框。在选定复选框状态下，在对应的方形框上或其后的文字上单击，方形框中不显示“✓”，表示没有选定；在未选定复选框状态下，在对应的方形框上或其后的文字上单击，方形框中显示“✓”，表示选定复选框。

⑥ 执行命令按钮操作。在命令按钮上单击，或选择某命令按钮并按【Enter】键。多数对话框中被选择的命令按钮或默认选择的按钮有一个粗的边框，当按【Enter】时，将自动选中该按钮。有的命令按钮名称后边带有省略号“…”，它表示单击此命令按钮将弹出一个对话框，例如图 2-14 所示的“快捷键（K）…”按钮。

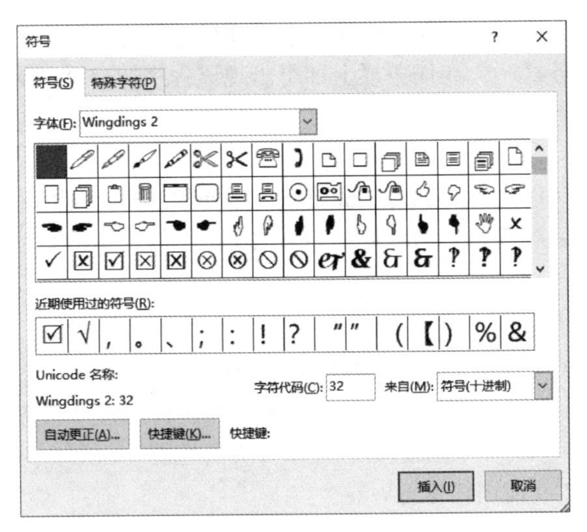

图 2-14　“符号”对话框

⑦ 取消对话框。单击“取消”按钮，或单击窗口“关闭”按钮，或按【Esc】键均可取消对话框。

5. 程序管理

（1）Windows 组件的安装与卸载

Windows 系统自带一些应用程序，称为 Windows 组件。通常在安装 Windows 时并未全部安装所有组件。当有需要时可以通过 Windows 设置或控制面板安装，也可以卸载不再使用的组件。详见微视频 2-8 程序安装与卸载。

微视频2-8
程序安装与卸载

相关操作可参考“控制面板”节的介绍。

（2）安装程序

Windows 自带的程序无法满足用户需求，所以需要安装另外的应用程序来实现特定的功能。通常在应用程序安装包中会有类似 setup.exe 或 Install.exe 等文件形式的安装程序，运行其安装程序即可安装应用程序。

（3）卸载程序

如果某款软件不再需要了，留在系统中会占用一定的系统资源，可以将其卸载，以释放被占用的系统资源。

① 选择“开始”→“设置”→“Windows 设置”→“应用”命令，找到“应用和功能”项。

② 单击“应用和功能”项，在应用列表中找到需要卸载的程序，单击该程序，即可选择“修改”或“卸载”按钮进行操作。

（4）运行程序

通常，应用程序安装后会在“开始”菜单或其级联菜单上出现应用程序的快捷方式，单击其快捷方式即可启动应用程序。或者双击某个文件，根据文件关联规则也可启动相关的应用程序。

（5）退出程序

打开应用程序通常就会打开相应的应用程序窗口，关闭该窗口就可以关闭应用程序。需要注意的是，有些应用程序在关闭前需要保存相关数据而弹出对话框，此时按照实际需要选择对应命令即可。

（6）锁定应用程序

为快速方便地启动应用程序，可将程序启动文件（或其快捷方式）固定到任务栏，具体操作方法是在“开始”菜单或其级联菜单中选中启动文件（或选项），然后右击，在弹出的快捷菜单中选择“固定到任务栏”，在任务栏上即可出现该程序的启动图标，单击该图标即可启动该应用程序。

（7）创建快捷方式

可为应用程序（或文件夹等）创建快捷方式，以便快速打开应用程序或文件夹，方法是选中该对象后，右键拖动该对象到目的区域（如桌面），选择弹出的相应选项即可为该对象创建快捷方式。

6. 任务管理器的使用

任务管理器提供有关计算机上运行的程序和进程信息的 Windows 实用程序。使用“任务管理器”，一般用户主要用它快速查看正在运行的程序状态、终止已经停止响应的程序、结束程序、结束进程、显示计算机性能（CPU、内存等）的动态概述。详见微视频 2-9 使用任务管理器。

微视频2-9
使用任务管理器

（1）打开任务管理器

右击任务栏空白处，在弹出的快捷菜单中选择“启动任务管理器”选项，单击即可打开任务管理器，如图 2-15 所示。

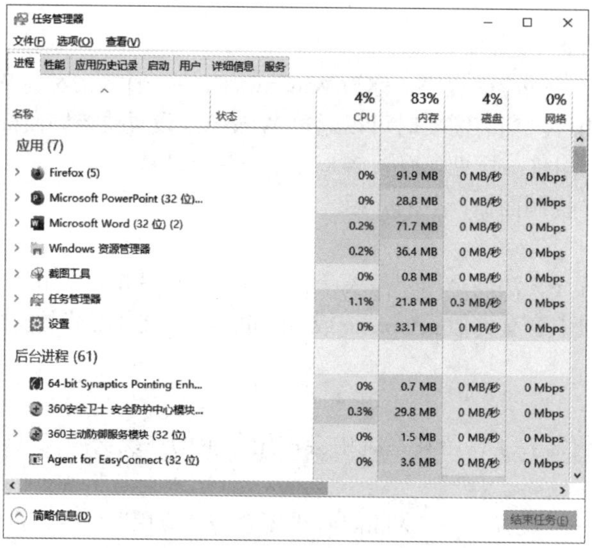

图 2-15　“任务管理器”对话框

（2）“进程”选项卡

该选项卡列出了当前正在运行中的全部应用程序及后台进程的图标、名称、状态及资源占用情况。选定其中一个应用程序或进程，可以通过单击右下角的“结束任务”按钮结束该任务；也可以在所选任务上右击，在弹出的快捷菜单中选择结束任务、资源值，属性等命令，查看相关信息并进行参数设置。

（3）“性能”选项卡

该选项卡显示计算机性能的动态概述，如图 2-16 所示，主要包括下列选项。

① CPU。表明处理器工作时间百分比的图表。该计数器是处理器活动的主要指示器。查看该图表，可以知道当前使用的处理时间是多少。如果计算机看起来运行较慢，该图表就会显示较高的百分比。

② 内存。显示分配给程序和操作系统的内存。
③ 磁盘 0。显示非系统盘的活动时间及传输速率。
④ 磁盘 1。显示系统盘的活动时间及传输速率。
⑤ Wi-Fi。显示无线网络吞吐量、数据收发速率等信息。
⑥ GPU0。显示 GPU 的运行信息。

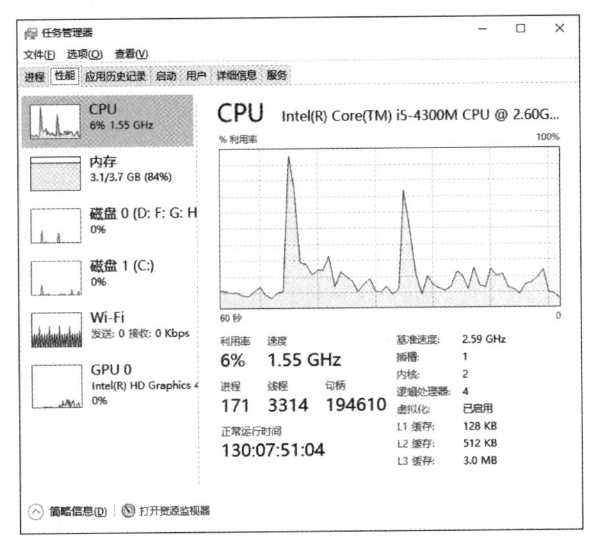

图 2-16　“性能”选项卡

（4）“用户”选项卡

在该选项卡中可查看用户活动的状态，可选择断开、注销或发送消息。

（5）“服务”选项卡

单击“服务”选项卡，如图 2-17 所示，可选择一个项目来查看它的描述。

任务管理器
文件(F) 选项(O) 查看(V)
进程 性能 应用历史记录 启动 用户 详细信息 服务

名称	PID	描述	状态	组
AJRouter		AllJoyn Router Service	已停止	LocalService...
ALG		Application Layer Gateway Service	已停止	
AlibabaProtect	13080	Alibaba PC Safe Service	正在运行	
AppIDSvc		Application Identity	已停止	LocalService...
Appinfo	7316	Application Information	正在运行	netsvcs
AppMgmt	37748	Application Management	正在运行	netsvcs
AppReadiness		App Readiness	已停止	AppReadiness
AppVClient		Microsoft App-V Client	已停止	
AppXSvc		AppX Deployment Service (AppX...	已停止	wsappx
AssignedAccessManager...		AssignedAccessManager 服务	已停止	AssignedAcc...
AudioEndpointBuilder	2404	Windows Audio Endpoint Builder	正在运行	LocalSystem...
Audiosrv	2696	Windows Audio	正在运行	LocalService...
AxInstSV		ActiveX Installer (AxInstSV)	已停止	AxInstSVGro...
BcastDVRUserService		GameDVR 和广播用户服务	已停止	BcastDVRUs...
BcastDVRUserService_1c...		GameDVR 和广播用户服务_1cb33...	已停止	BcastDVRUs...
BDESVC		BitLocker Drive Encryption Service	已停止	netsvcs
BFE	3320	Base Filtering Engine	正在运行	LocalService...
BITS		Background Intelligent Transfer ...	已停止	netsvcs
BluetoothUserService		蓝牙用户支持服务	已停止	BthAppGroup
BluetoothUserService_1c...		蓝牙用户支持服务_1cb33af98	已停止	BthAppGroup

简略信息(D)　打开服务

图 2-17　“服务”对话框

实训 1 预备实验

一、实训目的

① 掌握计算机的启动和关闭。
② 熟悉键盘和鼠标操作。
③ 学会用正确的指法、正确的击键方法操作键盘。
④ 打字练习。

二、实训任务

1. 启动计算机（启动 Windows 10）

（1）冷启动

冷启动也叫加电启动，是指计算机系统从休息状态（电源关闭）进入工作状态时进行的启动。

依次打开计算机外围设备电源、显示器电源，然后打开主机电源，计算机执行硬件测试，稍后屏幕出现 Windows 10 登录界面，登录进入 Windows 10 系统，观察 Windows 10 的登录过程，进入系统后观察 Windows 10 系统的桌面组成。

（2）热启动

热启动是指在开机状态下，重新启动计算机。常用于软件故障或操作不当，导致“死机”后重新启动机器。单击“开始”菜单，在“电源”按钮的级联菜单中选择“重新启动”，即可重新启动计算机。

2. 关闭计算机（退出 Windows 10）

单击“开始”菜单，在“电源”按钮的级联菜单中选择“关机”，即可关闭计算机。

3. 鼠标操作练习

指向：将鼠标指针移动到指定的位置或目标上。
单击：指向某个操作对象单击左键，可以选定该对象。
双击：指向某个操作对象双击左键，可以打开或运行该对象窗口或应用程序。
右击：指向某个操作对象右击，可以打开相应的快捷菜单。
拖动：指向某个操作对象按住左键拖动鼠标，可以实现移动操作。

注意：

① 拖动操作不仅是移动对象，还有其他含义（如复制、打开等）。在拖动时，一定要明白此操作的含义及其有可能产生的后果。

② 鼠标操作的具体效果可以通过鼠标属性设置更改，所以以上操作只是通常和习惯性的用法。

4. 熟悉键盘

键盘基本分为三个区：主键盘区、功能键区和小键盘区。这些区中的键码有的有专用意义，有的可以由用户来定义。

（1）主键盘区

除数字、字母、符号键外，还有如下功能键：【Esc】（释放键或换码键）、【Backspace】（←退格键）、【Enter】或【Return】（回车键）、【Ctrl】（控制键）、【Shift】（换档键）、【Space】（空格键）、【Tab】（制表键）、【Alt】（替换键）、【Caps Lock】（大小写字母转换键）、

【Win】（徽标键）等。

（2）功能键区

功能键区通常位于键盘的上侧，键名为【F1】~【F12】，其功能由系统和用户定义，完成特殊的操作。

（3）小键盘区

它位于键盘的右侧，主要有两种作用：数字键和光标控制 / 编辑键。由数字锁定键【Num Lock】键进行切换。这组键的默认状态是光标控制 / 编辑方式。使用【Num Lock】键就可以转换为数字方式，再按一次【Num Lock】键就又回到光标控制 / 编辑方式了。在小键盘上还有一些编辑功能键，如表 2-2 小键盘功能说明所示。

表 2-2　小键盘功能说明

编辑键	功能说明
Home	把光标退回到屏幕的左上角
Ins	插入字符，可以在光标处插入任何字符
Del	删除字符，按动一次则删除右侧一个字符
End	光标移至当前行末
PgDn	光标向下翻一页
PgUp	光标向上翻一页

注：表中各键的具体作用受操作系统及应用程序的限制。

5. 基本指法和键位

键盘上的英文字母是按各字母在英文中出现的频率高低而排列的。在 26 个字母中选用比较常用的 7 个字母和一个符号键作为基本键位，它们是：【A】、【S】、【D】、【F】、【J】、【K】、【L】、【；】键。这 8 个键位于主键盘中间一行，我们让这 8 个键对应于左右手除拇指之外的手指，每个手指轻轻落在各自的基本键位上，其他键为各手指的范围键，如【1】、【Q】、【Z】为左手小指的范围键，【2】、【W】、【X】为左手无名指的范围键，依此类推。手指打完它的范围键后要马上回到基本键位上，做好下次按键的准备。

6. 上机注意事项

① 按键时眼睛尽量不看键盘，应注视文稿，这称为盲打。开始时会相当困难，但持之以恒地练习，就会慢慢习惯。学习键盘的输入要点不在于理解而在于熟练。看键盘输入当然容易得多，但这样输入既看文稿又看键盘，眼睛长时间在文稿和键盘上频繁移动，就很容易使眼睛疲劳而出错，并且输入速度慢。

② 要坚持使用十指同时操作，各个手指必须严格遵守“分工负责”的规定，任何“协作”“互助”的精神都势必造成指法的混乱。不要只用一只手或一个手指按键。

③ 按键要轻巧，用力要均匀，击键要迅速果断。不要用力过猛，以免损坏键盘。

④ 操作姿势要正确，不要塌腰低头趴在操作台上。座位高低要适度，显示器不可调得过亮，以免影响视力。

7. 指法练习（要按指法分工完成练习）

说明：以下指法练习在“计事本”中完成，首先启动“记事本”（启动方法：单击“开始→ Windows 附件→记事本”）。

① 将【Caps Lock】键锁定在小写状态，输入以下字母：

a b c d e f g h I j k l m n o p q r s t u v w x y z

asdf qwer zxcv uiop jkl nm rtyu fghj vbnm

注意：输入有误时，可以用退格键或删除键进行删除。

② 将【Caps Lock】键锁定在大写状态，输入以下字母：

A B C D E F G H I J K L M N O P Q R S T U V W X Y Z

AASS DDFF GGHH JJKK KKLL QQWW EERR TTYY UUII OOPP ZZXX CCVV BBNN NNMM

③ 将【Caps Lock】键锁定在小写状态，输入以下大、小混合字母（输入大写字母时，先按住【Shift】键，再按下相应的字母键）。

aaAA bbBB ccCC ddDD eeEE ffFF ggGG HHhh IIii JJjj KKkk LLll MMmm NNnn

oOoO pPpP qQqQ RrRr SsSs TtTt UuuU VvvV WwwW xXXx yYYy zZZz

the Central University for Nationalities the People's Republic of China

④ 将【Caps Lock】键锁定在大写状态，输入以上大、小混合字母（输入小写字母时，先按住【Shift】键，再按下相应的字母键）。

⑤ 输入数字和符号（输入上档字符时要按住【Shift】键）。

0 1 2 3 4 5 6 7 8 9 ` ~ ! @ # $ % ^ & * （ ） _ + | - = \ [ ] { } ; ' : " , . / < > ?

⑥ 组合键练习：

组合键是指为完成特定操作而设定的键盘快捷方式，一般要同时对两个或两个以上的键进行操作。操作要点是注意按键的顺序和某一时刻的同时性。完成以下练习并注意观察每一组合键的作用：

【Ctrl + Alt + Delete】　【Ctrl + Esc】　【Ctrl + Shift + V】

【Ctrl + Alt + Esc】　【Alt + Tab】

提示：单击任务栏上的输入法选择器，选择一种汉字输入法完成以下练习。

8. 汉字标点符号输入

，。《 》、？ ～！ ◎ # ￥ % …… ※ × （ ） ——

＋ § 『 』【 】；： ' ' " " ·

9. 输入下文

目前，鼠标在 Windows 环境下是一个主要且常用的输入设备。常用的鼠标有机械式和光电式两种，机械式鼠标比光电式鼠标价格便宜，是我们常用的一种，但它的故障率也较高。机械式鼠标下面有一个可以滚动的小球，当鼠标在平面上移动时，小球与平面摩擦转动，带动鼠标内的两个光盘转动，产生脉冲，测出 X-Y 方向的相对位移量，从而可反映出屏幕上鼠标的位置。

注意：

①不同的汉字输入方法有其各自的特点和特殊用法，每个同学都应熟悉一种汉字输入方法。

②可以根据上机实验环境，使用一些打字练习软件来进行指法练习和汉字输入练习，争取实现"盲打"。

实训 2　Windows 10 窗口操作

一、实训目的

① 熟悉 Windows 10 的窗口界面。

② 熟练掌握窗口的基本操作。

二、实训任务

1. 窗口基本操作

在 Windows 10 中，每启动一个应用程序，通常就会在屏幕上打开一个窗口。通常情况下，应用程序的启动和退出就意味着窗口的打开和关闭，反过来说，窗口的打开和关闭也意味着应用程序的启动和退出。

打开“Windows 资源管理器”，完成下列操作。

① 单击窗口右上角的三个按钮，实现最小化，最大化 / 还原和关闭窗口操作。

② 拖动窗口边框，调整窗口大小。

③ 使用鼠标拖动标题栏，移动窗口；双击标题栏，最大化窗口或还原窗口。

④ 通过 Aero Snap 功能调整窗口：【Win】+ 向上箭头（窗口最大化），【Win】+ 向左箭头（窗口靠左显示），【Win】+ 向右箭头（靠右显示），【Win】+ 向下箭头（还原或窗口最小化）。

⑤ 单击“查看”选项卡，在“窗格”选项组中，设置“预览窗格”“详细信息窗格”“导航窗格”是否打开，观察窗口格局的变化；在“布局”选项组中，设置文件或文件夹的显示方式，观察文件或文件夹的显示信息。

⑥ 使用【Alt+ 空格】打开控制菜单，然后使用键盘进行窗口操作。

2. 切换窗口

当打开多个应用程序后，可在程序窗口间切换。使用键盘【Alt+Tab】组合键，或使用鼠标单击任务栏上程序图标，在打开的程序间切换。

3. 关闭窗口

试验使用下列方法关闭程序窗口。

方法一：单击“关闭”按钮

方法二：按【Alt+F4】组合键。

方法三：单击控制菜单，选择“关闭”或者按快捷键【C】。

方法四：单击“文件”菜单，选择“退出”或者按快捷键【X】。

方法五：打开任务管理器，关闭应用程序。

4. 将程序到任务栏

设置将 WPS 文字、WPS 表格等常用应用程序锁定到任务栏。

5. 创建桌面快捷方式

在桌面上创建画图程序（mspaint.exe）的快捷方式。

实训 3　定制个性化桌面环境

一、实训目的

① 了解 Windows 10 系统的基本功能和作用。

② 熟练掌握 Windows 10 的基本操作和应用。

③ 熟练设置个性化工作环境。

二、实训任务

1. 个性化桌面背景

定义桌面背景为“幻灯片放映”，自选相册，设置切换频率为“10 分钟”，契合度为“适应”。

2. 设置窗口颜色

自定义窗口颜色，观察窗口边框颜色的变化。

3. 设置主题

自定义主题为你喜欢的风格，并保存该主题为“我的主题”。

4. 设置屏幕保护程序

设置屏幕保护程序为“3D 文字”，屏幕保护等待时间为 5 分钟；文字内容为“欢迎”，并以合适速度“摇摆式”旋转。

5. 更改屏幕分辨率

设置屏幕分辨率为 1 440 × 900。

6. 设置缩放比例

为便于阅读窗口内容，设置以“125%”显示文本。

7. 在桌面显示控制面板图标

设置将“此电脑”“回收站”“网络”显示在桌面上，并将桌面图标按“名称”排列。

8. 设置任务栏

① 设置任务栏的自动隐藏功能，当鼠标指针离开任务栏时，任务栏会自动隐藏。

② 改变任务栏按钮显示方式，默认情况下，任务栏按钮为“始终合并按钮”状态。

③ 在通知区域显示 U 盘图标，设置“Windows 资源管理器”项为“开”状态，如果计算机连接有 U 盘等移动设备，其图标就会显示在通知区域。

9. 设置开始菜单

尝试开始菜单的各种参数设置。

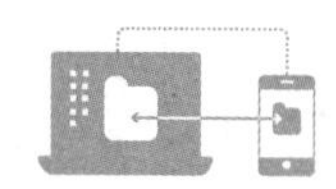

2.2 Windows 资源管理

2.2.1 文件和文件夹

1. 文件

微视频2-10
认识文件

文件是存储在一定介质上的、具有某种逻辑结构的、完整的、以文件名为标识的信息集合。它可以是程序所使用的一组数据，也可以是用户创建的文档、图形、图像、动画、声音、视频等。详见微视频 2-10 认识文件。

2. 文件名

文件名是为文件指定的名称，目的是为了区分不同的文件，计算机对文件实行按名存取的操作方式。文件名一般由主文件名和扩展名构成。

主文件名命名可使用英文字母、数字、特殊符号和汉字，但不能包含以下字符：正斜杠（/）、反斜杠（\）、大于号（>）、小于号（<）、星号（*）、问号（？）、引号（"）等。文件名一般由用户指定，原则是“见名知义”。

扩展名也称“类型名”或“后缀”，用点“.”与主文件名分隔。文件扩展名用来标识文件格式或文件类型。常见的文件类型及其扩展名如表 2-3 所示。

表 2-3 常见的文件类型及其扩展名

扩 展 名	文件类型	关联软件
.wps	WPS 文字	WPS Office
.et	WPS 表格	WPS Office
.dps	WPS 演示文稿	WPS Office
.txt	文本文件	记事本
.jpg	图片文件	画图、ACDsee、Photoshop 等
.mp3	音频文件	影音播放软件
.avi	视频文件	影音播放软件
.exe	可执行文件	Windows 操作系统
.pdf	便携式文档	Adobe Acrobat
.rar	压缩文件	WinRAR、WinZip

3. 文件夹

文件夹是在磁盘上组织程序和文档的一种手段，可以有组织地存储、管理文件，是图形用户界面中程序和文件的容器，用于存放程序、文档、快捷方式和子文件夹。文件夹的层次结构可以看作一棵倒立的树，因此被称为树状层次结构。

4. 文件属性

文件属性用于指出文件是否为只读、隐藏、存档（备份）、压缩或加密，以及是否应索引文件内容以便加速文件搜索等。

文件和文件夹都有属性页，文件属性页显示的主要内容包括文件类型，与文件关联的程序（打开文件的程序名称），它的位置、大小、创建日期、最后修改日期、最后打开日期、摘要（列出包括标题、主题、类别和作者等的文件信息）等，不同类型的文件或同一类型的不同文件，其属性可能不同，有些属性可由用户自己定义。

2.2.2 文件和文件夹的管理

1. 资源管理器

资源管理器是 Windows 操作系统提供的资源管理工具，可以使用资源管理器查看计算机上的所有资源，能够清晰、直观地对计算机上各种文件和文件夹进行管理。在 Windows 10 中，资源管理器使用了 Ribbon 界面。Ribbon 界面把同类型的命令组织成一种“标签”，每种标签对应一种功能区。功能区更加适合触摸操作，使以往被菜单隐藏很深的命令得以显示，将最常用的命令放置在最显眼、最合理的位置，以方便使用。在文件资源管理器中，默认隐藏功能区，是为了给小屏幕用户节省屏幕空间，如图 2-18 所示为资源管理器窗口。

微视频2-11
使用资源管理器

Windows 10 资源管理器的地址栏具有导航功能，直接单击地址栏中的标题就可以进入相应的界面，单击▾按钮，可以弹出下拉菜单。另外，如果要复制当前的地址，只要在地址栏空白处单击，即可让地址栏以传统的方式显示。详见微视频 2–11 使用资源管理器。

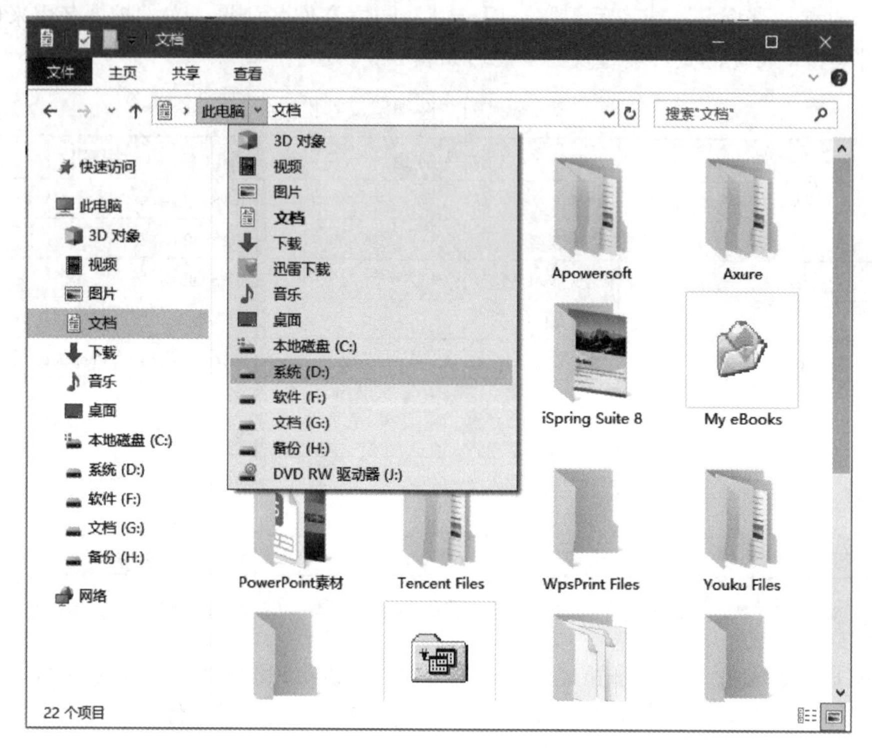

图 2–18 资源管理器窗口

2. 文件和文件夹的组织与管理

对文件和文件夹的操作主要有：选择、创建、重命名、显示、打开、复制、移动、删除、恢复、保存、查找等。使用的工具主要是：此电脑、资源管理器、回收站等。

对文件或文件夹操作的一般过程如图 2–19 所示。

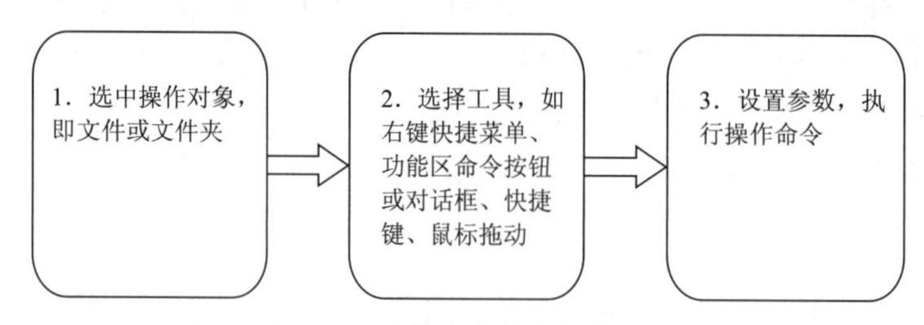

图 2–19 文件或文件夹操作过程

（1）选择文件和文件夹

在 Windows 中进行操作首先应选定操作的对象，然后选择执行的操作命令。例如，文件或文件夹的复制、删除、移动等操作，都需要先选定对象才能进行操作。因此，选定的操作是很重要的。详见微视频 2–12 选择文件和文件夹。

选定文件或文件夹的方法有以下几种。

① 选定单个文件或文件夹：单击所要选定的文件或文件夹。

② 选定多个连续的文件或文件夹：单击所要选定的第一个文件或文件夹，然后在按住【Shift】键的同时，再单击最后一个文件或文件夹。

③ 选定多个不连续的文件或文件夹。单击所要选定的第一个文件或文件夹，然后在按住【Ctrl】键的同时，再分别单击其他要选的文件或文件夹。

（2）创建文件夹

创建新文件夹的操作步骤如下。

① 在资源管理器导航窗格中，选定新建文件夹所在的位置（某个磁盘或文件夹）。

② 单击“主页”选项卡中的“新建文件夹”命令按钮；或者在右侧主窗格空白处右击，在弹出的快捷菜单中选择“新建”→“文件夹”命令。

③ 在“新建文件夹”图标名称位置输入文件夹名称，按【Enter】键即可。

微视频2–13
删除文件和文件夹

（3）删除文件或文件夹

详见微视频 2–13 删除文件和文件夹。

● 使用选项卡中的命令按钮操作。

① 选中要删除的文件或文件夹。

② 单击“主页”选项卡中的“删除”命令按钮。

③ 系统显示确认文件或文件夹删除对话框，单击“是”按钮，将文件删除到回收站。

操作提示：可以使用快捷菜单完成删除的操作，当选中文件或文件夹后右击，在弹出的快捷菜单中选择“删除”命令。

● 使用【Delete】键。

① 选中要删除的文件或文件夹。

② 按【Delete】键，系统显示确认文件或文件夹删除对话框，单击“是”按钮，将文件删除到回收站。

注：若在按住【Shift】键的同时再按【Delete】键，则文件或文件夹从计算机中删除，而不存放到回收站。

● 使用鼠标直接拖动到回收站。

选中要删除的文件或文件夹，直接拖动到回收站中。

微视频2–14
重命名文件和文件夹

（4）重命名文件或文件夹

更改文件或文件夹名称的方法有以下几种：

● 使用选项卡中的命令按钮操作。

① 选中要更改名称的文件或文件夹。

② 单击“主页”选项卡中的“重命名”命令按钮。

③ 在名称框中输入新的名称，然后按【Enter】键。

操作提示：可以使用快捷菜单完成更改名称的操作，当选中文件或文件夹后右击，在弹出的快捷菜单中选择“重命名”命令。

● 使用鼠标。

① 将鼠标指针指向要更改的文件夹或文件的名称处。

② 双击，使名称框被激活，输入新的名称，然后按【Enter】键。

详见微视频 2–14 重命名文件和文件夹。

（5）复制文件或文件夹

复制文件或文件夹是一种常用的操作，可以使用以下几种操作方法：

●使用选项卡中的命令按钮操作。

① 选中要复制的文件或文件夹。

② 单击“主页”选项卡中的“复制”命令按钮。

③ 定位到要复制的目标磁盘中文件夹的位置。

④ 单击“主页”选项卡中的“粘贴”命令按钮。

操作提示：可以使用快捷菜单完成复制的操作，当选中文件或文件夹后右击，在弹出的快捷菜单中分别通过“复制”“粘贴”命令进行复制的操作。

●使用组合键操作。

① 选中要复制的文件或文件夹；按【Ctrl+C】组合键，复制对象。

② 定位到要复制的目标盘中文件夹的位置。

③ 按【Ctrl+V】组合键，完成粘贴操作。

●使用鼠标拖动。

① 选中要复制的文件夹或文件。

② 按住【Ctrl】键，拖动鼠标到目标盘或目标文件夹中。

操作提示：在拖动过程中指针下方会出现加号标志，表示此时所进行的是复制操作。如果在不同驱动器上复制，可以不必按【Ctrl】键，直接拖动到目标盘目标文件夹下即可。

微视频2–15
复制文件和文件夹

详见微视频 2–15 复制文件和文件夹。

（6）移动文件或文件夹

移动文件或文件夹的操作方法类似复制操作，其区别是移动操作是将选中的文件夹或文件从原位置移走，而复制操作中选中的文件夹或文件仍保留在原位置。在具体操作中，主要的区别在于：在选定操作对象后，复制操作是对选定对象做“复制”操作，而移动操作是对选定对象做“剪切”操作，在目标位置上都是做“粘贴”操作。详见微视频 2–16 移动文件和文件夹。

微视频2–16
移动文件和文件夹

●使用选项卡中的命令按钮操作。

① 选中要移动的文件或文件夹。

② 单击“主页”选项卡中的“剪切”命令按钮。

③ 定位到要移动的目标文件夹的位置。

④ 选择“主页”选项卡中的“粘贴”命令。

操作提示：可以使用快捷菜单完成移动的操作，当选中文件或文件夹后右击，在弹出的快捷菜单中分别通过“剪切”“粘贴”命令项，进行移动的操作。

●使用组合键。

① 选中要移动的文件或文件夹。

② 按【Ctrl+X】组合键（剪切）。

③ 定位到要移动的目标文件夹的位置。

④ 按【Ctrl+V】组合键（粘贴）。

●使用鼠标拖动。

① 选中要移动的文件夹或文件。

② 按住【Shift】键，拖动鼠标到目标盘或目标文件夹中。

操作提示：如果在相同驱动器上移动，可以不必按【Shift】键进行拖动；若在不同驱动器上移动，必须按住【Shift】键。

（7）搜索文件或文件夹

当有些文件不清楚存放在哪个盘或文件夹中，或者文件名称记不清了，可以使用搜索功能进行查找。通过“资源管理器”中的搜索功能，可以快捷、高效地查找文件、文件夹。

查找文件或文件夹的操作步骤如下：

① 在资源管理器搜索框中输入要搜索的文件名内容。

② 设定搜索选项，如大小、修改时间等。

③ 系统将按指定位置和输入的条件进行搜索，搜索结果显示在主窗口中。

注：搜索的文件名称可以使用通配符“*”号和“？”号。

微视频2-17
使用回收站

3. 使用回收站

回收站是用来存放已被删除的文件或文件夹。可以在回收站将误删除的文件进行恢复，可以清除回收站中的部分文件，可以清空回收站。回收站的大小有限，若回收站的文件超过回收站的存储空间，则系统将按文件的存放顺序将先放入的文件永久删除。详见微视频 2-17 使用回收站。

（1）打开回收站

打开回收站可以使用如下方法：在桌面上双击“回收站”图标。

（2）恢复删除的文件或文件夹

在“回收站”恢复删除的文件或文件夹的操作是：打开“回收站”窗口，选中要删除或恢复的文件或文件夹，选择“回收站工具”选项卡中的“还原选定项目”命令。

（3）清空回收站

清空回收站是将在回收站中的文件和文件夹全部删除，其操作是选择“回收站工具”选项卡中的“清空回收站”命令。

（4）设置回收站属性

在“回收站”图标上右击，在其快捷菜单中选择“属性”命令，出现图 2-20 所示对话框，根据需要对回收站相关属性进行设置。

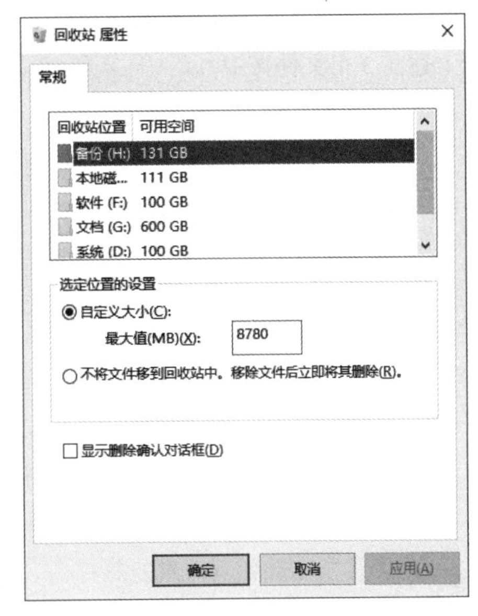

图 2-20　回收站属性设置

实训 4　管理文件和文件夹

一、实训目的

① 掌握资源管理器的使用。

② 掌握文件和文件夹的管理方法。

③ 熟练掌握文件和文件夹的常用操作。

二、实训任务

1. 浏览文件和文件夹

① 打开 Windows 资源管理器，选择某一磁盘或某个文件夹，分别以不同的视图形式浏览当前位置的内容。在显示预览窗格的情况下，选择相关文件做预览。

② 单击磁盘或文件夹的图标，以展开或折叠的方式显示文件夹下的子文件夹和文件。

2. 选定文件和文件夹

在对文件和文件夹进行操作之前，首先要选定文件和文件夹。常用的选定操作有：选定单个、选定多个连续 / 不连续、选定全部、取消选定。

① 单击选中 1 个文件。

② 使用【Ctrl】键，选择多个不连续的文件。

③ 使用【Shift】键，选择多个连续的文件。

④ 使用【Ctrl+A】组合键，选择全部文件和文件夹。

⑤ 取消选中的文件和文件夹。

3. 创建文件和文件夹

① 在本地磁盘 D 建立以自己学号命名的文件夹，并在其中建立 4 个子文件夹："电子文档"、"电子表格"、"演示文稿" 和 "作业要求"。

② 以右键快捷方式新建 3 个文件：文字处理 .wps、电子表格 .et、演示文稿 .dps，分别放到上述前 3 个文件夹中。

4. 移动和复制文件和文件夹

① 将上题中创建的 3 个文件复制到 "作业要求" 文件夹中。

② 将 "作业要求" 文件夹移动到 C 盘根目录下。

5. 删除文件和文件夹

① 删除 "作业要求" 文件夹中的所有文件。

② 删除 "作业要求" 文件夹。

6. 重命名文件和文件夹

① 将 "文字处理"、"电子表格" 和 "演示文稿" 进行重新命名，在原名称前加上本人的学号和姓名，在学号姓名与原名称前加下画线。

② 重新命名三个文件夹名称，在原名称后加 "作业设计" 四个字。

7. 设置文件和文件夹的属性

① 设置上述 3 个重命名后的文件的属性为隐藏，在所建文件夹中浏览文件，体验文件属性的设置效果。

② 为上述 3 个文件添加自定义信息。所有者：（学生本人的）学号姓名。

8. 文件及文件夹的恢复

① 在 "回收站" 中找到刚刚删除的文件和文件夹。

② 从 "回收站" 中恢复被删除的文件及文件夹。

9. 搜索文件

① 在本地磁盘 C 中搜索图片文件，并选择其中 3 个文件复制到 "作业要求" 文件夹中。

② 在本地磁盘 C 中搜索一周内修改的音频文件，并选择其中 3 个文件复制到 "作业要求" 文件夹中。

③ 在本地磁盘 C 中搜索文件大小在 10 MB 以内的视频文件，并选择其中 3 个文件复制到 "作业要求" 文件夹中。

2.3　Windows 设置与控制面板

Windows 10 的参数设置可以通过两种方式实现：Windows 设置和控制面板。这两种方式功能丰富，可以实现对操作系统、硬件设备、网络连接、应用程序、系统账户等方面的设置。

2.3.1　Windows 设置

Windows 10 引入了新的系统设置窗口，称为“Windows 设置”。目前，Windows 10 主要设置功能包括系统设置、外设属性、移动设备连接、网络连接、个性化桌面、应用程序管理、账户管理、时间和语言设置、游戏、轻松使用、隐私、更新和安全、搜索。单击“开始”菜单左下角“设置”图标启动“Windows 设置”，窗口如图 2-21 所示。详见微视频 2-18 认识 Windows 设置。

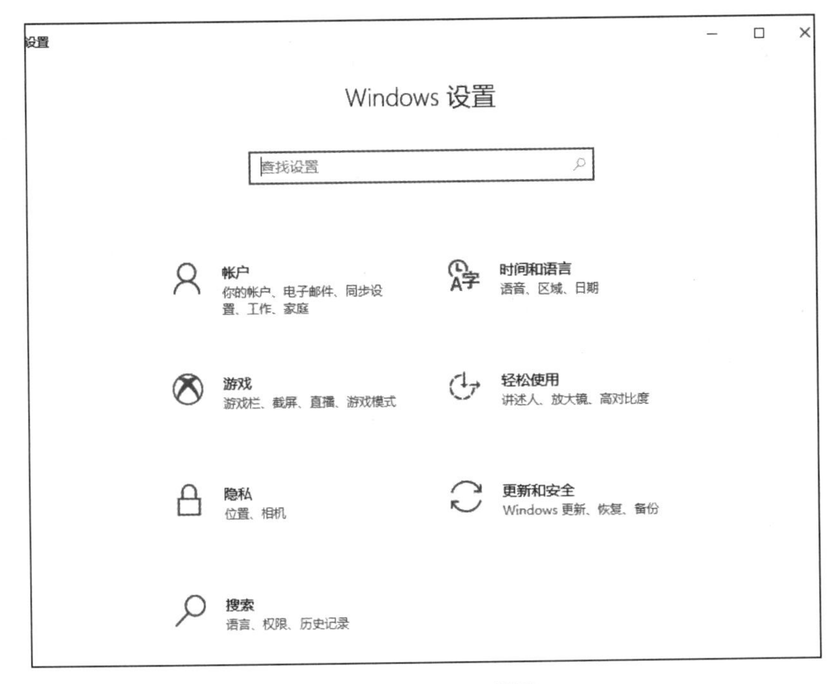

图 2-21　Windows 设置

在前面的章节中，我们已经介绍了“Windows 设置”中的“个性化”“应用”等功能，下面选择部分其他常见的管理项目做简单介绍。

1. 显示属性设置

在“Windows 设置”中选择“系统”选项，在打开的窗口左侧列表中选择“显示”，可以设置相关参数。详见微视频 2-19 设置显示器属性。

（1）更改文本、应用等项目的大小

在“缩放与布局”中可以使用系统给出的选项更改文本、应用等项目的大小，如图 2-22 所示。还可以通过“高级缩放设置”在 100% ～ 500% 范围内自定义缩放。

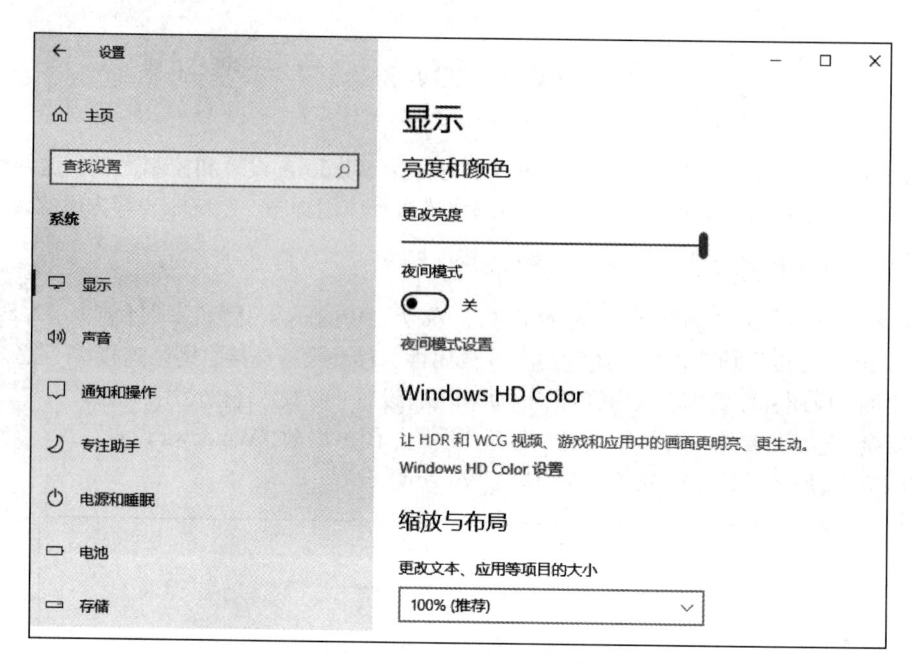

图 2–22　缩放与布局设置

（2）调整屏幕分辨率

在“分辨率”和“方向”中设置显示分辨率及显示方向，如图 2–23 所示。

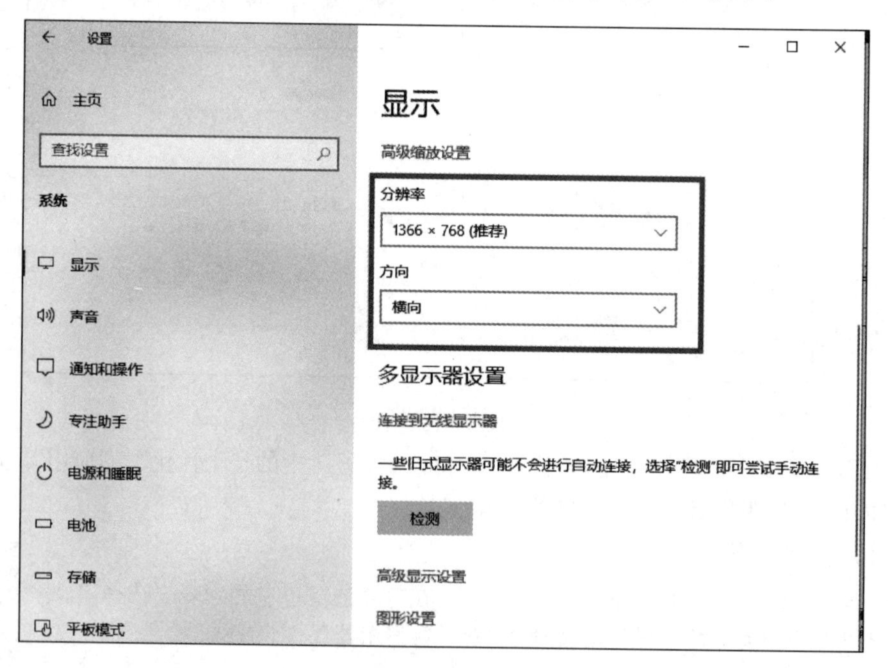

图 2–23　分辨率及方向设置

（3）设置多显示器

若机器连接了多个显示器，还可以进行多显示器的检测、设置和连接，如图 2–24 所示。

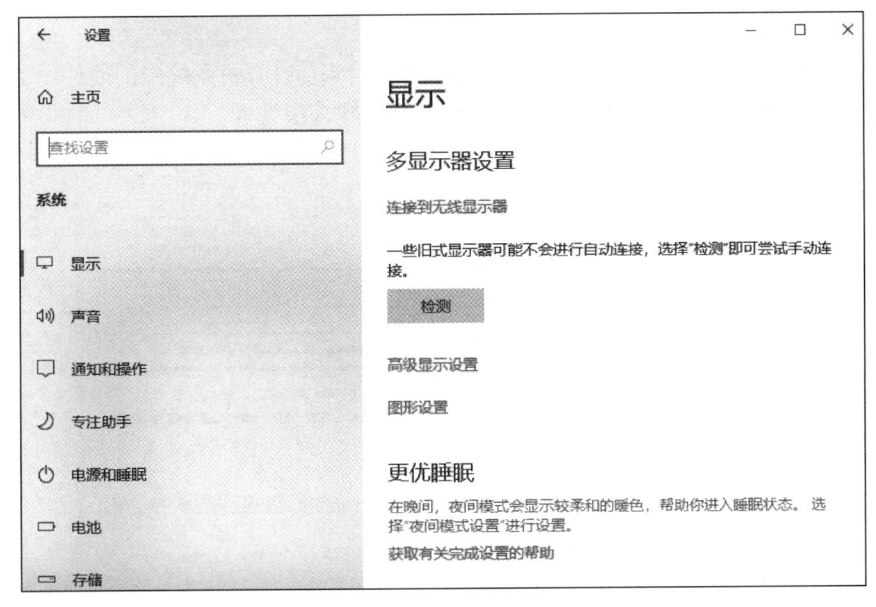

图 2-24　多显示器设置

2. 系统时间和语言设置

在“Windows 设置”窗口选择“时间和语言”选项，可进行系统日期和时间设置。详见微视频 2-20 设置日期和时间。

（1）设置日期和时间

在 “时间和语言” 设置窗口左侧列表中选择 “日期和时间” 选项，在右侧窗格中可以设置日期时间和时区。当关闭 “自动设置时间” 开关时，可以单击 “更改” 按钮自定义日期和时间，如图 2-25 所示。

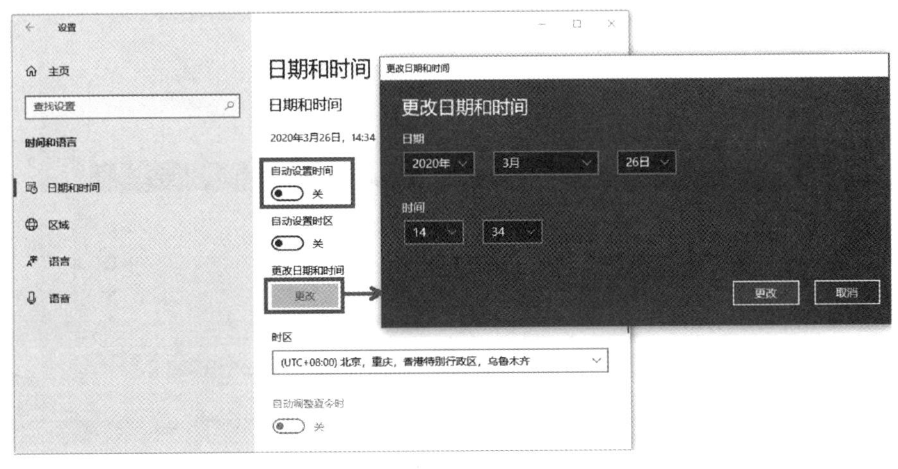

图 2-25　日期和时间设置

（2）设置语言

在 “时间和语言” 设置窗口左侧列表中选择 “语言” 选项，在右侧窗格显示 Windows 当前所用的语言。用户可以通过 “添加语言” 功能添加多种语言，并将其中一种设置为首选语言，如图 2-26 所示。

3. 设备属性设置

在“Windows 设置”窗口选择“设备”选项，可以对当前计算机系统中的硬件设备，如鼠标、键盘、打印机等进行参数设置。下面介绍常用的鼠标和输入法设置。

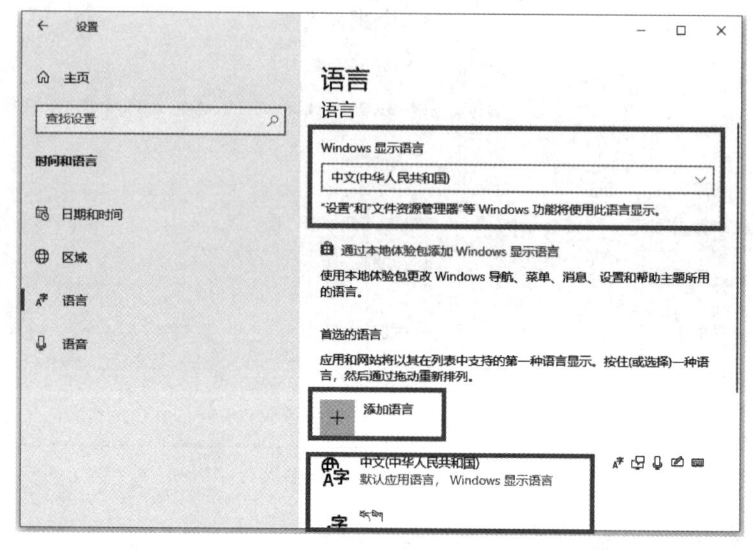

图 2-26 语言设置

(1) 设置鼠标

在打开的“设备”设置窗口左侧列表中选择“鼠标”，在右侧窗格中显示当前鼠标的基本参数。用户可以单击“其他鼠标选项”，打开“鼠标属性”对话框，进一步设置更多相关参数，如图 2-27 所示。详见微视频 2-21 设置鼠标参数。

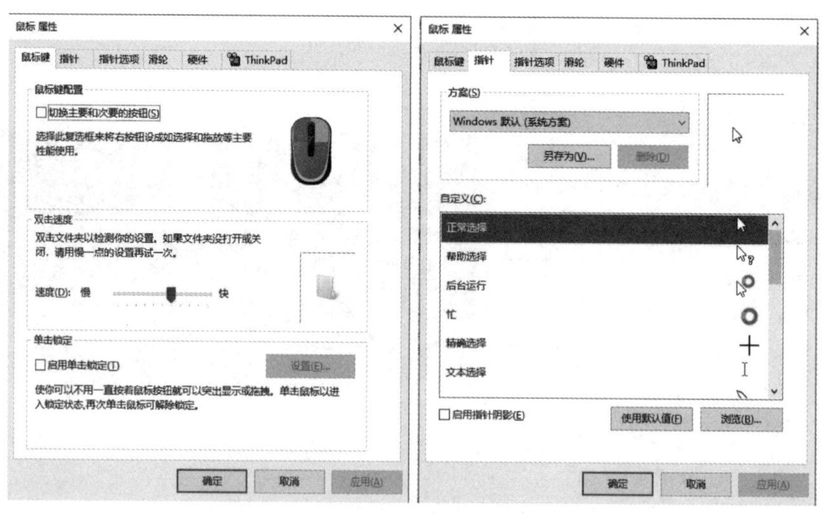

图 2-27 鼠标设置

① 鼠标键。单击“鼠标键”选项卡，可对鼠标键配置、双击速度和单击锁定进行设置。

② 指针。单击“指针”选项卡，可对鼠标指针进行各种设置。

- 方案：单击“方案”下方的下拉按钮，在弹出的下拉菜单中选择一种方案。
- 自定义：在自定义下方的鼠标选项中选择一种鼠标，单击“确定”按钮即可。

●启用指针阴影：单击“浏览”按钮，在弹出的“浏览”对话框中选择一种指针阴影，单击“确定”按钮。

③ 指针选项。单击“指针选项”选项卡，可对鼠标指针的移动、对齐和可见性进行设置。

④ 滑轮

单击“滑轮”选项卡，可设置鼠标的垂直滚动和水平滚动。

（2）设置输入参数

在打开的“设备”设置窗口左侧列表中选择“输入”，在右侧窗格中显示当前输入的相关设置。用户可以单击“高级键盘设置”，打开“高级键盘设置”窗口，选择需要的输入法替代默认输入法，如图 2–28 所示。详见微视频 2–22 设置输入参数。

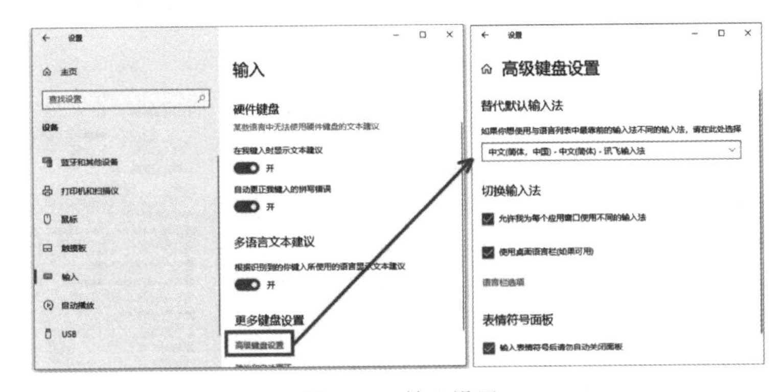

图 2–28　输入设置

4. 用户账户管理

Windows 10 是多用户操作系统。用户账户是通知 Windows 当前用户可以访问哪些文件和文件夹，可以对计算机和个人首选项（如桌面背景或屏幕保护程序）进行哪些更改的信息集合。通过多个用户账户的创建和管理，不同的用户可以在拥有自己的文件和设置的情况下与多个人共享计算机。每个人都可以使用各自的用户名和密码访问其用户账户。详见微视频 2–23 设置用户账户。

Windows 提供两种类型的账户，每种类型为用户提供不同的计算机控制级别：

●标准账户适用于日常计算。

●管理员账户可以对计算机进行最高级别的控制，但应该只在必要时才使用。

在“Windows 设置”中选择“用户账户”，在打开的窗口中可完成相关操作。

（1）创建本地用户账户

在“Windows 设置”窗口选择“账户”选项，在打开的账户窗口左侧列表中选择“家庭和其他用户”（在某些版本的 Windows 中，你将看到“其他用户”），然后在右侧窗格中选择“将其他人添加到这台电脑”。在新窗口中选择“我没有此人的登录信息”，然后在下一页上选择“添加一个没有 Microsoft 账户的用户”。输入用户名、密码和安全问题及其答案，然后单击“下一步”按钮，新账户就创建成功了。

（2）设置账户

在“Windows 设置”窗口选择“账户”选项，在打开的账户窗口左侧列表中选择“家庭和其他用户”，则可以在右侧的“家庭和其他用户”窗格中看到当前已创建的账号。单击某一账号，可以更改它的账户类型，或者删除该账户。

使用某一账户登录 Windows10 后，可以在“Windows 设置”的“账户”窗口对其进行设置，如更改账户密码、更改头像、关联邮箱和其他应用的账户等。

2.3.2 控制面板

控制面板是 Windows 图形用户界面的一部分，可通过“开始”菜单访问。它允许用户对操作系统的基本功能及参数进行查看和设置，如添加硬件、添加 / 删除软件、控制用户账户、更改辅助功能选项等等。

（1）打开控制面板

选择“开始”→“Windows 系统”→“控制面板”菜单命令，打开“控制面板”窗口。

（2）控制面板查看方式

控制面板窗口中单击“查看方式”后的▾按钮，选择某一查看方式，即以该方式显示功能选项，控制面板提供了 3 种查看方式，如图 2–29 所示。

图 2–29 控制面板的查看方式

控制面板中的各种设置功能逐渐被转移到“Windows 设置”中，但是由于“Windows 设置”窗口尚不能完成所有设置，因此目前仍保留控制面板。

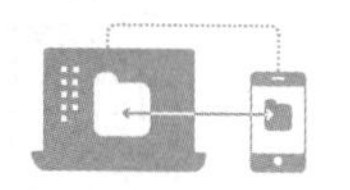

实训 5 Windows 设置的使用

一、实训目的

① 学会使用 Windows 设置管理计算机。

② 了解系统相关信息。

③ 用户账号管理。

④ 设置日期和时间。

⑤ 设置区域与语言选项。

⑥ 添加输入法。

二、实训任务

1. 学会使用 Windows 设置管理计算机

打开 Windows 设置，了解常用的管理功能项目，根据需要对计算机进行相关配置。

2. 了解系统相关信息

打开“系统”选项，查看有关计算机的基本信息：Windows 版本、处理器型号、内存容量、计算机名称等；设置计算机名称为 MUC- 学号（本人学号）。

3. 用户账户管理

打开用户“账户”选项，完成下列任务：

① 创建一个新的管理员账户 MucAdmin，设置相应密码，并为该账号选择一个新图片。

② 使用新账户登录 Windows 10，尝试设置该用户的各种参数。

4. 设置日期和时间

打开“时间和语言”选项，设定准确日期和时间。

5. 设置区域

打开“区域”选项，设置日期和时间格式为你喜欢的格式。

6. 设置语言

打开“语言”选项，完成下列操作：

① 添加一种语言。

② 为已有的语言添加或删除输入法。

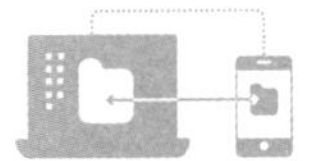

2.4 Windows 其他附件

2.4.1 磁盘管理

1. 磁盘清理

Windows 有时使用特定目的的文件，然后将这些文件保留在为临时文件指派的文件夹中；或者可能有以前安装的现在不再使用的 Windows 组件；或者硬盘驱动器空间耗尽等多种原因，可能需要在不损害任何程序的前提下，减少磁盘中的文件数或创建更多的空闲空间。

可以使用“磁盘清理”清理硬盘空间，包括删除临时 Internet 文件，删除不再使用的已安装组件和程序并清空回收站。

磁盘清理的一般步骤如下。

① 要启动“磁盘清理”程序，依次单击“开始”→“Windows 管理工具”→“磁盘清理”命令，或在要进行磁盘清理的盘符上右击，如在 C 盘上右击，在弹出的快捷菜单中选择“属性”命令，在弹出的对话框中选择“常规”选项卡，单击“磁盘清理”按钮。

② 选择要清理的磁盘。

③ 单击“确定”按钮，开始清理磁盘。

④ 磁盘清理结束后，弹出“磁盘清理”窗口，显示可以清理掉的内容。

⑤ 选择要清除的项目，单击“确定”按钮。

2. 磁盘碎片整理

计算机会在对文件来说足够大的第一个连续可用空间上存储文件。如果没有足够大的可用空间，计算机会将尽可能多的文件保存在最大的可用空间上，然后将剩余数据保存在下一个可用空间上，并依次类推。当卷中的大部分空间都被用作存储文件和文件夹后，大部分的新文件则被存储在卷中的碎片中。删除文件后，在存储新文件时，剩余的空间将随机填充。这样，同一磁盘文件的各个部分分散在磁盘的不同区域。

当磁盘中有大量碎片时，它减慢了磁盘访问的速度，并降低了磁盘操作的综合性能。

整理磁盘碎片的一般步骤如下。

① 启动“碎片整理和优化驱动器”程序，如图 2-30 所示。

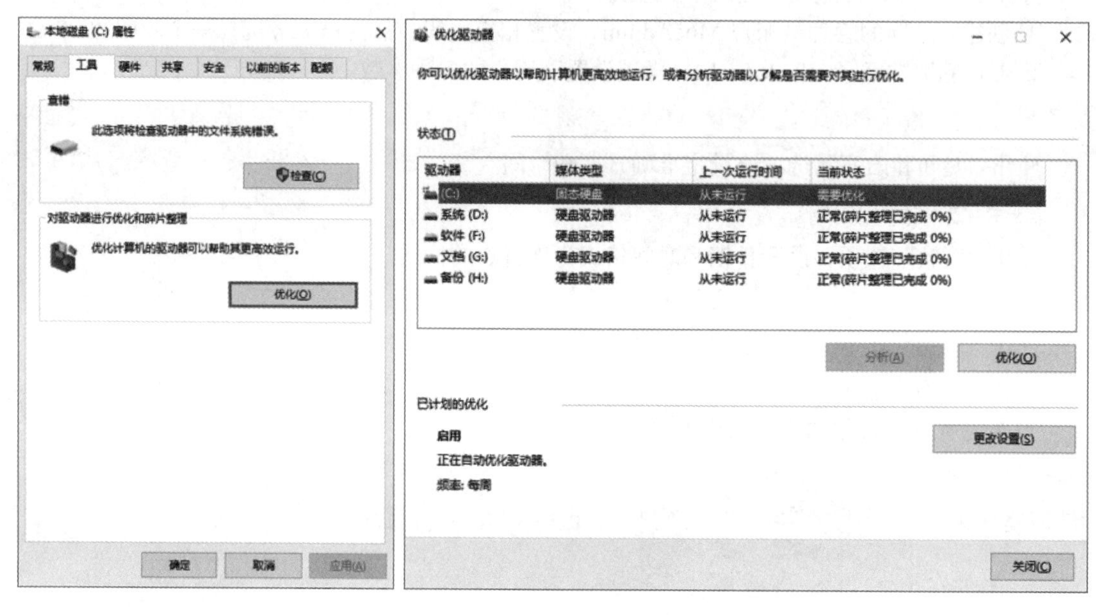

图 2-30 磁盘碎片整理

② 选择要优化的磁盘。

③ 单击“优化”按钮。

④ 显示优化结果。

3. 检测并修复磁盘错误

可以使用错误检查工具来检查文件系统错误和硬盘上的坏扇区，操作步骤如下。

① 打开“此电脑”窗口，然后选择要检查的本地硬盘，如 F 盘，右击，在弹出的快捷菜单中选择“属性”命令。

② 打开“本地磁盘属性”窗口，在“工具”选项卡的“查错”栏下单击“检查”按钮。

③ 在“磁盘检查选项”下选中“扫描并试图恢复坏扇区”复选框，单击“开始”按钮。

2.4.2 记事本

记事本是 Windows 操作系统提供的一个简单的文本文件编辑器，用户可以利用它来对日常事务中使用到的文字和数字进行处理，如剪切、粘贴、复制、查找等。它还具有最基本的文件处理功能，如打开与保存文件、打印文档等，但是在记事本程序中不能插入图形，也不能进行段落排版。记事本保存的文件格式只能是纯文本格式。

4. 打开记事本

选择“开始”→“Windows 附件”→“记事本”命令，即可打开“记事本”窗口。

5. 在记事本中编辑文字

① 新建记事本文件。每次打开记事本时，记事本都会自动新建一个文本文档，用户也可以手动新建文本文档，方法是在记事本窗口中选择“文件”→“新建”命令或按【Ctrl+N】组合键。

② 输入编辑文本。把光标定位到需要输入文本的地方，即可输入文本，输入文本后拖动鼠标，即可选择文本，然后单击记事本中的“文件”“编辑”“格式”“查看”等相应的命令，即可执行不同的操作。如删除一段文字，先选中文字，然后选择“编辑”→“删除”命令，即可删除文本，或者选中文字后按【Backspace】键或【Delete】键删除。

6. 保存记事本

输入、编辑好文本后，需要把文本保存起来，方便以后使用，选择“文件”→“保存”命令，打开“另存为”对话框，如图 2–31 所示。找到保存路径，然后输入名称，单击“保存”按钮即可。

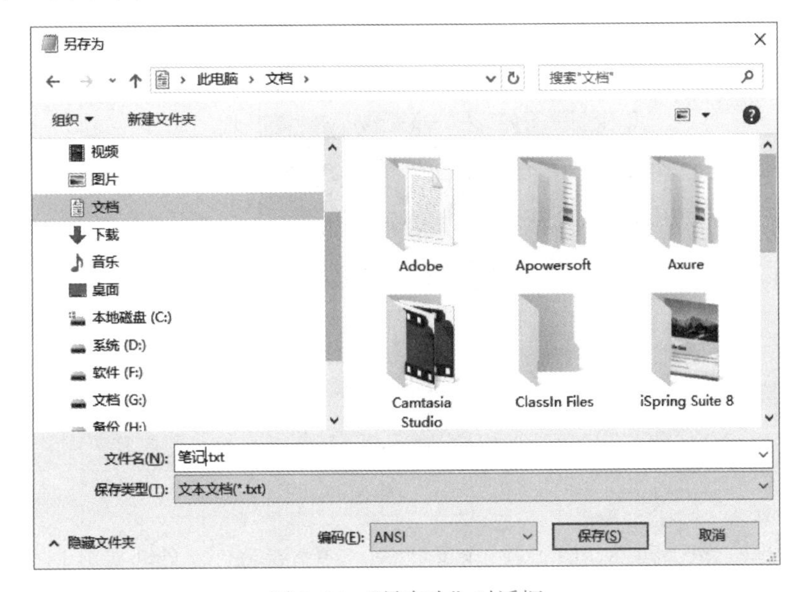

图 2–31　“另存为”对话框

如果以后需要使用保存后的记事本文件，双击记事本图标即可打开，或者在新的记事本中选择“文件”→“打开”命令或按【Ctrl+O】组合键，打开“打开”对话框，在该对话框中选择要打开的文件，单击“打开”按钮即可。

7. 退出记事本

对记事本中的文档完成操作后，便可退出记事本。选择“文件”→“退出”命令，关闭“记事本”窗口，即可退出记事本程序，或者单击标题栏右侧关闭按钮，也可关闭记事本文档。

2.4.3 画图

1. 画图程序简介

画图程序是一个简单的图形应用程序，它具有操作简单、占用内存小、易于修改、可以永久保存等特点。

画图程序不仅可以绘制线条和图形，还可以在图片中加入文字、对图像进行颜色处理和局部处理，以及更改图像在屏幕上的显示方式等操作。

选择“开始”→“Windows 附件”→“画图”命令，打开画图程序。

2. 画图操作

打开程序以后，在画图区域即可进行画图操作，选择相应的图形形状和需要的颜色，在画布中拖动鼠标即可绘图，如绘制一个红色的矩形框，单击选择矩形工具，并在颜料盒中单击红色，画出的效果如图 2–32 填充颜色所示。如果需要填充颜色，可单击按钮，再选择需要的颜色在图画上单击，即可完成填充。

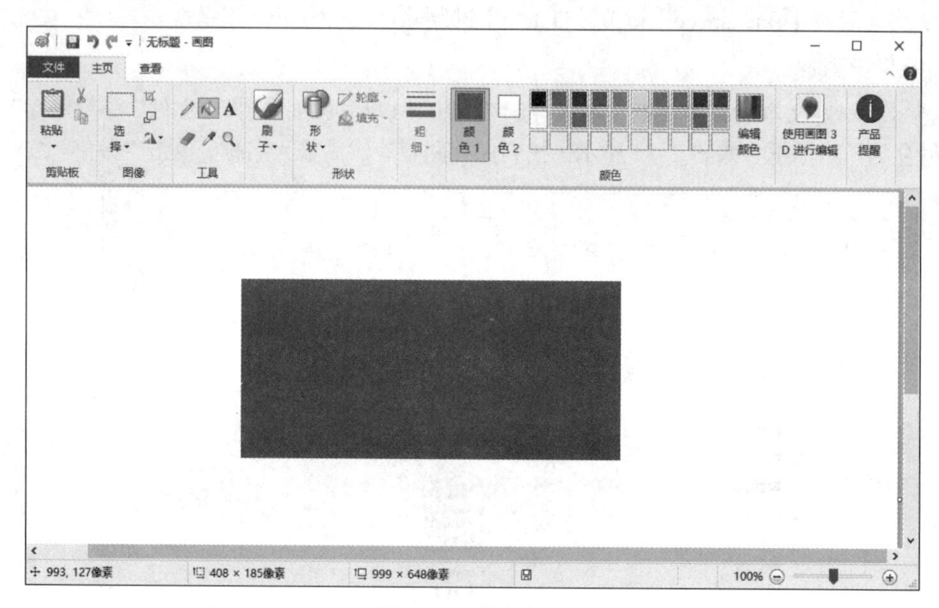

图 2–32 填充颜色

3. 保存图画

画图完成以后，单击快速访问工具栏的按钮，或者选择“文件”选项卡→“保存”命令都可进行保存操作。

2.4.4 计算器

计算器是方便用户计算的工具，其操作界面简单，且容易操作。

1. 标准型计算器

选择“开始”→“Windows 附件”→“计算器”命令，即可启动“计算器”程序，如图 2–33 左图所示。

在标准型计算器中，0 ～ 9 十个数字按钮分别用于输入相应的数字，其他按钮为一些运算符号以及操作控制按钮。

2. 科学型计算器

当需要对输入的数据进行乘方等运算时，可切换至科学型计算器界面，在标准型计算器界面中选择“查看”→“科学型”命令，可打开科学型计算器的界面，如图 2–33 右图所示。

图 2–33　计算器

实训 6　常用附件使用

一、实训目的

① 掌握画图软件的使用。
② 掌握计算器的使用。
③ 掌握记事本和写字板的使用。
④ 掌握系统工具的使用。

二、实训任务

1. 画图程序。

启动画图程序，制作一张含有校徽（可以下载图片文件）和校训（文字）的卡片，以 JPG 格式保存到桌面上，文件名称自定。

2. 使用计算器

① 计算表达式 3.14 × 5 × 5 的值。
② 数制转换：（65）$_{10}$=（　　　　　）$_{2}$=（　　　　　）$_{8}$=（　　　　　）$_{16}$
③ 单位转化：（面积）20 平方米 =（　　　　　）平方英尺 =（　　　　　）平方码

3. 记事本程序

启动记事本程序，录入本实验中的所有文字，保存文件到桌面，文件命名为：test.txt。

4. 磁盘清理程序

启动磁盘清理程序，对本地磁盘 D 做相关清理。

5. 碎片整理和优化驱动器

启动碎片整理和优化驱动器程序，先对本地磁盘 D 做磁盘分析，根据分析结果做磁盘优化整理。

第 3 章

计算机网络与 Internet 应用

计算机网络提供了丰富的应用服务，从局域网络到互联网络，再到移动互联网络，网络应用层出不穷。能够利用网络提供的应用服务是信息时代每个学生必须具备的基本信息素养能力。本章主要介绍了计算机网络的基本知识、局域网以及 Internet 的相关应用。

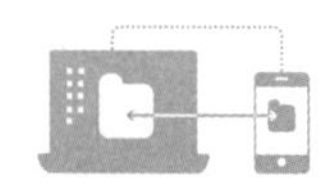

3.1 计算机网络基础

3.1.1 计算机网络概述

1. 计算机网络的定义

计算机网络是利用通信线路和通信设备，把分布在不同地理位置的、具有独立处理功能的若干台计算机按着一定的控制机制和连接方式互相连接在一起，并在网络软件的支持下实现资源共享的计算机系统。

这里所定义的计算机网络包含以下 4 部分内容。

① 两台以上具有独立处理功能的计算机，包括各种类型计算机、工作站、服务器、数据处理终端设备等。

② 通信线路和通信设备：通信线路是指网络连接介质，如同轴电缆、双绞线、光缆、铜缆、微波和卫星等；通信设备是网络连接设备，如网关、网桥、集线器、交换机、路由器、调制解调器等。

③ 一定的控制机制和连接方式，即各层网络协议和各类网络的拓扑结构。

④ 网络软件，是指各类网络系统软件和各类网络应用软件。

2. 计算机网络的主要功能

① 数据传输。通过计算机网络可以快速而可靠地进行通信和传送数据，以实现信息交换。

② 资源共享。计算机网络允许网络上的用户共享网络上各种不同类型的硬件设备，也可以共享网络上各种不同的软件。软硬件共享不但可以节约不必要的开支，降低使用成本，同时可以保证数据的完整性和一致性。

③ 分布式处理。将大型复杂的任务通过网络分散到网络中的各台计算机，进而分工协作完成任务。

3. 计算机网络的分类

（1）按网络覆盖的地理范围分类

① 局域网（Local Area Network，LAN）：是指将较小地理范围内的各种数据通信设备连接在一起，来实现资源共享和数据通信的网络（一般几千米以内）。这个小范围可以是一个办公室、一座建筑物或近距离的几座建筑物，因此适合在某一个数据较重要的部门，如一个工厂或一个学校、某一企事业单位内部使用这种计算机网络，实现资源共享和数据通信。局域网因为距离比较近，所以传输速率一般比较高，误码率较低，由于采用的技术较为简单，设备价格相对低一些，所以建网成本低。计算机数量配置上没有太多的限制，少的可以只有两台，多的可达上千台。局域网是目前计算机网络发展中最活跃的分支。

② 城域网（Metropolitan Area Network，MAN）：是一个将距离在几十千米以内的若干个局域网连接起来，以实现资源共享和数据通信的网络。它的设计规模一般在一个城市之内。它的传输速度相对局域网来说低一些。

③ 广域网（Wide Area Network，WAN）：实际上是将距离较远的数据通信设备、局域网、城域网连接起来，实现资源共享和数据通信的网络。一般覆盖面较大，可以是一个国家、几个国家甚至全球范围，如 Internet 就是一个最大的广域网。广域网一般利用公用通信网络提供的信息进行数据传输，因为传输距离较远，传输速度相对较低，误码率高于局域网。在广域网中，为了保证网络的可靠性，采用比较复杂的控制机制，造价相对较高。

（2）按传输介质分类

传输介质是指数据传输系统中发送装置和接收装置间的物理媒体，按其物理形态，可以划分为有线网和无线网两大类。

①有线网：传输介质采用有线介质连接的网络称为有线网，常用的有线传输介质有双绞线、同轴电缆和光纤，如图 3–1 所示。

双绞线是由两根绝缘金属线互相缠绕而成，故称为双绞线。这样的一对线作为一条通信线路，由 4 对双绞线构成一根双绞线电缆。利用双绞线实现点到点的通信，距离一般不能超过 100 m。目前，计算机网络上使用的双绞线按其传输速率分为三类线、五类线、六类线、七类线，类数越高，一般来讲速度也就越高。传输速率在 10 Mbit/s 到 600 Mbit/s 之间，双绞线电缆的连接器一般为 RJ-45 类型，俗称水晶头。 同轴电缆由内、外两根导体组成，内导体可以由单股或多股线组成，外导体一般由金属编织网组成。内、外导体之间有绝缘材料，其阻抗为 50 Ω。结构和外观上都很像家里面用的有线电视线缆。同轴电缆分为粗缆和细缆，粗缆用 DB-15 连接器，细缆用 BNC 和 T 连接器。

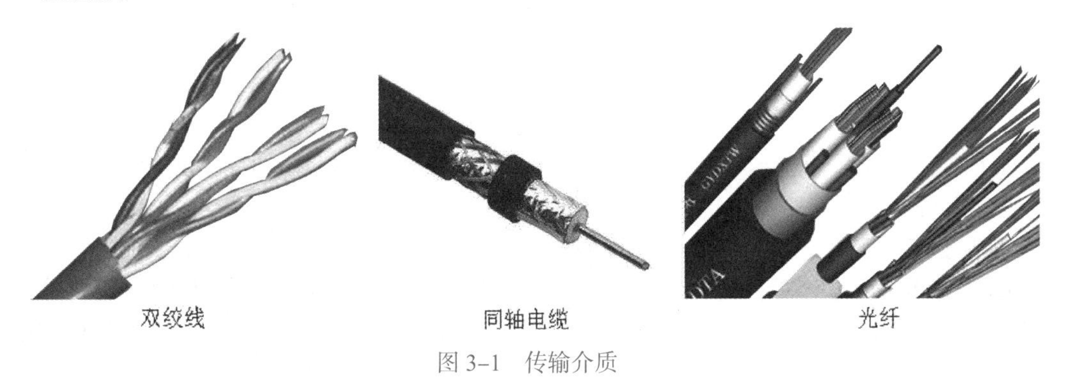

图 3–1　传输介质

光缆由两层折射率不同的材料组成。内层是由具有高折射率的玻璃单根纤维体组成的，外层包一层折射率较低的材料。光缆的传输形式分为单模传输和多模传输，单模传输性能优于多模传输。所以光缆分为单模光缆和多模光缆，单模光缆传送距离为几十千米，多模光缆为几千米。光缆的传输速率可达到每秒几百兆位。光缆用 ST 或 SC 连接器。因为使用的是光信号，所以光缆的优点是不会受到电磁的干扰。另外，传输的距离也比电缆远，传输速率高。但是光缆的安装和维护比较困难，需要专用的设备。

② 无线网：采用无线介质连接的网络称为无线网。目前无线网主要采用 3 种技术：微波通信，红外线通信和激光通信。这 3 种技术都是以大气为介质的。其中微波通信用途最广，目前的卫星网就是一种特殊形式的微波通信，它利用地球同步卫星作为中继站来转发微波信号，一个同步卫星可以覆盖地球的三分之一以上表面，3 个同步卫星就可以覆盖地球上全部通信区域。

3.1.2 计算机网络体系结构、协议及参考模型

1. 计算机网络体系结构

计算机网络体系结构是对构成计算机网络的各组成部分之间的关系及其所要实现的功能的一组精确定义。

从计算机网络组成的角度看，典型的计算机网络从逻辑功能上可以分为资源子网和通信子网两部分，如图 3-2 所示。

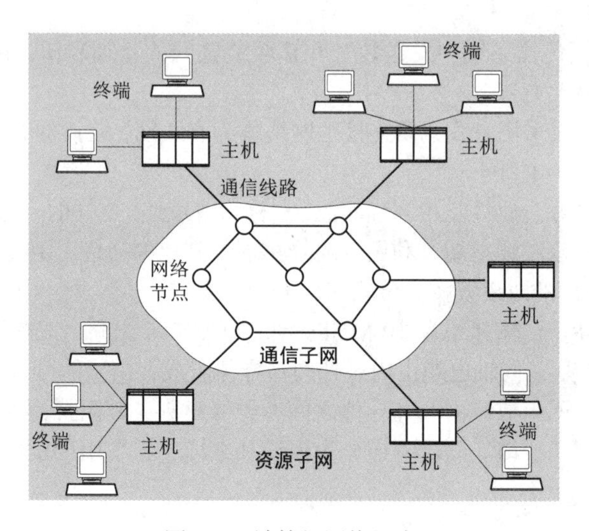

图 3-2 计算机网络组成

资源子网由主计算机系统、终端、终端控制器、连网外设、各种软件资源与信息资源组成。资源子网负责全网的数据处理，向网络用户提供各种网络资源与网络服务。

通信子网由通信控制处理机、通信线路与其他通信设备组成，完成网络数据传输、转发等通信处理任务。

世界上第一个网络体系结构是美国 IBM 公司于 1974 年提出的，它取名为 SNA（System Network Architecture，系统网络体系统结构）。凡是遵循 SNA 的设备就称为 SNA 设备。这些 SNA 设备可以很方便地进行互连。在此之后，很多公司也纷纷建立自己的网络体系结构，这些体系结构大同小异，都采用了层级技术，但各有其特点，以适合本公司生产的计算机组成网络，这些体系结构也有其特殊的名称，例如，20 世纪 70 年代末由美国数字网络设备公司（DEC 公司）

发布的 DNA（Digital Network Architecture，数字网络体系统结构）等。但使用不同体系结构的厂家设备是不可以相互连接的，后来经过不断的发展，有诸如 TCP/IP 模型、OSI 模型等体系结构的诞生，从而实现不同厂家设备互连。

2. 网络协议

计算机网络协议是有关计算机网络通信的一整套规则，或者说是为完成计算机网络通信而制订的规则、约定和标准。网络协议由语法、语义和时序三大要素组成。

语法：通信数据和控制信息的结构与格式。

语义：对具体事件应发出何种控制信息、完成何种动作以及做出何种应答。

时序：对事件实现顺序的详细说明。

3. OSI 参考模型

国际标准化组织（International Organization for Standardization，ISO）是一个全球性的政府组织，是国际标准化领域中一个十分重要的组织。ISO 被 130 多个国家和地区应用，其总部设在瑞士日内瓦，ISO 的任务是促进全球范围内的标准化及其有关活动的开展，以利于国际间产品与服务的交流，以及在知识、科学、技术和经济活动中发展国际间的第一线合作。它显示了强大的生命力，吸引了越来越多的国家参与其活动。

ISO 制定了网络通信的标准，即 OSI/RM（Open System Interconnection Reference Model，开放系统互连参考模型，如图 3-3 所示）。它将网络通信分为 7 个层，即应用层、表示层、会话层、传输层、网络层、数据链路层和物理层。每一层都有自己特有的内容。层与层之间只有较少的联系。这样做能达到最好的兼容性。开放的意思是通信双方都要遵守 OSI 模型，并且任何企业和科研机构都可以依据此模型进行开发与生产。OSI/RM 只是一个理论上的网络体系结构模型，给人们研究网络发展提供一个统一平台。在实际生产中则遵循另一套网络体系结构模型。

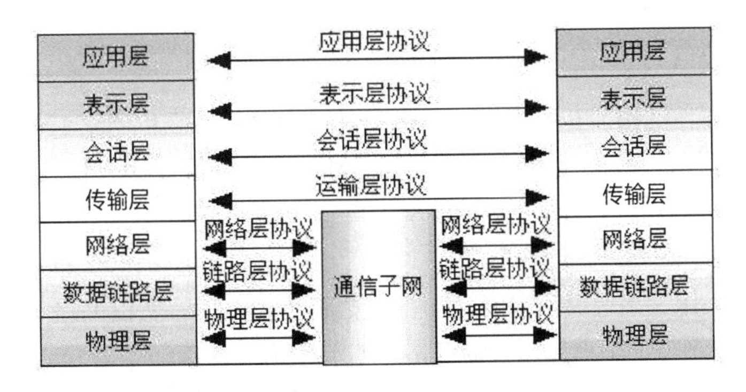

图 3-3　OSI/RM

4. TCP/IP 模型

TCP/IP（Transmission Control Protocol/Internet Protocol，传输控制协议 / 互联网络协议）是 Internet 最基本的协议。在 Internet 没有形成之前，各个地方已经建立了很多小型网络，称为局域网，各式各样的局域网却存在不同的网络结构和数据传输规则。TCP/IP 即是满足这种数据传输的协议中最著名的两个协议。

TCP/IP 模型分为 4 个层次：应用层（与 OSI 的应用层、表示层、会话层对应）、传输层（与 OSI 的传输层对应）、网络互连层（与 OSI 的网络层对应）、网络访问层（与 OSI 的数据链路层和物理层对应）。与 OSI 模型相比，TCP/IP 参考模型中不存在会话层和表示层；传输层除支持面向连接的通信外，还增加了对无连接通信的支持；以包交换为基础的无连接互连网络层代替了主要面向连接、同时也支持无连接的 OSI 网络层，称为网络互连层；数据链路层和物理层大大简化为网络访问层，除了指出主机必须使用能发送 IP 包的协议外，不作其他规定。OSI/RM 与 TCP/IP 的层次对应关系如图 3-4 所示。

OSI 模型			TCP/IP 模型
第七层	应用层	Application	应用层
第六层	表示层	Presentation	
第五层	会话层	Session	
第四层	传输层	Transport	传输层
第三层	网络层	Network	网络互连层
第二层	数据链路层	Data Link	网络访问层
第一层	物理层	Physical	

图 3-4 OSI 参考模型与 TCP/IP 模型对应关系

3.2 局域网概述

局域网（Local Area Network，LAN）是指在某一区域内由多台计算机互连而成的计算机组。一般是方圆几千米以内。局域网可以实现文件管理、应用软件共享、打印机共享、工作组内的日程安排、电子邮件和传真通信服务等功能。局域网是封闭型的，可以由办公室内的两台计算机组成，也可以由一个公司内的上千台计算机组成。

3.2.1 局域网的拓扑结构

从计算机网络拓扑结构的角度看，典型的计算机网络是计算机网络上各结点（分布在不同地理位置上的计算机设备及其他设备）和通信链路所构成的几何形状。常见的拓扑结构有 5 种：总线、星状、环状、树状和网状。

1. 总线结构

总线拓扑结构采用一条公共线（总线）作为数据传输介质，所以网络上的结点都连接在总线上，并通过总线在网络上结点之间传输数据，如图 3-5 所示。

总线拓扑结构使用广播或传输技术，总线上的所有结点都可以发送到总线上，数据在总线上传播。在总线上所有其他结点都可以接收总线上的数据，各结点接收数据之后，首先分析总线上数据的目的地址，再决定是否真正地接收。由于各个结点共用一条总线，所以在任何时刻，只允许一个结点发送数据，因此传输数据易出现冲突现象，总线出现故障将影响整个网络的运行。但由于总线拓扑结构具有结构简单、建网成本低、布线和维护方便、易于扩展等优点，因此应用比较广泛。局域网中著名的以太网就是典型的总线拓扑结构。

2. 星状结构

在星状结构的计算机网络中，网络上每个结点都是由一条点到点的链路与中心结点（网络设备，如交换机、集线器等）相连，如图 3-6 所示。

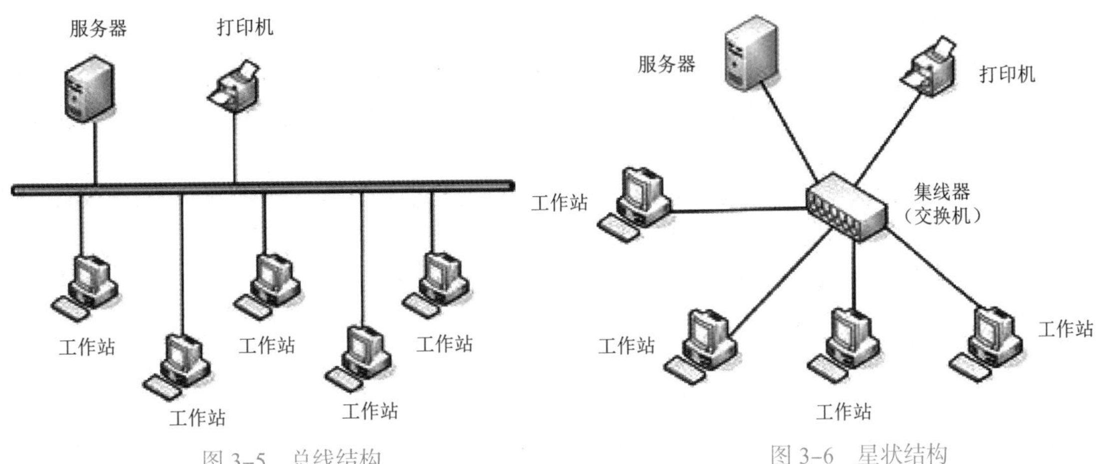

图 3-5　总线结构　　图 3-6　星状结构

在星状结构中，信息的传输是通过中心结点的存储转发技术来实现的。这种结构具有结构简单、便于管理与维护、易于结点扩充等特点；缺点是中心结点负担重，一旦中心结点出现故障，将影响整个网络的运行。

3. 环状结构

在环状拓扑结构的计算机网络中，网络上各结点都连接在一个闭合型通信链路上，如图 3-7 所示。

在环状结构中，信息的传输沿环的单方向传递，两结点之间仅有唯一的通道。网络上各结点之间没有主次关系，各结点负担均衡，但网络扩充及维护不太方便。如果网络上有一个结点或者是环路出现故障，可能引起整个网络故障。

4. 树状结构

树状拓扑结构是星状结构的发展，在网络中的各结点按一定的层次连接起来，形状像一棵倒置的树，所以称为树状结构，如图 3-8 所示。

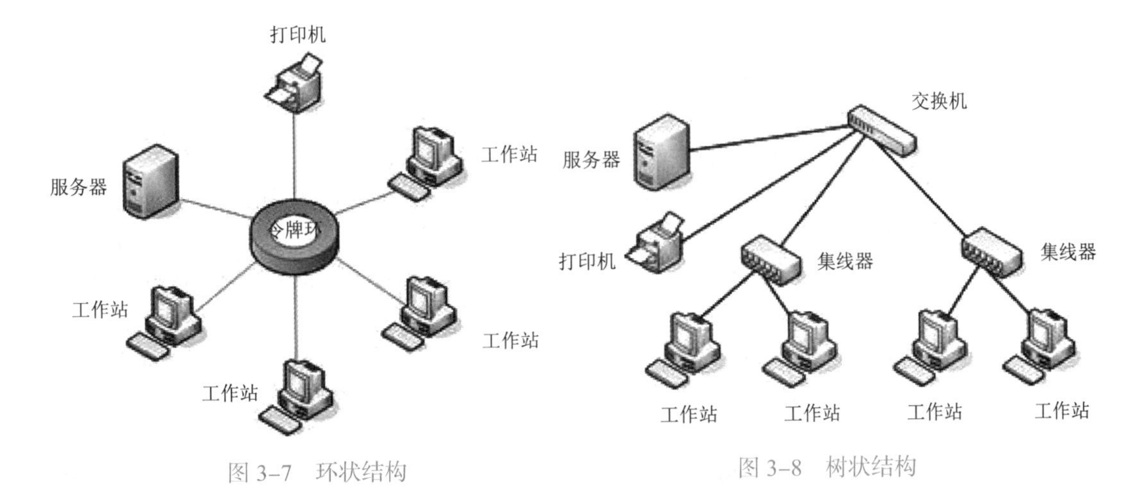

图 3-7　环状结构　　图 3-8　树状结构

在树状结构中，顶端的结点称为根结点，它可带若干个分支结点，每个分支结点又可以再带若干个子分支结点。信息可以在每个分支链路上双向传递。网络扩充、故障隔离比较方便。如果根结点出现故障，将影响整个网络运行。

5. 网状结构

在网状拓扑结构中，网络上的结点连接是不规则的，每个结点都可以与任何结点相连，且每个结点可以有多个分支。在网状结构中，信息可以在任何分支上进行传输，这样可以减少网络阻塞的现象。但由于结构复杂，不易管理和维护。

以上介绍的是几种网络基本拓扑结构，但在实际组建网络时，可根据具体情况，选择某种拓扑结构或选择几种基本拓扑结构的组合方式，来完成网络拓扑结构的设计。

3.2.2 局域网软硬件基本组成

局域网的组成包括网络硬件和网络软件两大部分。

1. 网络硬件

网络硬件主要包括网络服务器、工作站、外设、网络接口卡、传输介质，根据传输介质和拓扑结构的不同，还需要集线器（Hub）、集中器（Concentrator）等，如果要进行网络互连，还需要网桥、路由器、网关以及网间互连线路等。

（1）网络中的计算机

① 服务器：对于服务器/客户端网络，必须有网络服务器，网络服务器是网络中最重要的计算机设备，一般是由高档次的专用计算机来担当网络服务器。在网络服务器上运行网络操作系统，负责对网络进行管理、提供服务功能和提供网络的共享资源。

② 网络工作站：是通过网卡连接到网络上的一台个人计算机，它仍保持原有计算机的功能，作为独立的个人计算机为用户服务，是网络的一部分。工作站之间可以进行通信，可以共享网络的其他资源。

（2）网络中的接口设备

① 网卡：也称为网络接口卡，是计算机与传输介质进行数据交互的中间部件，主要进行编码转换。在接收传输介质上传送的信息时，网卡把传来的信息按照网络上信号编码要求和帧的格式接收并交给主机处理。在主机向网络发送信息时，网卡把发送的信息按照网络传送的要求装配成帧的格式，然后采用网络编码信号向网络发送出去。网卡按传输速率分为10 Mbit/s网卡、10/100 Mbit/s自适应网卡和1000 Mbit/s网卡。

② 水晶头：也称RJ-45（非屏蔽双绞线连接器），是由金属片和塑料构成的。特别需要注意的是引脚序号，当金属片面对我们的时候，从左至右引脚序号是1～8，序号做网络连线时非常重要，不能搞错。网线由一定距离的双绞线与RJ-45水晶头组成。

③ 调制解调器（Modem）：俗称“猫”，是计算机与电话线之间进行信号转换的装置，由调制器和解调器两部分组成。在发送端，调制器把计算机的数字信号调制成可在电话线上传输的模拟信号；在接收端，解调器再把模拟信号转换成计算机能接收的数字信号。常见的调制解调器速率有14.4 kbit/s、28.8 kbit/s、33.6 kbit/s、56 kbit/s等。

另外，Cable Modem（电缆调制解调器）是一种可以通过有线电视（CATV）网络实现高速数据接入（如接入Internet）的设备。在用户连接Internet的作用上和一般的Modem类似，接入速率可以高达2 Mbit/s～10 Mbit/s。

还有ADSL调制解调器，ADSL的安装是在原有的电话线上加载一个复用设备。在普通的电话线上，ADSL使用了频分复用技术将话音与数据分开，因此，虽然在同一条电话线上，但话音和数据分别在不同的频带上运行，互不干扰。即使边打电话边上网，也不会发生上网速度和通话质量下降。ADSL能够向终端用户提供8 Mbit/s的下行传输速率和1 Mbit/s的上行传输速率，在用户连接 Internet 的作用上和一般的 Modem 类似。调制解调器主要有两种：内置式和外置式。

（3）网络中的传输介质

网络中各结点之间的数据传输必须依靠某种介质来实现，即传输介质。传输介质的种类也很多，适用于网络的传输介质主要有双绞线、同轴电缆和光纤等。

（4）网络中的互连设备

① 中继器（Repeater）：是局域网环境下用来延长网络距离的最简单、最廉价的互连设备。它工作在 OSI 的物理层，作用是接收传输介质上传输的信号后，经过放大和整形，再发送到其他传输介质上。经过中继器连接的两段电缆上的工作站就像是在一条加长的电缆上工作一样。

② 集线器（Hub）：是局域网中的一种连接设备，用双绞线通过集线器将网络中的计算机连接在一起，完成网络的通信功能。集线器只对数据的传输起到同步、放大和整形的作用。工作方式是广播模式，所有的端口共享一条带宽。

③ 网络交换机：是将电话网中的交换技术应用到计算机网络中所形成的网络设备，是目前局域网中取代集线器的网络设备。网络交换机不仅有集线器的对数据传输起到同步、放大和整形的作用，而且还可以过滤数据传输中的短帧、碎片等。同时采用端口到端口的技术，每一个端口有独占的带宽，可以极大地改善网络的传输性能。

④网桥（Bridge）：也叫桥连接器，是连接两个局域网的一种存储转发设备。它工作在数据链路层，用于扩展网络的距离。它可以连接使用不同介质的局域网，还能起到过滤帧的作用。同时由于网桥的隔离作用，一个网段上的故障不会影响另一个网段，从而提高了网络的可靠性。

⑤ 路由器：是在多个网络和介质之间实现网络互连的一种设备。当两个和两个以上的同类网络互连时，必须使用路由器。

⑥ 网关：是用来连接完全不同体系结构的网络或用于连接局域网与主机的设备。网关的主要功能是把不同体系网络的协议、数据格式和传输速率进行转换。

2. 网络软件

计算机网络中的软件包括：网络操作系统、网络通信协议和网络应用软件。

（1）网络操作系统

网络操作系统是计算机网络的核心软件，网络操作系统不仅具有一般操作系统的功能，而且还具有网络的通信功能、网络的管理功能和网络的服务功能，是计算机管理软件和通信控制软件的集合。

一般的操作系统具有处理器管理、作业管理、存储管理、文件管理和设备管理功能，网络操作系统除了具备上面这些功能外，还要具备共享资源管理、用户管理和安全管理等功能。网络操作系统要对每个用户进行登记，控制每个用户的访问权限。有的用户只有只读权限，有的用户则可以有全部的访问权限。安全管理主要是用来保证网络资源的安全，防止用户的非法访问，保证用户信息在通信过程中不被非法篡改。网络的通信功能是网络操作系统的基本功能。网络操作系统负责网络服务器和网络工作站之间的通信，接收网络工作站的请求，并提供网络服务。或者将工作站的请求转发到其他的结点请求服务。网络通信功能的核心是执行网络通信协议，不同网络操作系统可以有不同的通信协议。

网络的服务功能主要是为网络用户提供各种服务，传统的计算机网络主要是提供共享资源服务，包括硬件资源和软件资源的共享。现代计算机网络还可以提供电子邮件服务、文件上传下载服务。

常用的网络操作系统主要有 Windows 类、Netware 类和 UNIX 等。

Windows 类：是微软公司开发的。这类操作系统配置在整个局域网配置中是最常见的，如 Windows 10、Windows Server 2019 等。

NetWare 类：是 Novell 公司推出的网络操作系统。NetWare 是具有多任务、多用户的网络操作系统，它的较高版本提供系统容错能力（SFT）。它最重要的特征是基于基本模块设计思想的开放式系统结构，可以方便地对其进行扩充。NetWare 服务器较好地支持无盘站，常用于教学网。

UNIX 系统：是由 AT&T 公司和 SCO 公司于 20 世纪 70 年代推出的 32 位多用户多任务的网络操作系统，主要用于小型机、大型机上。目前有多种变型版本，如 AIX、Solaros、Linux 等。

（2）网络通信协议

在网络上有许多由不同组织出于不同应用目的而应用在不同范围内的网络协议，网络协议遍及 OSI 通信模型的各个层次。网络通信协议（Computer Communication Protocol）主要是对信息传输的速率、传输代码、代码结构、传输控制步骤、出错控制等制定并遵守的一些规则，这些规则的集合称为通信协议。协议的实现既可以在硬件上完成，也可以在软件上完成，还可以综合完成。一般而言，下层协议在硬件上实现，而上层协议在软件上实现。

（3）网络应用软件

网络应用软件主要是为了提高网络本身的性能，改善网络管理能力，或者是给用户提供更多的网络应用的软件。网络操作系统集成了许多这样的应用软件，但有些软件是安装、运行在网络客户机上的，因此把这类网络软件也称为网络客户软件。

3.3 Internet 基础知识

3.3.1 Internet 介绍

Internet 是人类历史发展中的一个伟大的里程碑，它是未来信息高速公路的雏形，人类正由此进入一个前所未有的信息化社会。在 Internet 发展过程中，值得一提的是 NSFNet，它是美国国家科学基金会（NSF）建立的一个计算机网络，该网络也使用 TCP/IP，并在全国建立了按地区划分的计算机广域网。1988 年，NSFNet 已取代原有的 ARPANET 而成为 Internet 的主干网。NSFNet 对 Internet 的最大贡献是使 Internet 向全社会开放，而不像以前那样仅供计算机研究人员和其他专门人员使用。

随着社会科技、文化和经济的发展，人们对信息资源的开发和使用越来越重视。随着计算机网络技术的发展，Internet 已经成为一个开发和使用信息资源的覆盖全球的信息海洋。中国早在 1987 年就由中国科学院高能物理研究所首先通过 X.25 租用线路实现了国际远程联网。1994 年 5 月，高能物理研究所的计算机正式接入了 Internet。与此同时，以清华大学为网络中心的中国教育与科研网也于 1994 年 6 月正式联通 Internet。1996 年 6 月，中国最大的 Internet 互联子网 ChinaNet 也正式开通并投入运营。

Internet 具有如下特点。

① 开放性：Internet 不属于任何一个国家、部门、单位、个人，并没有一个专门的管理机构对整个网络进行维护。任何用户或计算机只要遵守 TCP/IP，都可进入 Internet。

② 资源的丰富性：Internet 上有数以万计的计算机，形成了一个巨大的计算机资源，可以为全球用户提供极其丰富的信息资源。

③ 技术的先进性：Internet 是现代化通信技术和信息处理技术的融合。它使用了各种现代通

信技术，充分利用了各种通信网，如电话网（PSTN）、数据网、综合通信网（DDN、ISDN）。这些通信网遍布全球，并促进了通信技术的发展，如电子邮件、网络视频电话、网络传真、网络视频会议等，增加了人类交流的途径，加快了交流速度，缩短了全世界范围内人与人之间的距离。

④ 共享性：Internet 用户在网络上可以随时查阅共享的信息和资料。如果网络上的主机提供共享型数据库，则可供查询的信息会更多。

⑤ 平等性：Internet 是“不分等级”的。个人、企业、政府组织之间可以是平等的、无等级的。

⑥ 交互性：Internet 可以作为平等自由的信息沟通平台，信息的流动和交互是双向的，信息沟通双方可以平等地与另一方进行交互，及时获得所需信息。

另外，Internet 还具有合作性、虚拟性、个性化和全球性的特点。

从 1996 年起，发达国家就在对互联网进行更深层次的研究。1996 年，美国国家科学基金会资助了下一代互联网（NGI）研究计划，建立了相应的高速网络试验床 vBNS。1998 年，美国大学先进网络研究联盟（UCAID）成立，设立 Internet 2 研究计划，并建立了高速网络试验床 Abilene。1998 年，亚太地区先进网络组织 APAN 成立，建立了 APAN 主干网。2001 年，欧盟资助下一代互联网研究计划，建成 GEANT 高速试验网。通过这些计划的实施，全球已初步建成大规模先进网络试验环境。

2002 年以来，下一代互联网的发展非常迅速。美国的 Abilene 和欧盟的 GEANT 不仅在带宽方面不断升级，而且还全面启动 IPv6 的过渡策略，并相继开展了大量基于 IPv6 的网络技术试验和大量基于下一代互联网技术的应用试验。下一代互联网的特点如下。

① 更大：采用 IPv6 协议，使下一代互联网具有非常巨大的地址空间，网络规模将更大，接入网络的终端种类和数量更多，网络应用更广泛。

② 更快：100 MB/s 以上的端到端高性能通信。

③ 更安全：可进行网络对象识别、身份认证和访问授权，具有数据加密和完整性，实现一个可信任的网络。

④ 更及时：提供组播服务，进行服务质量控制，可开发大规模实时交互应用。

⑤ 更方便：无处不在的移动和无线通信应用。

⑥ 更可管理：有序的管理、有效的运营、及时的维护。

⑦ 更有效：有盈利模式，可创造重大社会效益和经济效益。

3.3.2 IP 地址与域名系统

1. IP 地址

为了使连入 Internet 的众多计算机主机在通信时能够相互识别，Internet 中的每一台主机都分配有一个唯一的由 32 位二进制数组成的地址，该地址称为 IP 地址，每个 IP 地址是由网络号和主机号两部分组成的。网络号表明主机所连接的网络，主机号标识了该网络上特定的那台主机。

按照 TCP/IP 规定，IP 地址用二进制来表示，每个 IP 地址长 32 bit，比特换算成字节，就是 4 个字节。例如一个采用二进制形式的 IP 地址是“00001010000000000000000000000001”，这么长的地址，人们处理起来也太费劲了。为了方便人们的使用，IP 地址经常被写成十进制的形式，中间使用符号“.”分开不同的字节。于是，上面的 IP 地址可以表示为“10.0.0.1”。IP 地址的这种表示法叫做“点分十进制表示法”，这显然比 1 和 0 容易记忆得多。

IP 地址由 4 个数组成，每个数可取值范围为 0～255，各数之间用一个点号“.”分开，例如：210.40.132.1。

2. IP 地址分类

（1）公有地址

公有地址（Public address，也可称为公网地址）由 Internet NIC（Internet Network Information Center，因特网信息中心）负责。这些 IP 地址分配给注册并向 Internet NIC 提出申请的组织机构。通过它直接访问因特网，它是广域网范畴内的。分类方法如下：把 32 位二进制表示的 IP 地址分成 4 个 8 位组，利用第一个 8 位组确定类型。

A 类地址：第一个 8 位组的首位必须是 0，且第一个 8 位组表示网络标识，也叫网络地址，而剩余的 24 位表示主机标识，也叫主机地址；A 类地址的范围转化为十进制范围是 0 ～ 127（第一字段）。

B 类地址：第一个 8 位组的前两位必须是 10，且表示网络地址的二进制位数为前两个 8 位组，除去固定的两位必须为 10 的位后，表示网络地址共 14 位，主机地址共 16 位；B 类地址的范围是 128 ～ 191。

C 类地址：第一个 8 位组前 3 位为 110，且表示网络地址的 8 位组为前三组，除去固定的前 3 位 110，表示网络地址的位数为 21 位，表示主机地址的位数为 8 位；C 类地址的范围是 192 ～ 223。

D 类地址：第一个八位组前 4 位是 1110，该类地址作为多目广播使用，表示一组计算机；D 类地址的范围是 224 ～ 239。

E 类地址：第一个 8 位组前 5 位为 11110，E 类地址的范围是 240 ～ 255，该类地址作为科学研究，所以留用。

标准的 A，B，C 三类地址，可以看出 A 类地址的网络数量比较少，但是每个网络中的主机数量比较多；而 C 类地址网络数量比较多，每个网络的主机数量比较少。

（2）私有地址

私有地址（Private address，也可称为专网地址）属于非注册地址，专门为组织机构内部使用，它是局域网范畴内的，出了所在局域网是无法访问因特网的。

留用的内部私有地址目前主要有以下几类。

A 类：10.0.0.0 ～ 10.255.255.255。

B 类：172.16.0.0 ～ 172.31.255.255。

C 类：192.168.0.0 ～ 192.168.255.255。

3. 域名系统

IP Address 是以数字来代表主机的地址，但是以类似 159.226.60.1 这样的数字来代表某一地址并不是一个容易记忆的方法，若是能以具有意义的文字简写名称来代表该 IP 地址，将更容易记住各主机的地址。

域名（Domain name）的意义就是以一组英文简写来代替难记的 IP 地址的数字。

域名的管理方式也是层次式的分配，某一层的域名只需向上一层的域名服务器（Domain name Server）注册即可。

例如：210.40.132.8 主机的域名为 www.muc.edu.cn。

- cn 是中国的缩写。
- edu 代表中国教育科研网络。
- muc 代表中央民族大学。
- www 代表提供的网络服务类型。

4. 域名含义

常用的根域名的代码具体含义如表 3–1 所示。

表 3–1 常用根域名代码的含义

代码	名称	代码	名称
com	商业机构	edu	教育机构
gov	政府机构	int	国际机构
mil	军事机构	net	网络机构
org	非盈利机构	arts	娱乐机构
firm	工业机构	info	信息机构
nom	个人和个体	rec	消遣机构
store	商业销售机构	web	与 www 有关的机构

随着 Internet 的不断发展壮大，国际域名管理机构又增加了国家与地区代码这一新根域名，采用国家（地区）的英文名称的缩写作为根域名中的国家代码，例如，cn 表示中国，uk 表示英国，jp 表示日本。Internet 上部分国家域名代码如表 3–2 所示。

表 3–2 部分国家域名代码

代码	国家	代码	国家
it	意大利	us	美国
ru	俄罗斯	au	澳大利亚
cn	中国	jp	日本
fr	法国	kp	韩国
uk	英国	de	德国

3.3.3 Internet 接入方式

1. 单机连接方式

单机连接方式由拨号用户主机、电话线路和 ISP 提供的远程服务器组成，它是遵循 TCP/IP 中的电话线传输数据的通信协议，通过计算机通信软件建立用户和服务器点到点的连接，在电话线上传输分组信息包。在用户和远程服务之间建立连接时，需要配置参数，这其中包括用户主机配置参数和远程服务器配置参数。

用户主机配置参数如下。

① 连接 Modem 的串行端口、Modem 的产品类型、传输速率等。

② 本机的 IP 地址、主机名及所属域名等。由于目前 ISP 都是采用动态分配地址的方法，预先配置的本机 IP 地址没有实际意义。

远程服务器配置参数如下。

① ISP 提供的电话号码、呼叫持续时间等参数。

② ISP 为用户开设的账户：用户名和口令。

③ 通信软件支持的协议：SLIP 和 PPP。

④ 能为用户提供域名的域名服务器（DNS）的 IP 地址。

常用的单机上网方式如下。

（1）使用调制解调器接入

调制解调器又称为Modem，它是一种能够使计算机通过电话线同其他计算机进行通信的设备。其作用是：一方面，把计算机的数字信号转换成可在电话线上传送的模拟信号（这一过程称为“调制”）；另一方面，把电话线传输的模拟信号转换成计算机能够接收的数字信号（这一过程称为“解调”）。拨号上网是最普通的上网方式，利用电话线和一台调制解调器就可以上网了。其优点是操作简单，只要有电话线的地方就可以上网，但上网速度很低（Modem传输速率为56 kbit/s），并且占用电话线。使用拨号上网的用户没有固定的IP地址，IP地址是由ISP服务器动态分配给每个用户，在客户端基本不需要什么设置就可以上网。

（2）ISDN接入

在20世纪70年代出现了ISDN（Integrator Services Digital Network），即综合业务数字网，它将电话、传真、数据、图像等多种业务综合在一个统一的数字网络中进行传输和处理，所以又称为“一线通”。ISDN接入Internet需要使用标准数字终端的适配器（TA）连接设备连接计算机到普通的电话线，即ISDN上传送的是数字信号，因此速度较快。可以以128 kbit/s的速率上网，而且上网的同时可以打电话、收发传真，是用户接入Internet及局域网互连的理想方法之一。

（3）ADSL接入

ADSL是非对称数字用户线路的简称，是利用电话线实现高速、宽带上网的方法，是目前使用较多的上网方式。“非对称”指的是网络的上传和下载速度的不同。通常人们在Internet上下载的信息量要远大于上传的信息量，因此采用了非对称的传输方式满足用户的实际需要，充分合理地利用资源。ADSL上传的最大速度是1 Mbit/s，下载的速度最高可达8 Mbit/s，几乎可以满足任何用户的需要，包括视频的实时传送。ADSL还不影响电话线的使用，可以在上网的同时进行通话，很适合家庭上网使用。

（4）Cable Modem接入

Cable Modem又称为线缆调制解调器，它利用有线电视线路接入Internet，接入速率可以高达10 Mbit/s～30 Mbit/s，可以实现视频点播、互动游戏等大容量数据的传输。接入时，将整个电缆（目前使用较多的是同轴电缆）划分为3个频带，分别用于Cable Modem数字信号上传、数字信号下传及电视节目模拟信号下传，一般同轴电缆的带宽为5 MHz～750 MHz，数字信号上传带宽为5 MHz～42 MHz，模拟信号下传带宽为5 MHz～550 MHz，数字信号下传带宽则是550 MHz～750 MHz，这样，数字数据和模拟数据不会冲突。它的特点是带宽高、速度快、成本低、不受连接距离的限制、不占用电话线、不影响收看电视节目。

（5）无线接入

无线接入是指从用户终端到网络的交换结点采用无线手段接入技术，实现与Internet的连接。无线接入Internet已经成为网络接入方式的热点。无线接入Internet可以分为两类：一类是基于移动通信的接入技术；另一类是基于无线局域网的技术。

2. 局域网连接方式

将LAN接入Internet的方法很多，可以分为软件方法和硬件方法两类。

（1）用软件方法实现LAN的接入

软件方法是利用代理服务器（Proxy Server）软件实现小型LAN的接入，此时需要以下条件。

① 在LAN的网络服务器上安装相应的代理服务器软件，并且每台机器上都有Proxy的设置项。

② 将装有代理服务器软件的服务器通过一条电话线和解调器连接到PSTN上，这样便可以

通过电话拨号入网。

③ 向本地的ISP申请一个静态的IP地址和一个域名，将该IP地址分配给服务器。

（2）用硬件的方式实现LAN的接入

硬件方法是利用路由器等硬件来实现大、中型LAN的接入。大、中型LAN如果想获得最好的访问速率，需采用硬件方式接入Internet。在硬件方式中，又可分为专线方式和电话拨号方式两种。

① 专线方式。这是对Internet访问最快的一种接入方式。通常需要一个路由器，并使用专线与Internet相连。但该方式价格高、构造复杂，且需要专业人员进行维护，一般较少被采用。

② 电话拨号方式。为了降低费用，不少厂商已经开发出价位较低的、可以通过电话拨号方式访问Internet的专用硬件设备。该设备实际上是以硬件的方式完成代理服务功能，且具有路由功能，因此可称此类设备为代理路由器（Proxy Route）。

3.3.4　IPv6

IPv6是Internet Protocol Version 6的缩写，意为“互联网协议版本6”。IPv6是互联网工程任务组设计的用于替代现行版本IP（IPv4）的下一代IP。目前IP的版本号是4（简称为IPv4），它的下一个版本就是IPv6。

目前，全球因特网所采用的协议族是TCP/IP协议族。现在我们使用的是第二代互联网IPv4技术，核心技术属于美国。它的最大问题是网络地址资源有限，从理论上讲，编址1 600万个网络、40亿台主机。但采用A、B、C三类编址方式后，可用的网络地址和主机地址的数目大打折扣，以至目前的IP地址已于2011年2月3日分配完毕。其中北美占有3/4，约30亿个，而人口最多的亚洲只有不到4亿个，中国截至2010年6月IPv4地址数量达到2.5亿，地址不足严重地制约了中国及其他国家互联网的应用和发展。

但是与IPv4一样，IPv6也会造成大量的IP地址浪费。准确地说，使用IPv6的网络并没有2^{128}个能充分利用的地址。首先，要实现IP地址的自动配置，局域网所使用的子网的前缀必须等于64，但是很少有一个局域网能容纳264个网络终端；其次，由于IPv6的地址分配必须遵循聚类的原则，地址的浪费在所难免。但是，如果IPv4实现的只是人机对话，而IPv6则扩展到任意事物之间的对话，它不仅可以为人类服务，还将服务于众多硬件设备，如家用电器、传感器、远程照相机、汽车等，它将是无时不在、无处不在地深入社会每个角落的真正的宽带网，而且它所带来的经济效益将非常巨大。

当然，IPv6并非十全十美、一劳永逸，不可能解决所有问题。IPv6只能在发展中不断完善，也不可能在一夜之间发生，过渡需要时间和成本，但从长远看，IPv6有利于互联网的持续和长久发展。

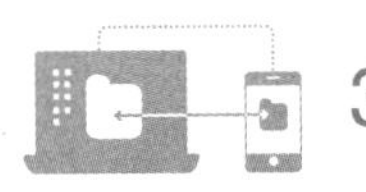

3.4　计算机网络应用

3.4.1　信息浏览服务WWW

1. WWW

（1）什么是WWW

WWW（World Wide Web）是Internet上应用最广泛的服务，中文译名为万维网，它把

Internet 上的资源通过超链接连接起来，为用户提供超文本媒体资源文档，还可以通过同样的图形界面（GUI）与 Internet 的其他服务器对接。

（2）Web 站点与网页

网页是网站的基本信息单位，是 WWW 的基本文档，它由文字、图片、动画、声音等多种媒体信息以及链接组成，是用超文本标记语言（HTML）编写的，通过链接实现与其他网页或网站的关联和跳转。网页文件是能被浏览器识别并显示的文本文件，其文件类型扩展名是 .htm 或 .html。

网站由众多不同内容的网页构成，网页的内容可体现网站的全部功能。通常把进入网站首先看到的网页称为首页或主页（homepage）。

（3）URL

URL（Uniform Resource Locator）称为同一资源定位器，用来标识网络中文件资源的位置、名称及访问方式等。图 3-9 所示是一个 URL 的示例。

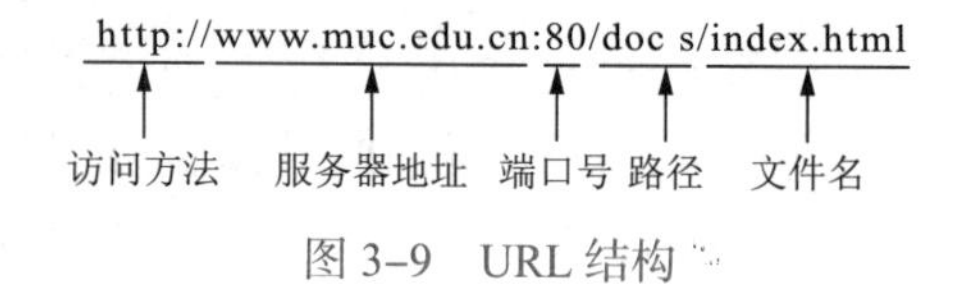

图 3-9　URL 结构

当人们通过 URL 发出请求时，浏览器在域名服务器的帮助下，获取远程服务器主机的 IP 地址，然后建立一条到该主机的连接，远程服务器使用指定的协议发送网页文件到本地计算机的浏览器，由浏览器显示网页内容。

URL 中的访问方式有多种形式，表达的是不同协议下的远程资源的访问方式。常见的协议访问方式有：

- 超文本：http。
- 文件传输：ftp。
- 发送电子邮件：mailto。
- 远程登录：telnet。

（4）HTTP

HTTP（Hypertext Transfer Protocol）即超文本传输协议， HTTP 提供了访问超文本信息的功能，是 WWW 浏览器和 WWW 服务器之间的应用层通信协议。

HTTP 协议会话过程包括 4 个步骤。

① 建立连接：客户端的浏览器向服务端发出建立连接的请求，服务端给出响应就可以建立连接了。

② 发送请求：客户端按照协议的要求通过连接向服务端发送自己的请求。

③ 给出应答：服务端按照客户端的要求给出应答，把结果（HTML 文件）返回给客户端。

④ 关闭连接：客户端接到应答后关闭连接。

⑤ 浏览器：浏览器是显示网页服务器或档案系统内的 HTML 文件，并让用户与这些文件互动的一种软件，是最经常使用到的客户端程序。

个人计算机上常见的网页浏览器包括微软的 Internet Explorer、Mozilla 的 Firefox、Opera 和 Safari。

2. 浏览器 Microsoft Edge

Windows 10 操作系统自带两款浏览器 Microsoft Edge 和 Internet Explorer 11。其中 Microsoft

Edge 是 Windows 10 的默认浏览器，可以在“开始”菜单中找到并启动。而 Internet Explorer 11 则被隐藏，需要使用 Windows 10 的搜索功能定位。下面以 Edge 浏览器为例，介绍浏览器的基本功能和操作技巧。

（1）Microsoft Edge 简介

Microsoft Edge 是微软公司 2015 年推出的全新综合性网络浏览工具，与 Windows 10 操作系统绑定，是用户访问 Internet 网络不可或缺的工具。其窗口界面的操作与其他用程序窗口的操作类似。使用浏览器浏览网页信息的基本流程是：

① 在地址栏输入要访问网站的地址。

② 加载网页后，开始浏览网页内容。

③ 单击超链接在页面间跳转。

（2）使用 Microsoft Edge

启动 Microsoft Edge，浏览中国教育和科研计算机网的信息。

① 一般情况下，用户可以在“开始”菜单或桌面找到 Microsoft Edge 并启动，也可以使用 Windows 10 的搜索功能找到该浏览器。在 Edge 地址栏输入要访问的网址 www.edu.cn，打开网站首页，如图 3–10 所示。

图 3–10　网站首页

② 利用超链接跳转浏览相关网页。

③ 将当前网页添加到收藏夹。

操作方法：单击地址栏右侧的“将此页面添加到收藏夹”按钮，在弹出的对话框中输入名称，并选择保存的位置（收藏夹栏或其他收藏夹）后，单击“完成”按钮，如图 3–11 所示。网址收藏后，下次浏览该网站时可以通过收藏夹中保存的地址信息快速访问。

图 3–11　添加收藏

④ 保存网页信息。网页的内容可以被保存到当前磁盘上，Edge 浏览器提供 3 种不同的格式来保存网页。其实现方法是在“另存为”对话框中，在保存类型后的下拉列表中选择不同的文件类型，如图 3–12 所示。

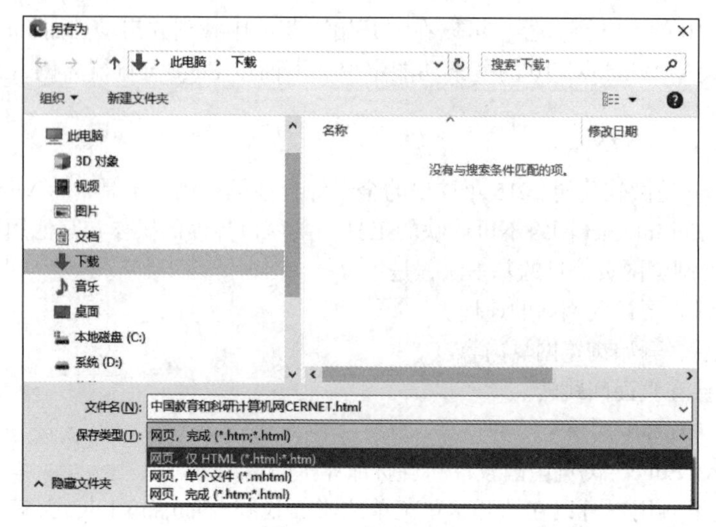

图 3-12　保存网页

● 网页，完成（*.htm;*.html）：在所需的文件夹中保存整个网页，图片和链接仍以原始的格式分布在页面上。当该保存的网页被打开时，看上去与通过浏览器打开是相同的。

● 网页，单个文件（*.mhtml）：将网页保存成由图片和文字组成的一个页面，目的是将其像一个页面一样进行发布，就好像给整个页面拍照一样。

● 网页，仅 HTML（*.htm;*.html）：仅以 html 格式保存网页，原始网页中图片和多媒体内容不被保存。

（3）定制 Edge 浏览器

每种浏览器都有其自身的特征，通过这些特征可以定制浏览器，或者个性化浏览器，以使其能满足用户个性化的需求。对于 Edge 浏览器来讲，可以单击右上角“设置及其他”按钮，在下拉菜单中选择“设置”命令来改变和定制 Edge 浏览器，如图 3-13 所示。

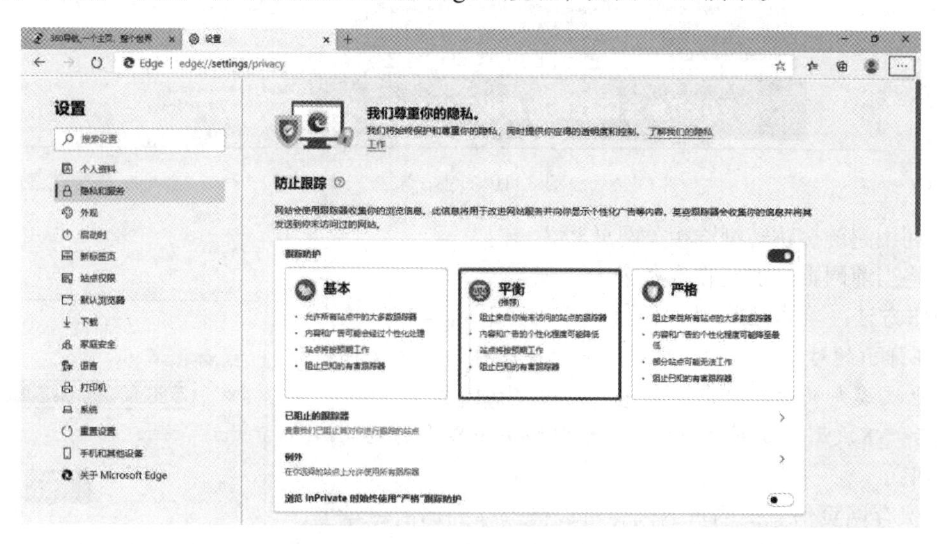

图 3-13　Edge 浏览器设置

（4）扩展 Edge 浏览器

新版的 Edge 浏览器支持扩展程序。用户单击浏览器窗口右上角的“设置及其他”按钮，在下拉菜单中选择"扩展"命令，即可打开"Microsoft Edge 的扩展"页面，从中轻松选择需要的程序并安装使用，如图 3-14 所示。

图 3-14　Microsoft Edge 的扩展

3.4.2　电子邮件

电子邮件（E-mail）是一种通过网络实现相互传送和接收信息的现代化通信方式，发送、接收和管理电子邮件是 Internet 的一项重要功能。它与邮局收发的普通信件一样，都是一种信息载体。电子邮件和普通邮件的显著差别是：电子邮件中除了普通文字外，还可以包含声音、动画、影像等信息。

1. 电子邮件的工作过程

电子邮件的工作过程为：邮件服务器是在 Internet 上用来转发和处理电子邮件的计算机，其中发送邮件服务器与接收邮件服务器和用户直接相关：发送邮件服务器，又称 SMTP 服务器（Simple Mail Transfer Protocol，简单邮件传输协议）将用户编写的邮件转交到收件人手中；接收邮件服务器，又称 POP 服务器（POP3，即 Post Office Protocol），采用邮局协议，用于将其他人发送的电子邮件暂时寄存，直到邮件接收者从服务器上取到本地机上阅读。

2. 电子邮件地址格式

E-mail 像普通的邮件一样，也需要地址，它与普通邮件的区别在于它是电子地址。所有在 Internet 之上有信箱的用户都有自己的 E-mail address，并且这些 E-mail address 都是唯一的。邮件服务器就是根据这些地址，将每封电子邮件传送到各个用户的信箱中，E-mail address 就是用户的信箱地址。用户只有在拥有一个地址后才能使用电子邮件。

一个完整的 Internet 邮件地址由以下两个部分组成，格式如下：

用户账号 @ 主机名 . 域名

符号 @ 读作"at"，表示"在"的意思，主机名与域名用"．"隔开，如 Zhangll@126.com.

3. 电子邮箱的申请方法

进行收发电子邮件之前，必须先申请一个电子邮箱。

（1）通过申请域名空间获得邮箱

如果需要将邮箱应用于企事业单位，且经常需要传递一些文件或资料，并对邮箱的数量、大小和安全性有一定的需求，可以到提供该项服务的网站上（如万维企业网）申请一个域名空间，也就是主页空间，在申请过程中会为用户提供一定数量及大小的电子邮箱，以便别人能更好地访问用户的主页。这种电子邮箱的申请需要支付一定的费用，适用于集体或单位。

（2）通过网站申请免费邮箱

提供电子邮件服务的网站很多，如果用户需要申请一个邮箱，只需登录到相应的网站，单击提供邮箱的超链接，根据提示信息填写好资料，即可注册申请一个电子邮箱。

目前提供免费电子邮箱的网站很多，常见的有：

- 网页邮箱：mail.163.com。
- 新浪邮箱：mail.sina.com.cn。
- 搜狐邮箱：mail.sohu.com。

4. 使用电子邮件

申请到电子邮箱后，登录邮件服务器的 Web 页面或使用邮件客户端软件就可以使用电子邮件与好友和同事进行邮件通信了。不管邮件程序怎样，电子邮件信息的组件基本构成是一样的，书写电子邮件一般要包含如下信息：

- 收件人（TO）：邮件的接收者，相当于收信人。
- 抄送（CC）：用户给收件人发出邮件的同时，把该邮件抄送给另外的人，在这种抄送方式中，“收件人”知道发件人把该邮件抄送给了另外哪些人。
- 密送（BCC）：用户给收件人发出邮件的同时，把该邮件暗中发送给另外的人，但所有“收件人”都不会知道发件人把该邮件发给了哪些人。
- 主题（Subject）：这封邮件的标题。
- 附件：同邮件一起发送的附加文件或图片资料等。

3.4.3 信息资源检索

1. 资源搜索

（1）搜索引擎

搜索引擎（Search Engine）是对互联网上的信息资源进行搜集整理，然后供用户查询检索的系统，包含信息搜集、信息整理和用户查询三个部分。

搜索引擎对于用户来讲，就是互联网上提供信息网址等搜索服务的网站或工具。常见的搜索引擎大都是以 Web 的形式为客户提供服务，可以通过该 Web 页面搜索网站、图片、音视频等多种信息资源。它帮助用户从浩如烟海的互联网世界中快速检索到所需的信息。

（2）常用的搜索引擎

对于国内用户来讲，常用的提供搜索服务的搜索引擎网站有：

- 百度：www.baidu.com。
- 必应：www.bing.com。
- 搜狗：www.sogou.com。
- 有道：www.youdao.com。

（3）使用搜索技巧

每个搜索引擎都有自己的信息整理和查询方法，不同的搜索引擎提供的查询方法也不完全相同，每个搜索引擎的网站上都会有各自的搜索方法和技巧的介绍，但是有些通用的方法，各个搜索引擎上基本一致，现在略作介绍。

- 使用双引号：给查询的关键词加双引号，可以实现精确查找。
- 使用 file：在关键词后加“file：文件扩展名”，查找特定类型的文件。
- 使用 site：在搜索关键词后加“site：网址”，可以在指定的网站上搜索。

要快速搜索到需要的信息，需要不断练习使用多种搜索策略和技巧。一方面要了解所用搜索引擎特有的搜索功能；另一方面要在实践过程中不断总结搜索经验，提高搜索效率。

（4）搜索特定信息

大多数搜索引擎提供分类搜索的功能，如搜索新闻、网页、图片、音乐、视频等。在搜索特定信息时，可以在搜索引擎的主界面上先选择分类，然后再开始搜索，如百度的主界面上就提供了特定信息的搜索选择，如图 3-15 所示。

图 3-15　百度搜索主界面

2. 文献检索

除了这些常用的搜索引擎之外，还有一些专业期刊或者核心期刊杂志类的搜索引擎，比如中国期刊全文数据库（CNKI，http://www.cnki.net）、维普全文电子期刊（http://www.cqvip.com）等，用户可以通过这些专业搜索引擎进行专业期刊或文章检索，如图 3-16 所示。

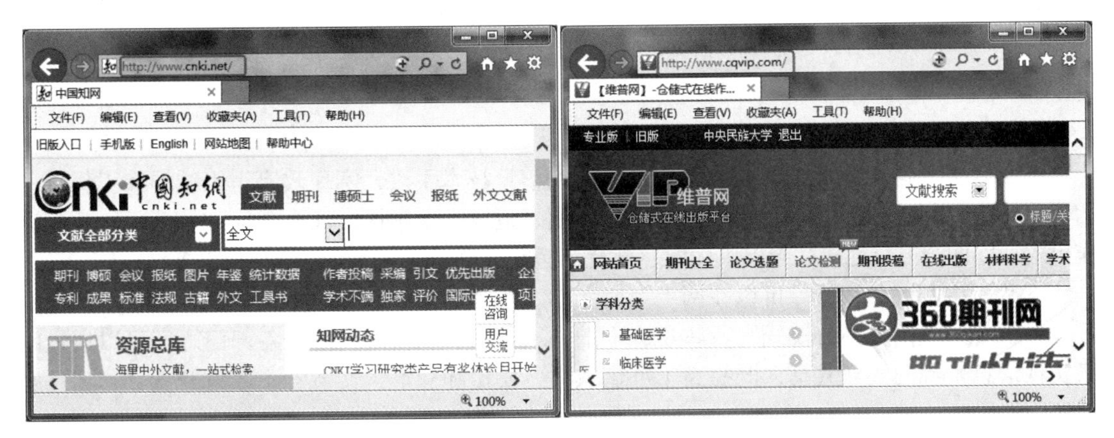

图 3-16　文献检索网站

3.4.4 其他应用服务

1. 即时通信

即时通信（Instant Messenger，IM），是指能够即时发送和接收互联网消息等的业务。自1998年面世以来，特别是近几年的迅速发展，即时通信的功能日益丰富，逐渐集成了电子邮件、博客、音乐、电视、游戏和搜索等多种功能。即时通信不再是一个单纯的聊天工具，它已经发展成集交流、资讯、娱乐、搜索、电子商务、办公协作和企业客户服务等为一体的综合化信息平台。是一种终端连接即时通信网络的服务。即时通信不同于E-mail之处在于它的交谈是即时的。大部分的即时通信服务提供了状态信息的特性——显示联络人名单、联络人是否在线、能否与联络人交谈。

常用的即时通信工具有微信和QQ。

2. Blog、RSS

Blog的全名应该是Web log，中文意思是"网络日志"，后来缩写为Blog，而博客（Blogger）就是写Blog的人。从理解上讲，博客是"用于表达个人思想，网络链接和内容按照时间顺序排列，并且不断更新的出版方式"。简单地说，博客是一类人，这类人习惯于在网上写日记。

Blog就是以网络作为载体，简易、迅速、便捷地发布自己的心得，及时、有效、轻松地与他人进行交流，集丰富多彩的个性化展示于一体的综合性平台。目前，使用较多的是由博客升级而来的"微博"。

RSS也叫聚合RSS，是在线共享内容的一种简易方式（也叫聚合内容，Really Simple Syndication）。通常在时效性比较强的内容上使用RSS订阅能更快速地获取信息，网站提供RSS输出，有利于用户获取网站内容的最新更新。比如用户喜欢浏览3个论坛，那么每天要分别登录3个论坛才能看到每天更新的内容，如果使用RSS，就可以在3个论坛有更新的时候直接查看，而不需要一个一个地登录论坛的网页来查看。

3. 电子商务

电子商务，英文是Electronic Commerce，简称EC。电子商务涵盖的范围很广，一般可分为企业对企业（Business -to -Business）和企业对消费者（Business -to -Consumer）两种。另外还有消费者对消费者（Consumer- to -Consumer）这种大步增长的模式。随着国内Internet使用人数的增加，利用Internet进行网络购物并以银行卡付款的消费方式已经流行，市场份额也在迅速增长，电子商务网站也层出不穷。

4. 电子政务

电子政务即运用计算机、网络和通信等现代信息技术手段，实现政府组织结构和工作流程的优化重组，超越时间、空间和部门分隔的限制，建成一个精简、高效、廉洁、公平的政府运作模式，以便全方位地向社会提供优质、规范、透明、符合国际水准的管理与服务。

在政府内部，各级领导可以在网上及时了解、指导和监督各部门的工作，并向各部门做出各项指示。这将带来办公模式与行政观念上的一次革命。在政府内部，各部门之间可以通过网络实现信息资源的共建共享，既提高了办事效率、质量和标准，又节省了政府开支，起到反腐倡廉的作用。

政府作为国家管理部门，上网开展电子政务有助于政府管理的现代化，以及政府办公电子化、自动化、网络化。通过互联网这种快捷、廉价的通信手段，政府可以让公众迅速了解政府机构的组成、职能和办事章程，以及各项政策法规，增加办事执法的透明度，并自觉接受公众的监督。

在电子政务中，政府机关的各种数据、文件、档案、社会经济数据，都以数字形式存储在网络服务器中，可通过计算机检索机制快速查询，即用即调。

实训 1　畅游 Internet

一、实训目的

① 学会使用 Edge 浏览器浏览网页。
② 掌握 Edge 浏览器的基本操作。
③ 学会保存网页信息。

二、实训任务

1. 使用 Edge 访问网络

启动 Edge，在地址栏中输入学校的网址，开始浏览网页；通过工具栏中的“前进”“后退”等按钮，在页面间跳转，并将该网站地址收藏到收藏夹，以便访问。

2. 浏览并保存网页信息

打开学校网站的主页或某一页面，以不同方式保存页面信息到不同文件夹，并作比较。
① 以“网页，完成（*.htm,*.html）”类型保存网页。
② 以“网页，单个文件（*.mhtml）”类型保存网页。
③ 以“网页，仅 html（*.htm,*.html）”类型保存网页。
④ 查看以上三个文件夹，对比三种保存方式所保存的内容有何区别。

3. 学习 Edge 的基本设置

① 设置学校网站为 Edge 的主页。
② 清除 Edge 临时文件和历史记录，并设置每次退出时删除浏览历史记录。
③ 设置 Edge 浏览器以选项卡方式打开新链接。
④ 设置 Edge 浏览器的安全级别为“中 - 高”。
⑤ 启用弹出窗口阻止程序。
⑥ 设置 Edge 浏览器以加快打开网页的速度（如设定缓冲区、关闭多媒体演示功能等）。

实训 2　网上资源搜索与下载

一、实训目的

① 学会使用搜索引擎在网络中搜索信息。
② 学会使用 Edge 下载文件。
③ 掌握常用下载工具的使用。

二、实训任务

1. 了解网络搜索引擎，掌握使用搜索引擎搜索信息的基本技能

目前常用网络搜索引擎有：百度、微软 Bing 等，不同的搜索引擎搜索信息的机制和方式不同，

用户可以根据自己的需要灵活选择网络搜索引擎，本实训的目的是借用某一搜索引擎讲解网络搜索引擎的使用方法。

常用网络搜索引擎的网站如下：

百度：http://www.baidu.com。

网易有道：http://www.youdao.com。

必应 bing：http://www.bing.com。

搜狗：http://www.sogou.com。

利用搜索引擎，用户可以检索网页、新闻、音乐、视频、地图等，综合利用各个搜索引擎能够为用户提供多种选择。

① 搜索网页：搜索有关“2020 信息素养大赛”的相关页面，并链接浏览。

② 搜索图片：搜索有关“北京冬奥会”的图片，下载其中几张。

③ 搜索音乐和视频：搜索当前流行的歌曲一首，在线试听。

④ 地图服务：搜索有关学校的地图信息。

2. 利用搜索引擎搜索感兴趣的专业话题

进入百度主页，在搜索框中输入感兴趣的专业话题，如“计算机网络”，搜索相关内容并浏览，注意检索关键词的确定和选择。

3. 搜索本专业的最新进展

综合利用百度等搜索引擎工具，搜索本专业的最新研究进展情况。

4. 专题数据库信息检索方法

在下列专题数据库中搜索与“云计算”“移动互联”等内容相关的学位论文，并保存检索结果。

① 中国知网：www.cnki.net。

② 维普网：www.cqvip.com。

③ 万方数据：www.wanfangdata.com.cn。

实训 3 使用电子邮件

一、实训目的

① 掌握如何在网络中申请电子邮件。

② 掌握在 Edge 中如何收发电子邮件。

③ 掌握使用客户端工具收发电子邮件。

二、实训任务

1. 申请免费电子邮箱

在网站 mail.163.com 上申请一个免费的电子邮箱。完成相关设置：

① 为邮箱设置默认的自动签名，内容自定。

② 为邮箱设置在某两个日期之间的自动回复，回复内容自定。

③ 将你好朋友的电子邮件地址添加到通讯录，建立所有联系人的邮件通讯录。

2. 利用 Edge 收发电子邮件

用申请到的电子邮件，使用 Edge 浏览器向任课教师的电子邮箱发送一封电子邮件，附带本人照片为附件，邮件具体内容由老师拟定，并在书写邮件时注意下列事项：

① 关于主题：主题是接收者了解邮件内容的第一信息，不要空白，但要简短、有意义，表明邮件内容。

② 关于称呼与问候：恰当的称呼收件人，要有礼貌。

③ 关于正文：简明扼要说清楚事情，如有附件要提示查看，落款要明确本人信息（如自动签名已设，可省略）。

④ 关于附件：附件文件名应该表达其主体内容。

3. 管理电子邮件

以 Web 方式管理本人电子邮箱中的往来邮件，通过文件夹、标识等实现分类管理。

实训 4　远程桌面

一、实训目的

① 了解 Windows 系统远程桌面、远程协助的概念。

② 了解远程桌面和终端服务的区别。

③ 掌握远程桌面功能的开启和连接方法。

二、实训任务

1. 查阅资料

查阅帮助信息或相关资料，了解远程桌面的概念和作用。

2. 远程桌面功能的开启设置

① 创建用于远程桌面连接的用户账户。

② 开启允许远程桌面连接的功能，并选择可以连接的用户账户。

③ 告知连接方本机的网络地址或计算机名称。

3. 远程桌面连接

① 启动远程桌面连接程序。

② 输入远程计算机的地址或名称。

③ 设置连接选项，如本地资源、显示配置、体验等。

④ 提供正确的用户名和密码，登录到远程计算机。

4. 使用远程桌面

① 登录远程计算机后，操控远程计算机，完成特定的任务。

② 在远程计算机和本地计算机之间进行文件传送。

实训5　即时通信软件的使用

一、实训目的

① 了解常用的即时通讯软件。

② 掌握即时通讯软件的使用。

二、实训任务

1. 申请并建立即时消息账号

① 申请 QQ 账号。

② 下载 QQ 客户端软件，登录并配置本人的 QQ 账号。

2. 添加同学的 QQ 账号为好友

① 查找同学的 QQ 账号，申请添加为好友。

② 管理好友账号。

3. 使用 QQ 软件进行信息收发（略）

4. 使用 QQ 软件发送和接收文件（略）

5. 体验 QQ 软件的高级交流功能

① 语音聊天。

② 视频聊天。

③ 远程控制等。

6. 体验 QQ 软件的群体功能

① 建立 QQ 群。

② 体验 QQ 群内的文件共享等功能。

③ 体验 QQ 群内的教学功能。

第 4 章

文字处理

随着计算机的普及与应用，掌握电子文件的创建、编辑与排版技术已经是人们日常生活、学习和工作的必备技能。WPS 文字是金山软件股份有限公司开发的 WPS Office 2019 系列软件之一，也是目前使用者最多的文字处理软件之一。使用 WPS 文字能够创建具备专业水准的信函、文件、杂志、书籍等各类文件，满足日常文字处理工作的需求。本章首先介绍了 WPS 文字的功能和特点，然后重点讲述文件的创建与编排、图文混排和表格处理的操作步骤与方法，最后列举了几种常用的高级操作。WPS 文字的工作流程和文件处理方法，体现了办公自动化思想及其优势，是计算思维和面向对象设计思想的成功应用。

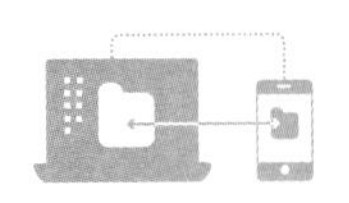

4.1 中文 WPS 文字概述

4.1.1 认识 WPS 文字

1. WPS Office 2019 简介

WPS Office 2019 是金山软件股份有限公司开发的新一代办公软件，其中包括 WPS 文字、WPS 表格、WPS 演示文稿、流程图、脑图等多个组件。

2. WPS 文字的基本功能

WPS 文字是 WPS Office 2019 中的重要组件之一。它集编辑与打印于一体，具有丰富的全屏幕编辑功能，并提供各种输出格式及打印功能，使打印出的文稿既美观又规范，基本上能满足各类文字工作者编辑、打印各种文件的需求。

微视频4-1
WPS文字的启动和退出

4.1.2 WPS 文字的基本操作

1. WPS 文字的启动和退出

WPS 文字应用程序的启动和退出有多种方式，详见微视频 4-1 WPS 文字的启动和退出。

微视频4-2
WPS文字窗口基本操作

2. WPS 文字窗口的基本操作

启动 WPS 文字应用程序后，其操作界面如图 4-1 所示，详见微视频 4-2 WPS 文字窗口基本操作。

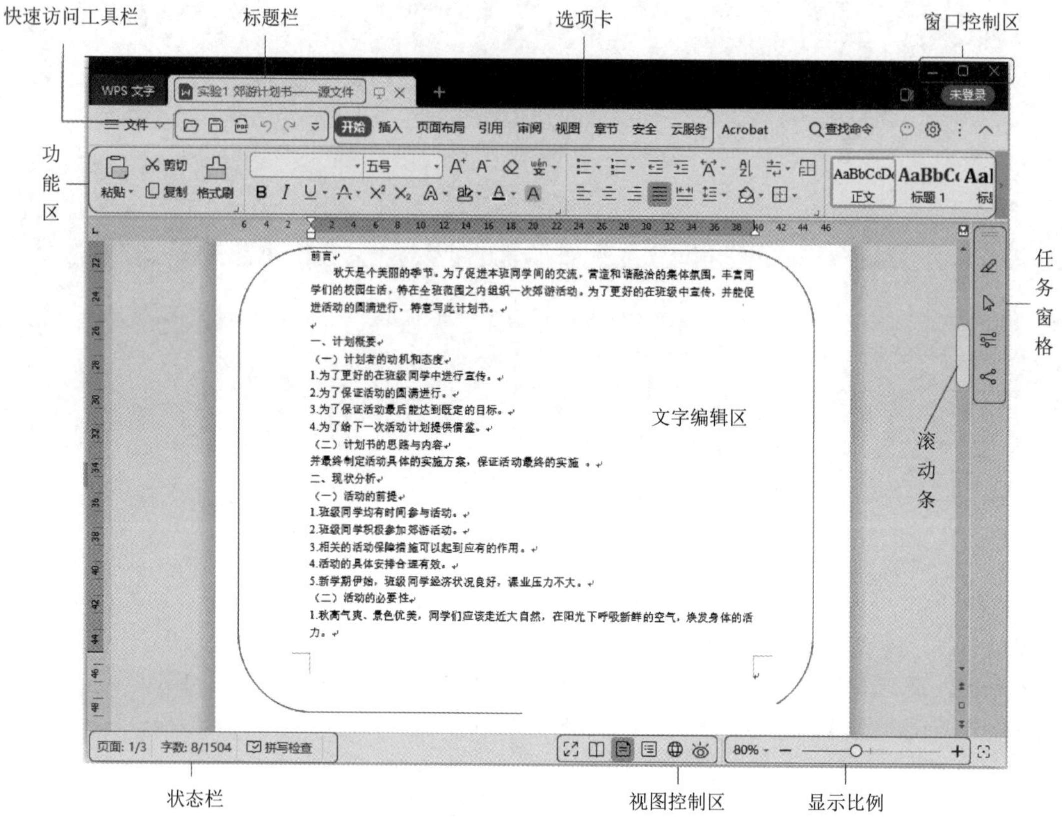

图 4–1 WPS 文字操作界面

WPS 文字的工作窗口中主要包括标题栏、快速访问工具栏、标尺、状态栏及工作区等。用户选用的视图不同，显示出来的屏幕元素也不同。另外，用户也可以定义某些屏幕元素的显示或隐藏。

① 标题栏：主要用于显示正在编辑的文档的文件名。

② 快速访问工具栏：用于显示常用的工具按钮，用户可以在快速访问工具栏中添加一些最常用的命令。

③ 窗口控制按钮：使用这些按钮可以缩小、放大和关闭 WPS 文字窗口。

④ 标尺：在 WPS 文字中使用标尺可计算出编辑对象的物理尺寸，如通过标尺可以查看文件中图片的高度和宽度。标尺分为水平标尺和垂直标尺两种，默认情况下，标尺上的刻度以字符为单位。

⑤ 文字编辑区：它是 WPS 字文件的输入和编辑区域。

⑥ 状态栏：用于显示页码、页面、节设置值、行、列、字数等信息。

⑦ 视图控制区：切换文件以不同的视图方式显示。

⑧ 显示比例：调整文件的显示比例。

⑨ 滚动条：可以拖动文件编辑区上的垂直滚动条和水平滚动条，或者单击上三角按钮▲或下三角按钮▼，使屏幕向上或向下滚动一行来查看。

⑩ 选项卡：为了方便浏览，功能区中设置了多个围绕特定方案或对象组织的选项卡，每一个选项卡通过选项组把一个任务分解为多个子任务，来完成对文件的编辑，每个选项卡包含一些常用的功能按钮。

3. WPS文字视图方式

微视频4-3
WPS文字视图方式

WPS文字提供了多种视图模式供用户选择。用户可以在"视图"选项卡中选择需要的视图，也可以在WPS文字文件窗口的右下方单击视图切换按钮选择视图，详见微视频4-3 WPS文字视图方式。

（1）全屏显示

全屏显示只保留了标题栏和文字编辑区域，给用户提供更大的文字区域，以便用户查看。全屏显示将隐藏功能区，但可以使用快捷菜单进行一些简单的操作，如复制、粘贴、段落设置、文本编辑和修改等。

（2）阅读版式视图

阅读版式视图以图书的分栏样式显示WPS文字文件，"文件"选项卡、功能区等窗口元素被隐藏起来。在阅读版式视图中，用户还可以单击"工具"按钮选择各种阅读工具。

（3）页面视图

页面视图可以显示WPS文字文件的打印结果外观，主要包括页眉、页脚、图形对象、分栏设置、页面边距等元素，是最接近打印结果的页面视图。

（4）大纲视图

大纲视图主要用于设置和显示文件标题的层级结构，并可以方便地折叠和展开各种层级的内容。大纲视图广泛用于WPS文字长文件的快速浏览和设置中。

（5）Web版式视图

Web版式视图以网页的形式显示WPS文字文件，Web版式视图适用于发送电子邮件和创建网页。

（6）打印预览

在打印预览中，能够通过缩小尺寸显示多页文件；可以查看分页符、隐藏文字以及水印；还可以在打印前编辑和改变格式。若要切换到打印视图，单击"文件"菜单→"打印"→"打印预览"命令，窗口会显示打印预览视图。

4. WPS文字帮助系统

微视频4-4
WPS文字帮助系统

用户在使用WPS文字的过程中遇到问题时，可以使用其强大的"帮助"功能，详见微视频4-4 WPS文字帮助系统。

4.2　文档创建及编排

4.2.1　创建文档

1. 文档的创建

创建WPS文字文档的方法如下：

① 创建空白文档，详见微视频4-5创建空白文档。

微视频4-5
创建空白文档

微视频4-6
根据模板创建新文档

② 根据模板创建新文档。任何WPS文字文档都是以模板为基础的。模板决定了文档的基本结构和文件设置，例如，自动图文集词条、字体、快捷键指定方案、宏、菜单、页面设置、特殊格式和样式。WPS文字包含了多个常用模板，使用这些模板可以快速地生成具有相应结构和参数设置的文件，详见微视频4-6根据模板创建

文档。

2. 文档的保存

完成文档后需要将其保存。用于设置文档保存路径和名称的“另存为”窗口如图 4–2 所示。

① 保存新建文档。保存文件时，需要在“另存为”窗口中设置文件的存储路径和文件名称，详见微视频 4-7 保存新建文档。

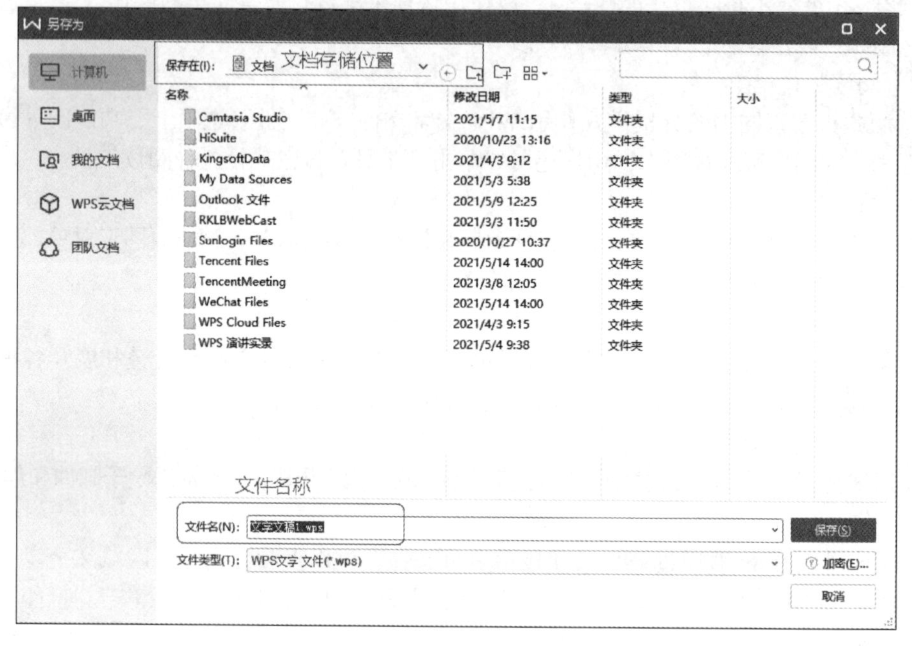

图 4–2　保存文件

②另存文档。文档保存后，如果想在其他位置再保存一份文档，可以选择“文件”选项卡→“另存为”命令，将文档另存到其他位置。

4.2.2　编辑文档

1. 页面设置

页面设置包括设置页边距、页面的方向（“纵向”或“横向”）、纸张的大小等内容。可以在“页面布局”选项卡中进行相关设置。

页边距是页面四周文字到页面边缘间的空白区域（用上、下、内侧、外侧的距离指定）。通常可在页边距内部的可打印区域中插入文字和图形；也可以将某些项目放置在页边距区域中，如页眉、页脚和页码等。

（1）设置页边距

WPS 文字提供了下列页边距选项，如图 4–3 所示。用户可以对页边距做如下设置。

① 使用默认的页边距或指定自定义页边距。

② 添加用于装订的边距。使用装订线边距在要装订的文件两侧或顶部的页边距添加额外的空间。装订线边距保证不会因装订而遮住文字。

③ 设置对称页面的页边距。使用对称页边距设置双面文件的对称页面，例如书籍或杂志。

在这种情况下，左侧页面的页边距是右侧页面页边距的镜像（即内侧页边距等宽，外侧页边距等宽）。

④ 添加书籍折页。打开“页面设置”对话框中在“页码范围”区域，单击“普通”下拉按钮，在其下拉列表中选择“书籍折页”选项，可以创建菜单、请柬、事件程序或任何其他类型的单独居中折页的文件。

⑤ 如果将文件设置为小册子，可用编辑任何文件的相同方式在其中插入文字、图形和其他可视元素。

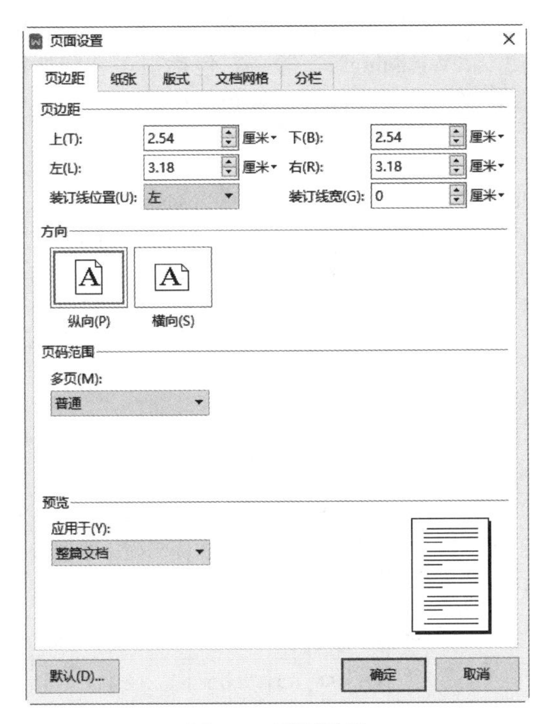

图 4-3　页面设置

（2）在同一文件中使用纵向和横向方向

① 选择要更改为横向或纵向的页。

② 单击“页面布局”选项卡。

③ 单击“纸张方向”下拉按钮，在其下拉列表中选择“纵向”或“横向”。

2. 文字输入

WPS 文字的基本功能是实现文字的录入和编辑，本部分主要针对文字录入时的各种技巧进行具体介绍。

① 输入中文：输入中文时，第一段开始可先空两个汉字（即按空格键输入 4 个半角空格）。段落内容结束时，按【Enter】键可分段，插入一个段落标记↵。

如果前一段的开头输入了空格，下一段首行将自动缩进。输入满一页将自动分页，如果对内容进行增删，文本会在页面间重新调整，按【Ctrl+Enter】组合键可强制分页，即加入一个分页符……分页符……，确保文件在此处分页。

② 即点即输：使用即点即输可以在空白区域中快速插入文字、图形、表格或其他项目。只

需要在空白区域中双击，“即点即输”功能将自动应用双击处所需的段落格式。

③ 插入日期和时间，详见微视频 4-8 插入日期和时间。

微视频4-8 插入日期和时间

④ 插入符号和特殊字符：计算机显示器和打印机可以输出键盘所没有的符号和特殊字符，如符号 ¼ 和 ©、特殊字符长破折号“——”和省略号“…”、国际通用字符 ë 等。

可以插入的符号和特殊字符取决于所应用的字体。例如，一些字体可能包含分数（¼）、国际通用字符（Ç、ë）和国际通用货币符号（£、¥）。内置符号字体包括箭头、项目符号和科学符号。还可以使用附加符号字体，例如，“Wingdings”“Wingdings2”“Wingdings3”等，它包括很多装饰性符号。插入符号窗口如图 4-4 所示，详见微视频 4-9 插入符号和特殊字符。

微视频4-9 插入符号和特殊字符

3. 文本选定、编辑

在编辑文档过程中，最基本的操作过程为：移动光标到指定位置，选择要编辑的对象，如文本、图形或表格等，然后进行编辑操作，如插入、删除、复制、剪切、粘贴等。编辑对象一般包括字符、词、句、行、一段或多段、表格、图片、形状等。移动光标是各种编辑操作的前提。

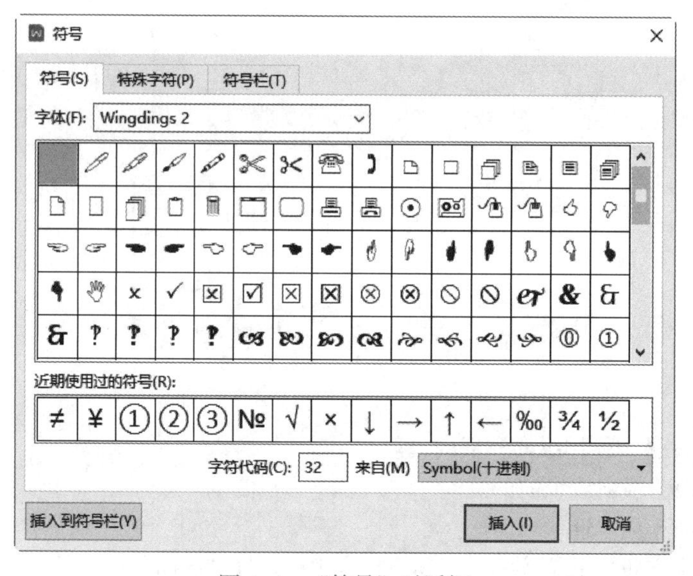

图 4-4 “符号”对话框

（1）移动光标

移动光标的方法主要如下：

① 利用鼠标移动光标，在指定位置单击即可。

② 利用键盘移动光标，各按键功能如表 4-1 所示。

表 4-1 光标移动键的功能列表

按 键	插入点的移动
【↑】/【↓】，【←】/【→】	向上 / 下移一行，向左 / 右侧移动一个字符
【Ctrl+←】/【Ctrl+→】	左移一个单词 / 右移一个单词

续表

按　键	插入点的移动
【Ctrl+ ↑】/【Ctrl+ ↓】	上移一段 / 下移一段
【Page Up】/【Page Down】	上移一屏（滚动）/ 下移一屏（滚动）
【Home】/【End】	移至行首 / 移至行尾
【Tab】	右移一个单元格（在表格中）
【Shift+Tab】	左移一个单元格（在表格中）
【Alt+Ctrl+Page Up】/【Alt+Ctrl+Page Down】	移至窗口顶端 / 移至窗口结尾
【Ctrl+Page Down】/【Ctrl+Page Up】	移至下页顶端 / 移至上页顶端
【Ctrl+Home】/【Ctrl+End】	移至文件开头 / 移至文件结尾

（2）字符的插入、删除和修改

① 插入字符。首先把光标移到准备插入字符的位置，在“插入”状态下输入待添加的内容即可。对新插入的内容，WPS 文字将自动进行段落重组。如系统处于“改写”状态，输入内容将代替插入点后面的内容。按【Insert】键可以在“插入”和“改写”状态之间进行切换。

② 删除字符。首先把光标移到准备删除字符的位置，删除光标后边的字符按【Delete】键，删除光标前边的字符按【Backspace】键。

③ 修改字符。有两种方法：

- 首先把光标移到准备修改字符的位置，先删除字符，再输入正确的字符。
- 首先把光标移到准备修改字符的位置，先选择要删除的字符，再输入正确的字符。

（3）行的基本操作

① 删除行。选定行后，按【Delete】键或【Backspace】键。

② 插入空行。在某两个段落之间插入若干空行，可将插入点移动到第一个段落结束处，按【Enter】键即可。

③ 整行的左右移动。设定一行内容居中、居左或居右，把插入点移到这行上，单击“开始”选项卡→“对齐方式”按钮，选择所需对齐方式即可。

④ 拆行。首先把光标定位到准备拆行的位置，根据需要执行下列操作之一：

- 按【Enter】键，产生一个段落结束标记↵，则把一行拆分为两行，且两行分属两个段落。
- 按【Shift+Enter】组合键，产生一个向下箭头标记↓，则把一行拆分为两个逻辑行，且两行属于一个段落。

⑤ 并行。有两种方法：

- 把光标移到前一行的结束处，按【Delete】键。
- 把光标移到后一行的开始处，按【Backspace】键。

（4）复制或移动文字和图形

在编辑 WPS 文字文档时，经常需要把某些内容从一处移到另一处，或把某些内容或格式复制到另一处或多处。通常的操作步骤如下：

① 选定要移动或复制的对象。

② 执行下列操作之一：

- 若要进行移动，单击“开始”选项卡→“剪切”按钮 剪切。
- 若要进行复制，单击“开始”选项卡→“复制”按钮 复制。

③ 如果要将所选对象移动或复制到其他文档，首先切换到目标文档。

④ 单击要显示所选对象的位置。

⑤ 单击“开始”选项卡→“粘贴”按钮。

⑥ 若要确定粘贴项的格式，可单击“开始”选项卡→“粘贴”按钮下拉箭头在下拉列表中选择“选择性粘贴”，如图 4-5 所示。

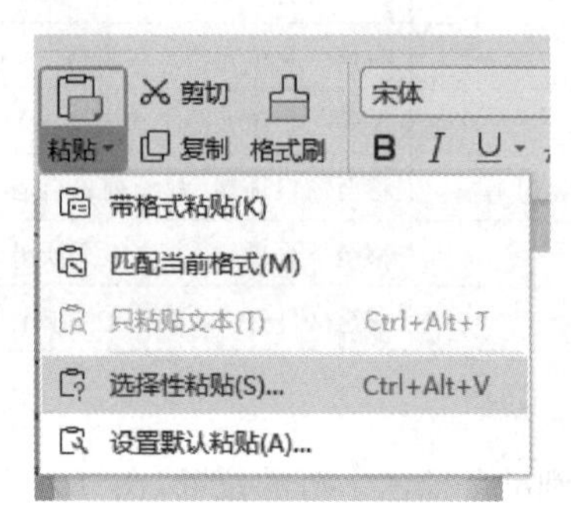

图 4-5 粘贴选项

（5）拖放式编辑功能

拖放式编辑功能详见微视频 4-10 拖放式编辑功能。

（6）WPS 剪贴板

微视频4-10 拖放式编辑功能

使用剪贴板可以从 WPS 文字或其他程序中收集文字、表格、数据表和图形等内容，再将其粘贴到 WPS 文字中。例如，可以从一篇 WPS 文字文档中复制一些文字，从 WPS 表格中复制一些数据，从 WPS 演示文稿中复制一个带项目符号的列表，再切换回 WPS 文字，把收集到的部分或全部内容粘贴到 WPS 文字中。

剪贴板可与标准的“复制”和“粘贴”命令配合使用。只要将对象复制到剪贴板中，需要时再将其粘贴到任何 WPS 文件中。在退出 WPS 之前，收集的对象都将保留在 WPS 剪贴板中。

（7）撤销和恢复操作

在编辑 WPS 文字文档时，如果发现某一操作有误，可以使用“撤销”和“恢复”功能。

4.2.3 保护文档

微视频4-11 为文档设置密码

若想限制他人浏览或编辑 WPS 文字文档，可以对文档进行保护，设置密码，或是限制编辑权限，详见微视频 4-11 为文档设置密码。

关闭文件后，若想再次打开 WPS 文字文档，需要输入设置的密码，如果忘记密码，则文档将处于锁定状态，不能显示内容。

4.2.4 文档的排版

微视频4-12 使用“字体”对话框设置字符格式

1. 字符格式设置

设置字符的基本格式是 WPS 文字对文档进行排版美化的最基本操作，其中包括对文字的字体、字号、字形、颜色和效果等字体属性的设置。

可以通过 4 种方式设置字符属性：使用“字体”对话框，使用格式工具栏，使用格式菜单和使用快捷键。

（1）使用“字体”对话框设置字符属性

“字体”对话框如图 4–6 所示，详见微视频 4–12 使用“字体”对话框设置字符格式。

①“字符边框”和“字符底纹”属性需要使用工具栏按钮设置，不能在“字体”对话框中设置。

② 在“字体”对话框中可同时设置其中的多个属性。

③ 使用“字体”对话框时，选择相应的选项即可，同时在预览区中可以看到选择效果。

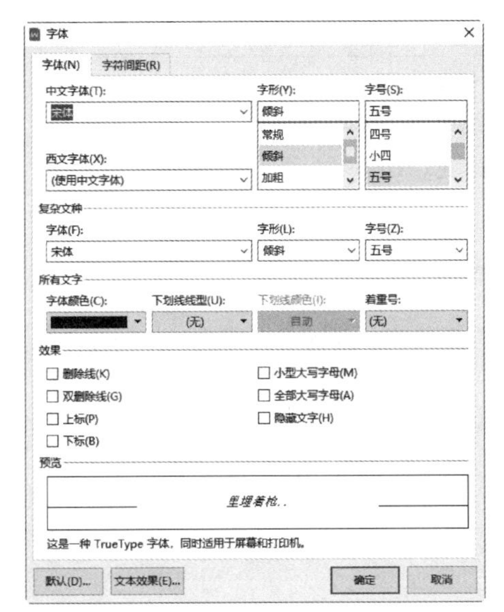

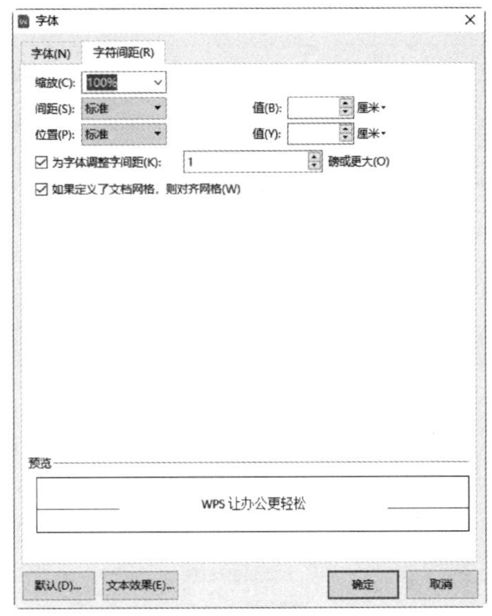

图 4–6　“字体”对话框

（2）使用工具栏按钮设置字符属性

使用工具栏按钮设置字符属性的基本操作步骤如下：

① 选择要设置文本格式的文本。

② 单击“开始”选项卡中相关命令按钮。

（3）通过浮动工具栏设置

浮动工具栏如下所示。

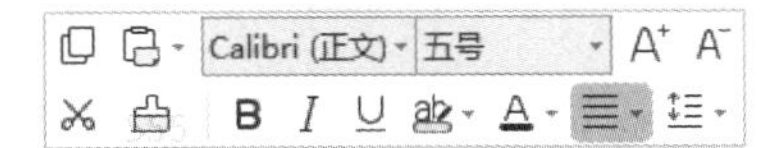

（4）使用快捷键设置字符属性

表 4–2 所示为设置字符属性的快捷键。

表 4–2　设置字符属性的快捷键

按　键	功　能
【Ctrl+Shift+C】	从文本复制格式
【Ctrl+Shift+V】	将已复制格式应用于文本
【Ctrl+Shift+>】	增大字号
【Ctrl+Shift+<】	减小字号
【Ctrl+]】	逐磅增大字号

续表

按　键	功　能
【Ctrl+[】	逐磅减小字号
【Ctrl+D】	更改字符格式（“格式”→“字体”命令）
【Shift+F3】	更改字母大小写
【Ctrl+B】	应用加粗格式
【Ctrl+U】	应用下画线格式
【Ctrl+I】	应用倾斜格式
【Ctrl+=（等号）】	应用下标格式（自动间距）
【Ctrl+Shift++（加号）】	应用上标格式（自动间距）

2. 中文版式

在 WPS 文字中，可以调整文件的中文版式。选择“文件”→“选项”命令，打开“选项”对话框，在左侧窗格单击“中文版式”选项，在右侧菜单中设置中文版式，如图 4-7 所示。

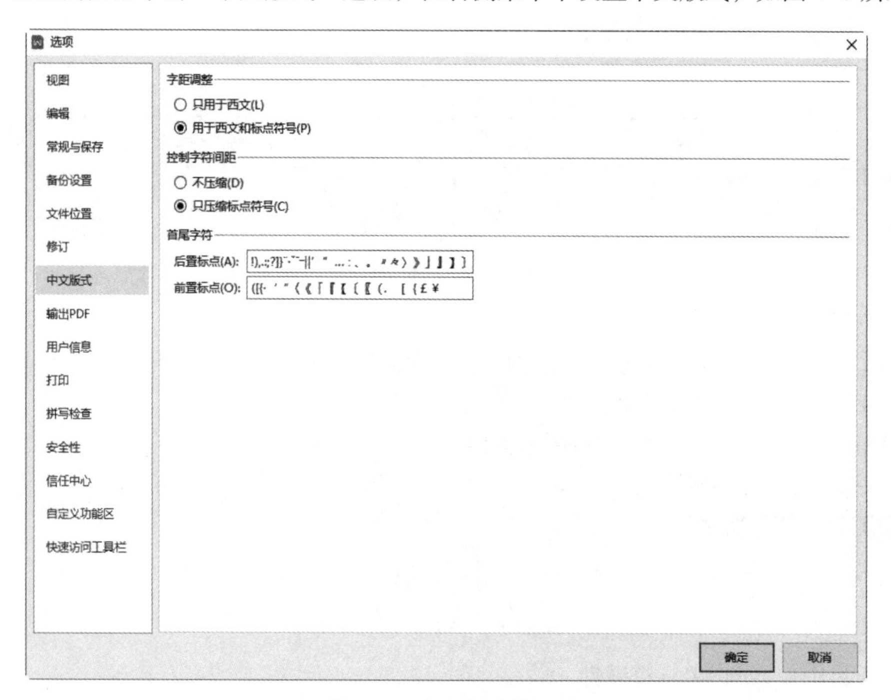

图 4-7　中文版式设置

除上述方法外，在“开始”选项卡中单击“中文版式”下拉按钮，也可为文件内容设置“合并字符”“双行合一”等中文版式。

3. 段落格式设置

文本的段落格式与许多因素有关，例如，页边距、缩进量、水平对齐方式、垂直对齐方式、行间距、段前和段后间距等，使用“段落”对话框可以方便地设置这些值。

（1）对齐方式

对齐方式分为水平对齐方式和垂直对齐方式两种。

① 水平对齐方式是指所选段落内容水平方向上的对齐方式，包括左对齐、右对齐、居中或两端对齐。两端对齐是指调整文字的水平间距，使其均匀分布在左右页边距之间。两端对齐是使两侧文字具有整齐的边缘

② 垂直对齐方式决定段落相对于上或下页边距的位置，这是很有用的，例如，当创建一个标题页时，可以很精确地在页面的顶端或中间放置文本。

（2）文本缩进

缩进决定了段落文本与左 / 右页边距之间的距离。调整缩进距离，可以创建反向缩进（即凸出），使段落超出左边的页边距。还可以设置悬挂缩进，使段落中的第一行文本不缩进，但是下面的行缩进。

（3）行间距与段间距

行间距是指从一行文字的底部到另一行文字顶部的间距，决定段落中各行文本间的垂直距离。WPS 文字可以调整行间距以容纳该行中最大的字体和最高的图形。行间距的默认值是单倍行距，意味着间距可容纳所在行的最大字体并附加少许额外间距。如果某行包含大字符、图形或公式，WPS 文字将增加该行的行距。如果一行中某些项目不能完整显示，用户可以增加行间距，使之完全表示出来。

段间距是指相邻两段之间的空白距离，其大小可以由用户自行设置。

（4）边框与底纹

为段落添加边框和底纹，可以突出重点，美化版面，详见微视频 4–13 设置段落的边框与底纹。

微视频4–13
设置段落的边框与底纹

（5）项目符号与编号

① 项目符号是指文档中并列内容前的统一符号，可以使文件条理分明、清晰易读。WPS 文字为用户提供了多种项目符号，用户还可以根据需要添加新的自定义项目符号，如图 4–8 所示。

② 编号与项目符号基本相同，只不过编号是连续的，使文件内容有条理地罗列出来，层次分明，重点突出。单击“开始”选项卡→“编号”下拉按钮，即可在其下拉列表中为选中的文本内容设置编号。

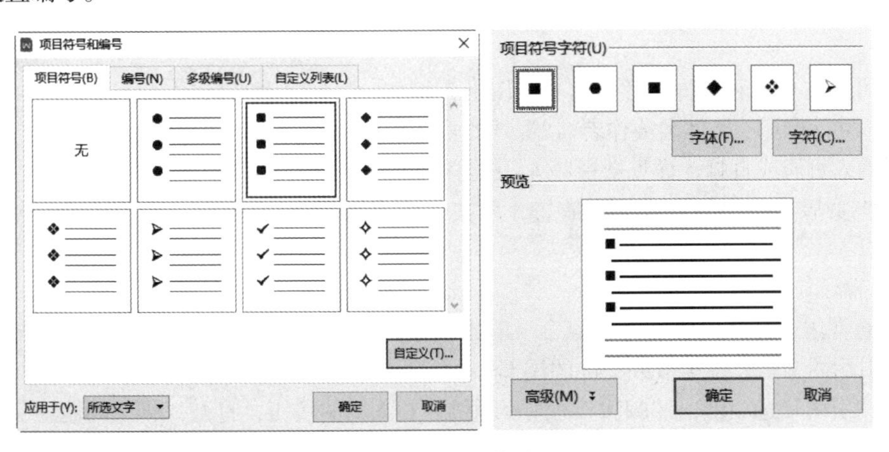

图 4–8　项目符号

（6）分栏

为选中段落分栏。默认状态下，WPS 文字文件的分栏格式是一栏，但用户可以进行复杂的分栏排版，在同一页中实现多种分栏形式，详见微视频 4-14 段落分栏。

微视频4-14
段落分栏

4. 分节符的使用

节是文件页面版式及格式设置的单位，结尾处以“分节符” ::::::::::::分节符(连续):::::::::: 标识。分节符包含节的格式设置元素，例如页边距、页面的方向、页眉和页脚，以及页码的顺序。默认状态下，WPS 文字将整个文件作为一节。若要在一页之内或不同页面之间采用不同的页面版式或格式，则要将文件按需分成多节进行设置，如图 4-9 所示。

在编辑文档前，最好先设置页面的一般形式，这样在编辑文档时更有针对性。设置页面的主要内容包括页眉页脚、脚注和尾注以及页面设置。……分节符(连续)……

（1）页眉页脚↵
页眉和页脚是文件中每个页面的顶部和底部区域，一般用来显示文件的附加信息。↵
用户可以在页眉和页脚中插入文本或图形，例如，页码、章节标题、日期、公司徽标、文件标题、文件名或作者名等。单击“插入”选项卡→“页眉和页脚”选项组中的按钮即可插入页眉或页脚。↵分节符(连续)

图 4-9 分节符与分栏效果

分节时，采用如下方法在节的结束位置插入分节符即可。

① 将光标定位到准备插入分节符的位置。单击“页面布局”选项卡→“分隔符”下拉按钮。

② 在打开的分隔符列表中，“分节符”区域有 4 种不同类型的分节符，选择合适的分节符即可。

5. 页面格式设置

在编辑文件前，最好先设置页面的格式，这样在编辑文件时更有针对性。设置页面格式包括页眉页脚、脚注、尾注以及页面设置。

（1）页眉页脚

页眉和页脚是文件中每个页面的顶部和底部区域，一般用来显示文件的附加信息。

微视频4-15
创建页眉和页脚

用户可以在页眉和页脚中插入文本或图形，例如，页码、章节标题、日期、公司徽标、文件标题、文件名或作者名等。单击“插入”选项卡→“页眉和页脚”按钮即可插入页眉或页脚，详见微视频 4–15 创建页眉和页脚。

若要将页眉页脚中的内容居中放置，可按一次【Tab】键；若要右对齐某项内容，按两次【Tab】键。

（2）脚注与尾注

脚注通常用于注释说明文件内容，一般出现在注释对象下方或其所在页面的底部；尾注则用于说明引用的文献，位于节或文件的尾部。

单击“引用”选项卡→“脚注 / 尾注分隔线”右下角的按钮，打开“脚注与尾注”对话框，选中“脚注”单选按钮，设置文件脚注格式；选中“尾注”单选按钮，设置尾注格式，单击“确定”按钮，即可为文件添加脚注和尾注，如图 4–10 所示。

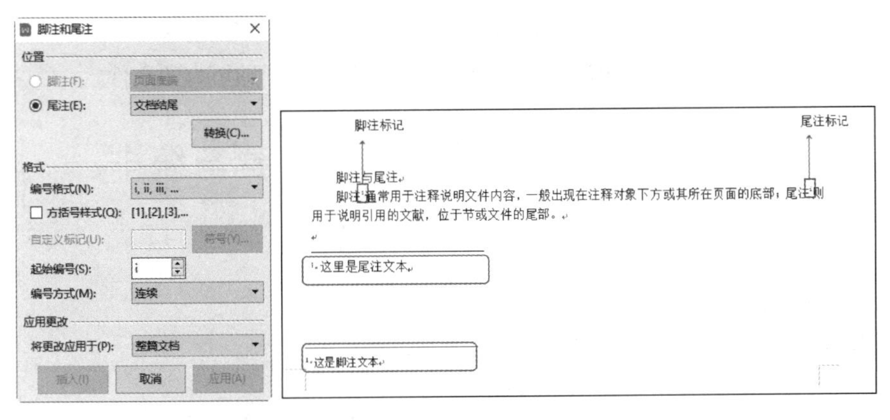

图 4–10　脚注与尾注

4.2.5　打印文件

创建好 WPS 文字文档后，有时需要将文档打印出来，下面介绍文档的打印功能。

1. 打印前的准备工作

在打印文档前要准备好打印机：接通打印机电源，连接打印机与主机，添加打印纸等。

2. 打印文档

一般情况下，打印前要预览打印页面，预览页面与最终的打印效果是否一致。在预览页面时，如果发现有不妥之处，可随时修正，既节约打印纸，又提高了工作效率。选择“文件”→“打印”命令，即可打开打印预览视图，如图 4–11 所示。用户可以在窗口左侧设置打印参数，在右侧即时预览打印效果。

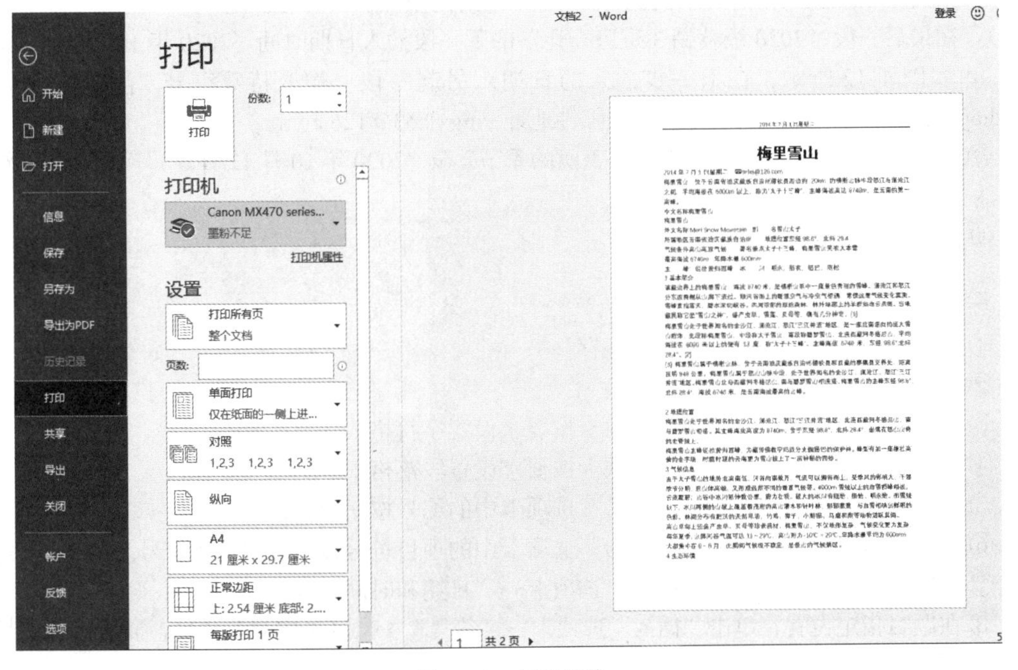

图 4–11　打印预览

3. 打印文件

在打印预览视图中设置好打印参数后，单击“打印”按钮，即可打印文件。

实训 1 WPS 文字文档的创建与编排

一、实训目的

① 掌握 WPS 文字的启动和退出方法。
② 熟悉 WPS 文字界面。
③ 掌握 WPS 文字文档的创建及保存方法。
④ 熟练输入文件内容，练习插入日期和时间、插入特殊符号等操作。
⑤ 练习文件内容的选定、复制及剪切操作。
⑥ 熟练设置文档的字体属性。
⑦ 熟练设置段落格式。
⑧ 掌握设置文档密码的方法。

二、实训任务

① 创建空白文档并保存，将其命名为“2020 级营销 3 班郊游通知 .wps”。
② 根据图 4-12 所示输入文件内容。
③ 设置第一段“关于…通知”字体为“微软雅黑”，字号为“三号”，粗体，居中。
④ 设置第二段“秋天是个…通知如下。”首行缩进 2 个字符，段前间距 2 行，段后间距 1 行。
⑤ 如图 4-12 所示，在活动主题、时间、地点、参加人员和行程安排前加入编号。
⑥ 如图 4-12 所示，在“5. 行程安排”中各段落前添加项目符号。
⑦ 在最后一段“2020 级营销 3 班班委会”的下一段插入日期时间“2020 年 10 月 12 日”。
⑧ 如图 4-12 所示，在上一步插入的日期后另起一段，输入特殊符号“🖃”（包含在 Windings 字体中），然后输入班级电子邮件地址 yingxiao3@126.com。
⑨ 设置正文及落款（从“秋天是个美丽的季节”至“2020 年 10 月 12 日”）字体为“宋体”，字号为“四号”，1.5 倍行距。
⑩ 为文档设置密码。

三、实训提示

① 创建空白文档，按指定文件名保存。
② 根据图 4-12 所示输入通知内容。
③ 选中第一段，应用“开始”选项卡按要求设置字符格式。
④ 选中第二段，应用“开始”选项卡按要求设置段落格式。
⑤ 选中题目指定内容，应用“开始”选项卡中的编号按钮设置编号。
⑥ 选中题目指定内容，应用“开始”选项卡中的项目符号按钮设置项目符号。
⑦ 在题目指定位置，单击“插入”选项卡→“日期和时间”按钮插入日期。
⑧ 在题目指定位置，单击“插入”选项卡→“符号”→“其他符号”项目，插入特殊符号。
⑨ 按照题目要求设置正文格式。
⑩ 应用“文件”选项卡→“文件信息”→“文件加密”命令为文件设置密码。

文件编辑结果如图 4–12 所示。

关于 2020 级营销 3 班郊游活动的通知

秋天是个美丽的季节。为了促进本班同学间的交流，营造和谐融洽的集体氛围，丰富同学们的校园生活，特在全班范围之内组织一次郊游活动。现将有关事项通知如下：

1. 活动主题：团结合作，亲近自然
2. 活动时间：2020 年 10 月 15 日
3. 活动地点：百望山森林公园
4. 参加人员：2020 级营销 3 班全体同学及特邀嘉宾
5. 行程安排
    - 8：00 至西校门集合，各宿舍舍长清点人数
    - 8：30 乘坐大巴车出发
    - 10：00 到达森林公园
    - 10：00–11：30 集体趣味游戏活动
    - 11：30–13：00 野餐
    - 13：00–15：30 自由活动
    - 15：30 乘坐大巴车返回学校

附：郊游计划书

中央民族大学 2020 级营销 3 班班委会

2020 年 10 月 12 日

yingxiao3@126.com

图 4–12　郊游通知样张

四、拓展思考与练习

① 如何将行程安排前的项目符号替换成自定义图片？

② 如何将电子邮件地址设置成超链接？

4.3　图文混排

4.3.1　插入图形

在单调的文件中插入图片、图形、艺术字等图形对象，可以使文件变得更加引人注目。同时，WPS 文字中也提供强大的美化图像功能，它可以使文件更加丰富多彩。

微视频4–16
插入并编辑图片

WPS 文字中可插入的图形类型有很多种，比如图片、自绘图形、艺术字、数学公式以及图形文件等，下面逐一介绍。

① 图片。WPS 文字可以显示和编辑多种格式的图片，详见微视频 4–16 插入并编辑图片。

② 自绘图形。图形可以调整大小、旋转、翻转、着色或者组合以生成更复杂的图形。许多图形都有调整控点，可以用来更改图形的大多数重要特性。可以将文本添加到图形中，添加的文本将成为图形的一部分，并随图形一起旋转或翻转。文本框可作为图形处理。它与图形的格式设置方式有很多相同之处，如设置填充颜色、边框及效果等。详见微视频 4–17 插入图形。

微视频4–17 插入图形

微视频4–18 插入艺术字

③ 艺术字。单击“插入”选项卡→“艺术字”下拉按钮，在其下拉列表中选择一种艺术字效果，即可在文件中插入艺术字。详见微视频 4–18 插入艺术字。

④ 数学公式。单击“插入”选项卡→“公式”按钮，打开“公式编辑器”用户自行创建公式，并将其插入到文件中，详见微视频 4–19 插入、编辑数学公式。

微视频4–19 插入、编辑数学公式

⑤ 智能图形。智能图形可以快速、轻松、有效地传达信息和观点。单击“插入”选项卡→“智能图形”按钮，在弹出的“选择智能图形”对话框中选择一种图形样式，如图 4–13 所示，即可在文件中插入所选图形。

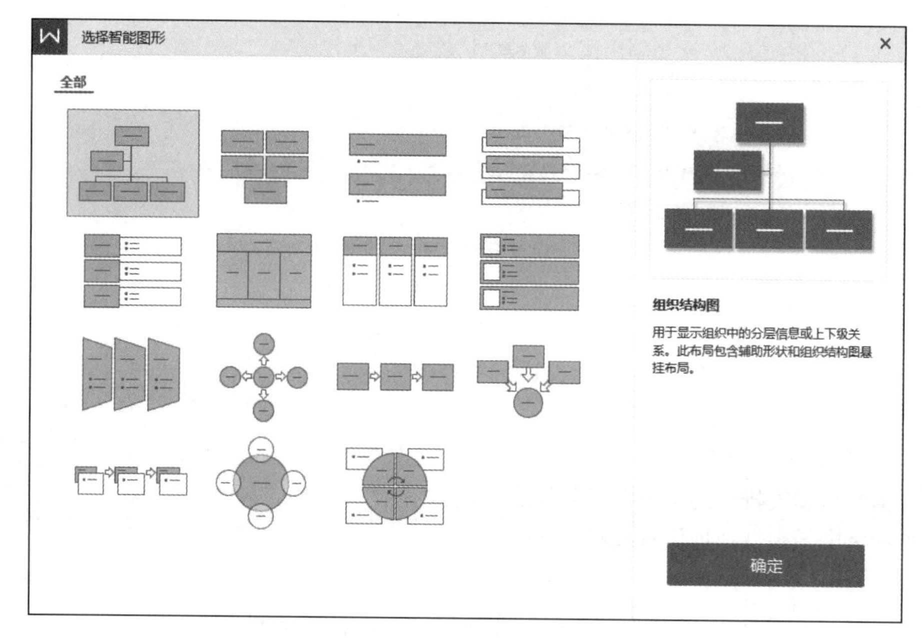

图 4–13 插入智能图形

4.3.2 文字图形效果

1. 首字下沉

首字下沉效果经常出现在报刊杂志中。文章或章节开始的第一个字字号明显较大并下沉数行，能起到吸引眼球的作用。在 WPS 文字中，设置这种效果非常简单：将光标置于需要设置的段落前，单击“插入”选项卡→“首字下沉”按钮，即可设置首字下沉效果。在弹出的“首字下沉”对话框中设置下沉的文字字体、下沉的行数和距正文的距离，如图 4–14 所示。

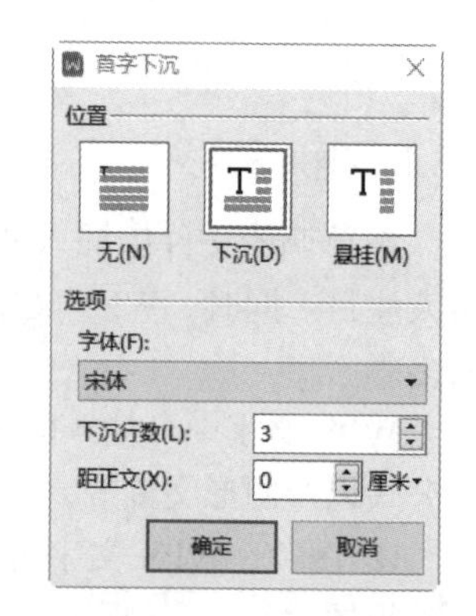

图 4–14 “首字下沉”对话框

设置首字下沉后，首字将被一个图文框包围，单击图文框边框，拖动控点可以调整其大小，里面的文字也会随之改变大小。

2. 调整文字方向

文字方向是指排版中文字的排列方向。为了满足不同的排版需求，WPS 文字中提供了图 4–15（a）所示的文字方向。

如果以上文字方向设置都没有你想要的效果。单击“页面布局”选项卡→“文字方向”→“文字方向选项”命令，出现图 4–15（b）所示对话框，在此处可以手动设置文字方向。

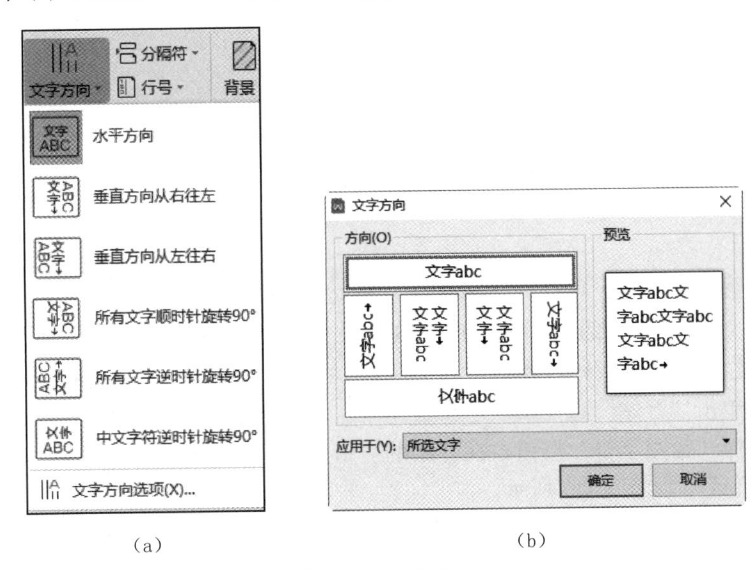

（a）　　（b）

图 4–15　文字方向

3. 给文本添加拼音

用户可以使用拼音指南功能查看 WPS 文字文档中汉字的读音，也可以为汉字添加拼音。

选择要添加拼音的文字，单击“开始”选项卡→“拼音指南”按钮，在打开的“拼音指南”对话框中可以对文字拼音的各项属性进行设置，单击“确定”按钮，即可对文字添加拼音，如图 4–16 所示。

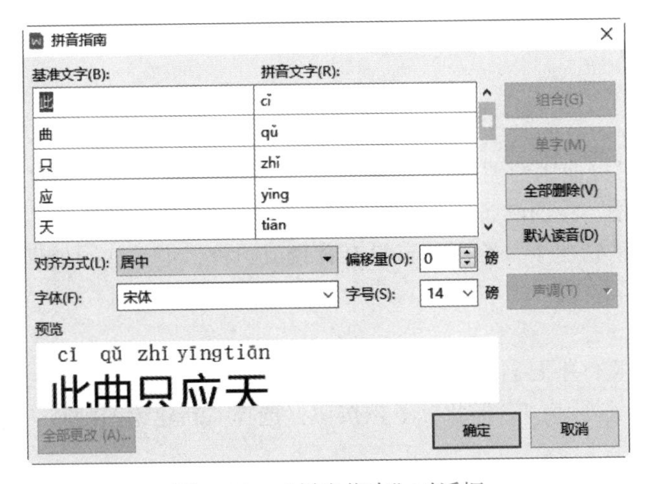

图 4–16　“拼音指南”对话框

在“拼音指南”对话框中，各个设置项的说明如表 4-3 所示。

表 4-3 拼音指南各项说明

设置项名称	说明
基准文字	在该文本框中显示要添加的文字
拼音文字	在该文本框中显示要添加的拼音
对齐方式	单击该下拉按钮，选择拼音与文字之间的对齐方式
偏移量	单击其微调按钮，将设置拼音与文字之间的行间距
字体	设置拼音在文件中显示的字体
字号	设置拼音在文件中显示的字号
组合	为多个文字添加拼音时，单击“组合”按钮，则设置拼音的对齐方式时，将所有字体组合到一起来设置
单字	将以单个文字为单位来设置拼音对齐

4. 带圈字符

有时为了加强文字效果，可以为文字或数字加上一个圈，以突出其意义，这些文字就称为带圈字符。在 WPS 文字中，可以轻松地为字符添加圈号，制作出各种各样的带圈字符。

选择文本，单击“开始”选项卡→“拼音指南”右侧的下拉箭头，在列表中选择“带圈字符”按钮，在弹出的“带圈字符”对话框中设置样式和圈号，如图 4-17 所示。

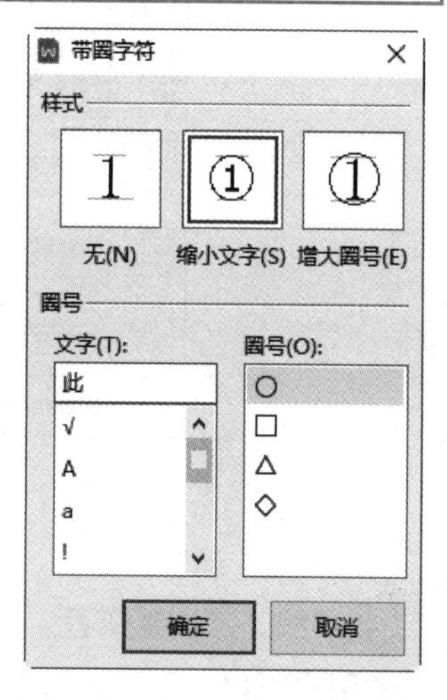

图 4-17 “带圈字符”对话框

4.3.3 插入文本框

文本框是一种可移动、可调大小的文字或图形容器。使用文本框，可以在一页上放置数个文字块，或使文字与文件中其他文字以不同的方向排列。

可以使用“绘图工具”选项卡中的工具来增强文本框的效果，如更改填充颜色等。文本框的添加与编辑方法与其他图形对象相同，详见微视频 4-20 插入、编辑文本框。

4.3.4 绘制图形

1. 绘制基本图形

（1）绘图画布

在 WPS 文字中可以使用绘图画布绘制图形。当图形对象包括几个图形时，使用绘图画布非常方便。绘图画布还在图形和文件的其他部分之间提供了一条类似框架的边界。在默认情况下，绘图画布没有背景或边框，但是如同处理图形对象一样，可以对绘图画布应用格式。

（2）创建绘图

① 将光标放置在文件中要创建绘图的位置。

② 单击“插入”选项卡→“形状”下拉按钮，选择“新建绘图画布”选项，绘图画布就插入文件中了。

③ 在“形状”下拉列表中选择所需的图形或图片。

2. 对齐、排列图形对象

在 WPS 文字中，可以方便地对图像元素进行对齐和排列等操作。

对齐图形对象：可以根据图形对象的边框、中心（水平）或中心（垂直）排列两个或更多图形对象，也可以根据整个页面或其他锁定标记的位置对齐一个或多个图形对象。对齐、排列图形对象的方式如图 4–18 所示。

分布图形对象：可以将图形对象垂直或水平等距分布。在对齐和分布图片前，必须先更改文字环绕方式，将“嵌入型”更改为“浮于文字上方”。

如果要将图片添加到图形中，可将图片的环绕方式设为浮动，然后将图片拖到目标位置。

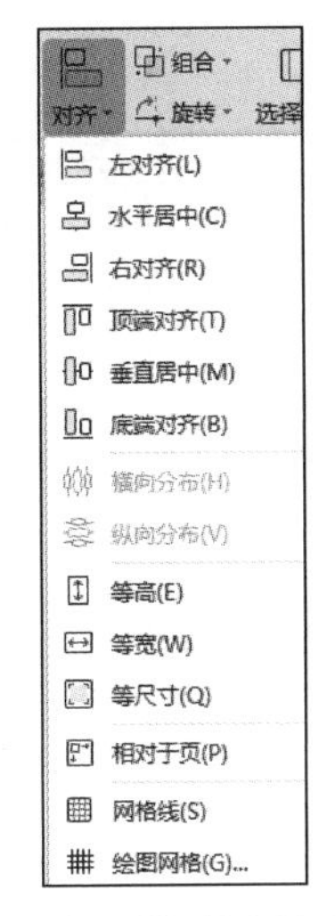

图 4–18　对齐、排列图形对象的方式

实训 2　图文混排

一、实训目的

① 掌握在 WPS 文字文档中插入各种图片文件的方法。

② 熟练设置艺术字格式。

③ 熟练应用文本框。

④ 练习在文件中应用文字图形效果。

⑤ 掌握绘制自选图形的方法。

二、实训任务

① 创建空白文档并保存，文件名为“春游邀请函 .wps”。

② 进行页面设置：纸张大小为“信封 Mornarch”，纸张方向为“横向”，页面背景为图片“背景 .jpg”。

③ 如图 4–19 所示，插入图片“鸟 .jpg”，设置自动换行方式为“浮于文字上方”，取消“锁定纵横比”，调整其大小，自行设置图片显示效果，并将其放置在页面左上角。

④ 如图 4–19 所示，插入文本框，输入邀请函内容，设置文本框字体为“宋体”，字号为“四号”。文本框填充颜色自选（可设置为无），无轮廓线，请自行设置其形状效果。

⑤ 如图 4–19 所示，插入艺术字，内容为“春来”，字体为“隶书”，字号为“四号”，自行设置字体颜色、艺术字样式和效果。

⑥ 在文件中绘制喜爱的图形。在其中添加文本：“憧憬一段任性的旅行，最好在青春飞扬的时节，最好有个遥远美丽的目的地，最好能伴阳光前行，最好，有你们。”。文本字体为“隶书”，四号字，自行设置文本颜色及图形的填充颜色、轮廓颜色、轮廓粗细、形状效果、大小和方向，将其放置到文件的下方。

⑦ 将艺术字“秋书”中的“秋”字设置成带圈字符，如图 4–19 所示。

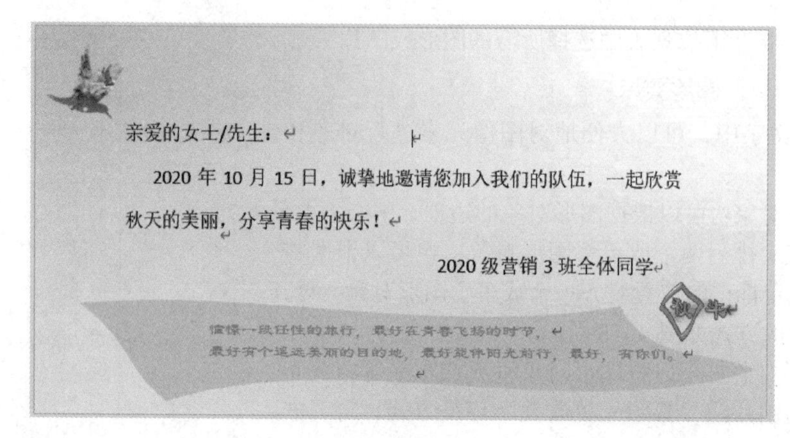

图 4–19　郊游邀请函

三、实训提示

① 创建一个空白文档，并按指定文件名保存。

② 应用“页面布局”选项卡中的按钮进行页面设置。

③ 单击“插入”选项卡→“图片”按钮插入图片。选中图片，选择上下文选项卡“图片工具”中的命令设置图片格式。

④ 应用“插入”选项卡→“文本框”下拉列表中的项目插入文本框。选中文本框，选择上下文选项卡“绘图工具”中的命令设置图片格式。

⑤ 应用“插入”选项卡→“艺术字”下拉列表中的项目插入艺术字。选中艺术字，选择上下文选项卡“绘图工具”中的命令设置艺术字格式。应用“开始”选项卡中的命令设置字体格式。

⑥ 应用“插入”选项卡→“形状”下拉列表中的项目插入图形。选中该图形，选择上下文选项卡“绘图工具”中的命令设置图形格式。应用“开始”选项卡中的命令设置字体格式。

⑦ 选中艺术字，应用“开始”选项卡→“带圈字符”按钮设置带圈字符。

⑧ 文档编辑结果如图 4–19 所示。

四、拓展思考与练习

① 练习多个自选图形的组合、排列和对齐。

② 请尝试对图形进行顶点调整，得到个性化形状。

③ 应用画布，将文件中的多种图片组合起来，并对它们进行快速对齐和排列。

④ 应用图片、图形、文本框、艺术字等图片对象设计个性化邀请函。

4.4　表格处理

4.4.1　创建表格

表格由行和列交叉组成。用户可以在行列交叉所得的单元格中填写文字或插入图片。表格可以用来组织和显示信息、快速引用和分析数据、进行排序及公式计算、创建有趣的页面版式，或创建 Web 页中的文本、图片和嵌套表格。

WPS 文字提供了以下几种表格的创建方法。

1. 自动插入表格

① 单击要创建表格的位置。

② 单击“插入”选项卡→“表格”下拉按钮，调出图 4–20 所示的下拉列表。

③ 拖动鼠标，选定所需的行、列数。

2. 使用“插入表格”

① 单击要创建表格的位置。

② 单击“插入”选项卡→“表格”下拉按钮，在下拉列表中选择“插入表格”，打开“插入表格”对话框。

③ 在“表格尺寸”下选择所需的行数和列数，如图 4–21 所示。

3. 绘制更复杂的表格

可以手动绘制复杂的表格，例如包含高度不同的单元格或每行包含的列数不同的表格。单击“插入”选项卡→“表格”下拉按钮，在下拉列表中选择“绘制表格”，用户可以创建自己所需的表格，详见微视频 4–21 绘制表格。

微视频4–21
绘制表格

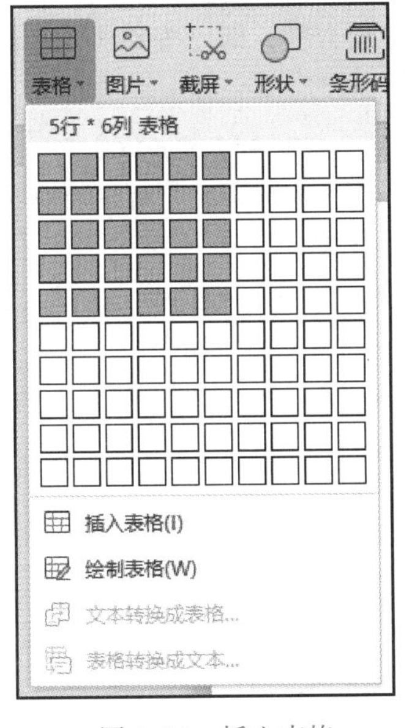

图 4–20　插入表格

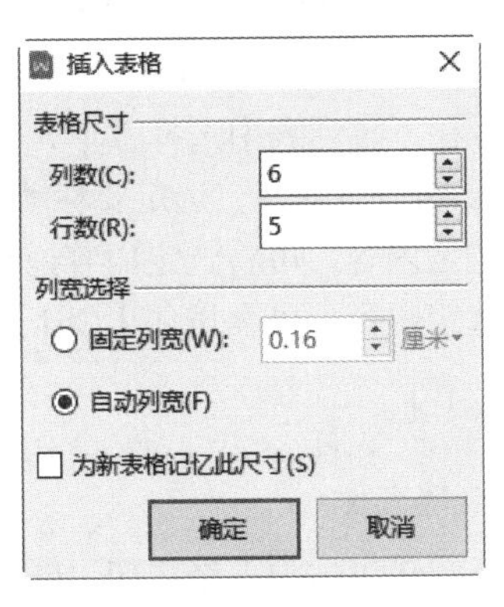

图 4–21　指定行、列数

4. 创建嵌套表格

若表格的单元格中又包含了表格，则称其为嵌套表格。将光标定位到已有表格的某个单元格中，使用上述“绘制表格”功能绘制一个新的表格，即可得到嵌套表格。也可以将一个已有表格复制并粘贴到另一个表格内，得到嵌套表格。

5. 设置表格属性

使用“表格属性”对话框可以方便地改变表格的各种属性，如对齐方式、文字环绕、边框和底纹、默认单元格边距、默认单元格间距，以及自动调整大小以适应内容、行、列、单元格，详见微视频 4–22 设置表格属性。

微视频4–22
设置表格属性

需要注意的是，WPS 文字能够依据分页符自动在新的一页上重复表格标题，如果在表格中插入了手动分页符，则 WPS 文字无法重复表格标题。

4.4.2 编辑表格

微视频4-23
表格的行、列操作

1. 行、列操作

为表格添加单元格、行或列的操作详见微视频 4-23 表格的行、列操作。

2. 单元格合并与拆分

WPS 文字可以将同一行或同一列中的两个或多个单元格合并为一个单元格，也可以将一个单元格拆分成多个，详见微视频 4-24 单元格的拆分与合并。

微视频4-24
单元格的拆分与合并

3. 拆分表格

方法 1：

① 要将一个表格分成两个表格，单击要成为第二个表格的首行的行。

② 单击“表格工具”→“拆分表格”。

方法 2：

选择要成为第二个表格的行或行中的部分连续单元格（不连续选择仅对选择区域的最后一行有效），然后按【Ctrl+Shift+Enter】组合键，即可按要求拆分表格。

4. 删除表格或清除其内容

可以删除整个表格，也可以清除单元格中的内容，而不删除单元格本身。

① 删除表格及其内容。单击表格，选择“表格工具”→“删除”，在下拉列表中选择“表格”。

② 删除表格内容。选择要删除的项，按【Delete】键。

③ 删除表格中的单元格、行或列。选择要删除的单元格、行或列，选择“表格工具”→“删除”命令，然后在下拉列表中选择“单元格”、“行”或“列”命令。

④ 移动或复制表格内容。选定要移动或复制的单元格、行或列，执行下列操作之一：

- 要移动选定内容，可将选定内容拖动至新位置。
- 要复制选定内容，可在按住【Ctrl】键的同时将选定内容拖动至新位置。

4.4.3 表格格式化

1. 表格外观格式化

表格外观格式化包括为表格添加边框和底纹、套用表格样式等。

（1）为表格添加边框

在 WPS 文字中操作表格时，单击“表格样式”选项卡→“边框”下拉按钮，在下拉列表中选择“边框和底纹”命令，在弹出的“边框和底纹”对话框中进行设置，如图 4-22 所示。同样也可以在“边框”下拉列表中选择一种边框样式对边框进行设置。

（2）为表格添加底纹

选择要添加底纹的区域，单击“表格样式”→“底纹”下拉按钮，选择一种色块，如“橙色”。也可以在“边框和底纹”对话框中单击“底纹”标签，在“填充颜色”下拉列表中选择一种色块。

（3）套用表格样式

WPS 文字为用户提供了多种表格样式，选择“设计”选项卡→“表格样式”下拉按钮，选择一种表格样式，即可套用表格样式，如图 4-23 所示。

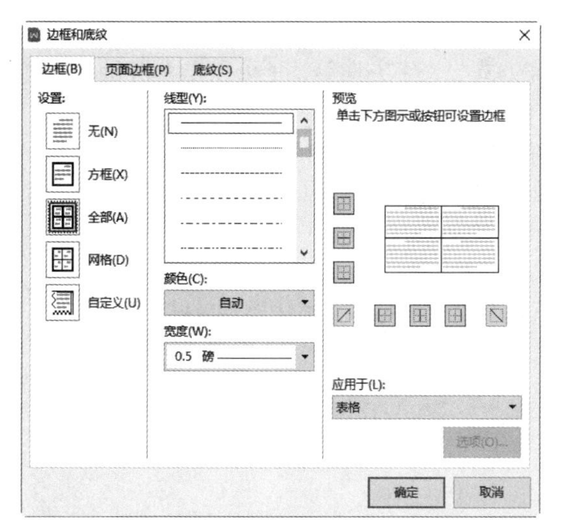

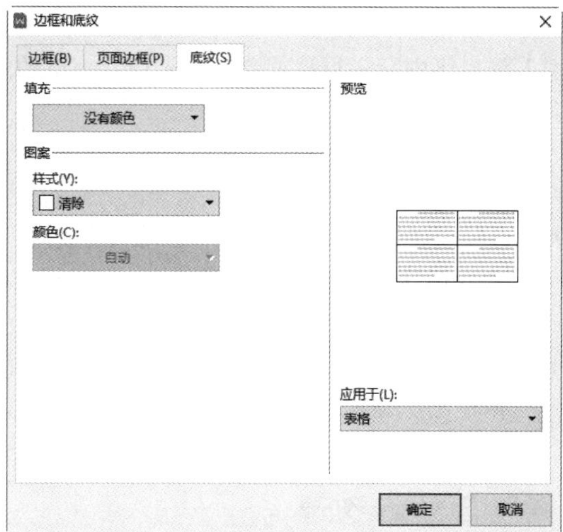

图 4–22　设置边框和底纹

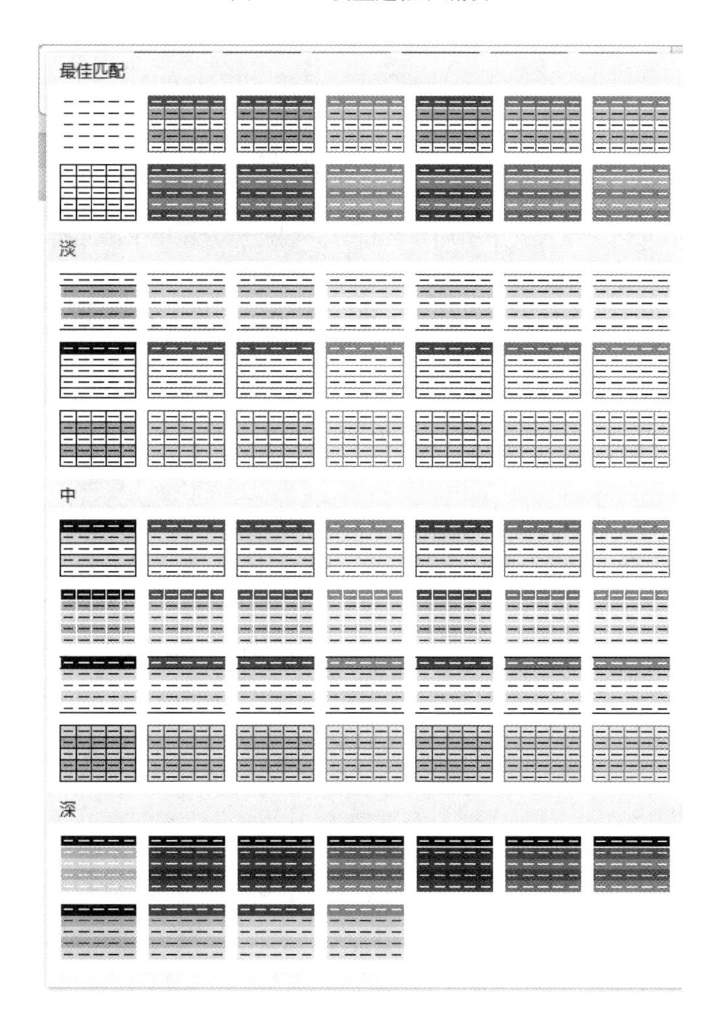

图 4–23　套用表格样式

2. 表格内容格式化

对表格内容进行格式化，除了设置表格的对齐方式、文字方向等，还可以在表格和文本间进行相互转换。

将文本转换成表格时，使用逗号、制表符或其他分隔符标记新的列开始的位置，方法如下。

① 在要划分列的位置插入所需的分隔符。例如，在一行有两个字的列表中，在第一个字后插入逗号或制表符，从而创建一个两列的表格。

② 选择要转换的文本。

③ 单击“插入”选项卡→“表格”按钮，在下拉列表中选择“文本转换成表格”命令。

④ 在“文字分隔位置”下单击所需的分隔符选项。

⑤ 单击“确定”按钮。

将表格转换成文本的操作步骤与此类似，只是在第 3 步中选择“表格转换为文本”即可。

4.4.4 表格数据处理

1. 表格计算

（1）在表格中进行计算

WPS 文字向用户提供了许多公式，如 average、sum、max、min 等。用户可以直接使用这些公式对表格中的数据进行计算。

在表格中进行计算时，可用 A1、A2、B1、B2 的形式引用表格单元格，其中字母表示“列”，数字表示“行”，如图 4-24 所示。

① 引用单独的单元格。在公式中引用单元格时，用逗号分隔单个单元格。

② 引用整行或整列。用以下方法在公式中引用整行和整列。

使用只有字母或数字的区域表示整行或整列。例如，1:1 表示表格的第一行。如果以后要添加其他的单元格，这种方法允许计算时自动包括一行中所有单元格。

③ 引用某个区域内的所有单元格。通过标识区域左上角和右下角的单元格表示整个区域。例如，a1:a3 表示只引用 a 列中的第 1 行到第 3 行，a1:c2 表示引用左上角为 a1 单元格、右下角为 c2 单元格的区域。

用户可以在计算公式中通过以上几种方式对指定单元格的内容进行计算，被引用的多个单元格或单元格区域间用英文逗号分隔，如图 4-25 所示。

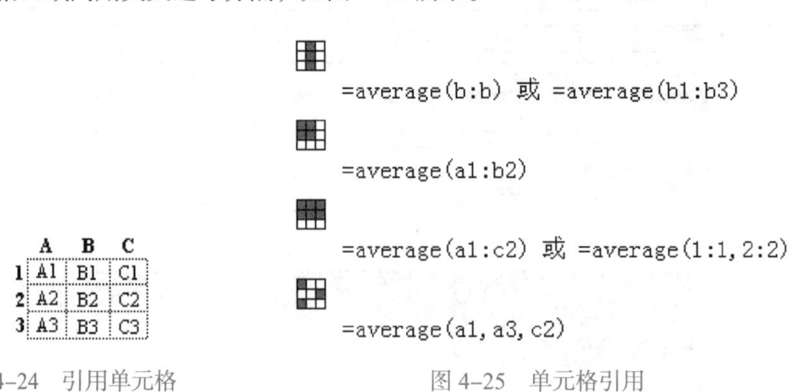

图 4-24 引用单元格　　图 4-25 单元格引用

（2）计算行或列中数值的总和

① 单击要放置求和结果的单元格，如表 4-4 所示，学生成绩表第一行的“总分”列。

② 选择“表格工具”选项卡“fx 公式”命令。

③ 如果选定的单元格位于一列数值的底端，WPS 文字将建议采用公式“=SUM（ABOVE）”进行计算。如果该公式正确，可单击“确定”按钮。如果选定的单元格位于一行数值的右端，WPS 文字将建议采用公式“=SUM（LEFT）”进行计算。如果该公式正确，可单击“确定”按钮。

表 4-4　学生成绩表

学号	姓名	性别	数学	语文	政治	物理	总分	平均分
070002	王坤	男	75	85	88	95	343	84.75
070003	李丽	女	96	98	86	96	376	85.75
070001	张辉	男	95	80	85	90	350	87.5

● 若单元格中显示的是大括号和代码（例如，{=SUM（LEFT）}）而不是实际的求和结果，则表明 WPS 文字正在显示域代码。要显示域代码的计算结果，可按【Shift+F9】组合键。

● 若该行或列中含有空单元格，则 WPS 文字将不对这一整行或整列进行累加。要对整行或整列求和，可在每个空单元格中输入零值。

（3）在表格中进行其他计算

在表格中进行其他计算，如计算表 4-4 第一行的平均分。

① 单击要放置计算结果的单元格。

② 选择“表格工具”“fx 公式”命令。

③ 若 WPS 文字提议的公式非所需，可将其从“公式”框中删除。不要删除等号，如果删除了等号，要重新插入。

④ 在“粘贴函数”框中单击所需的公式。例如，求平均，单击“AVERAGE”。

⑤ 在公式的括号中输入单元格引用，可引用单元格的内容。如果需要计算单元格 d2 至 g2 中数值的平均值，应建立这样的公式：=AVERAGE（d2:g2）。

⑥ 在“编号格式”框中输入数字的格式。例如，要以带小数点的百分比显示数据，可单击“0.00%”。

WPS 文字是以域的形式将结果插入选定单元格的。如果所引用的单元格发生了更改，可选定该域，然后按【F9】键刷新，即可更新计算结果。

2. 表格的排序

可以将列表或表格中的文本、数字或数据按升序（A 到 Z、0 到 9，或最早到最晚的日期）进行排序；也可以按降序（Z 到 A、9 到 0，或最晚到最早的日期）进行排序。在表格中对文本进行排序时，可以选择对表格中单独的列或整个表格进行排序，也可在单独的表格列中用多于一个的单词或域进行排序。

对“学生成绩表”按平均分降序排列，操作步骤如下。

① 选定要排序的表格。

② 选择“表格工具”→“排序”命令。

③ 打开“排序”对话框，选择所需的排序选项。

实训 3　表格处理

一、实训目的

① 掌握在 WPS 文字中创建表格的方法。

② 掌握表格、行、列、单元格的选择、插入、删除、合并与拆分。

③ 掌握表格样式的设置方法。

二、实训任务

① 创建 WPS 文字文档，将其命名为“个人简历 .wps”。

② 输入文件标题“个人简历”，字体为“宋体”，字号为“二号”，粗体，居中。

③ 如图 4-26 所示，输入“1、个人资料”……“5、自我评价”这五项内容

④ 如图 4-26 所示，在每一个项目下创建表格，通过插入、删除、拆分与合并得到样张中的表格。

⑤ 在表格中输入信息。

三、实训提示

① 创建空白文件，按指定文件名保存。

② 输入文件标题，应用“开始”选项卡按要求设置字体格式。

③ 输入文件小标题内容。

④ 在“1、个人资料”的下一行，应用“插入”选项卡，通过“表格”下拉列表插入一个 6 行 9 列的表格。按图 4-26 所示，对表格中的单元格进行合并与拆分。其他表格的创建同上。

⑤ 在表格中输入信息或插入图片。

⑥ 文件编辑结果如图 4-26 所示。

个人简历

1、个人资料

姓名	刘锡	性别	男	出生日期	1997.4.5	籍贯	西安	
学历	本科	专业	历史	毕业院校	中央民族大学			
身份证号码	110102199304053333							
现住地址	北京市海淀区			现工作单位	XX 公司			
职务	业务经理			联系电话	13506439123			
紧急联系人	张善			与人关系	堂兄	联系电话	13209874562	

2、实习经历

工作单位	受雇时间		部门	职位	月薪	离职原因
	由（年/月）	至（年/月）				
XX 公司	2015.1	2017.3	销售	业务员	2000	薪水低
XX 公司	2017.5	2020.1	销售	经理	5000	频繁出差

图 4-26　个人简历

3、申请职位

申请职位		希望薪金	可上班时间
第一选择	第二选择		
办公室主任	总经理秘书	8000	2020.4

4、（中学开始）/专业培训经历

学校/学院/大学	专业	完成年份		证书/文凭/学位
		起	止	
中央民族大学附中	文科	2010	2012	高中
中央民族大学	历史	2012	2015	本科

5、自我评价

- 爱国、爱党、爱人民
- 正直、善良、开朗
- 业务能力强，擅于人际交往

图 4-26　个人简历（续）

四、拓展思考与练习

① 将 WPS 表格中的内容复制粘贴到 WPS 文字文档中。

② 实现表格和文本的相互转换。

③ 用公式计算表格中的数据。

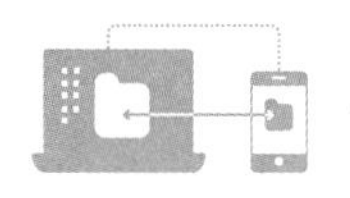

4.5　WPS 文字高级操作

4.5.1　样式与模板

1. 样式

（1）显示所有样式

要把样式应用到文件，先选中文字，然后从“开始”选项卡→“样式”的下拉列表中选择样式。

（2）去掉文本的一切修饰

假如用 WPS 文字编辑了一段文本，并进行了多种字符排版格式，有宋体、楷体，有上标、下标等。如果对这段文本中字符排版格式不太满意，可以选中这段文本，然后单击“开始”选项卡→“清除格式”按钮，则去掉选中文本的一切修饰，以默认的字体和大小显示文本。

（3）设置表格样式

在对表格设置样式时，如果在表格样式下拉列表中选择样式，样式会应用到表格中所有单元格。

如果想要修改一个单元格的样式，可以选中单元格，单击“边框”和“底纹”下拉按钮，为指定单元格设置样式。

2. 模板

所谓共用模板，就是模板中的全部样式和设置能够应用在所有的 WPS 文字新建文档中。在 WPS 文字中，最常用的共用模板就是 Normal.wpt。除此之外，用户可以根据实际需要设置自定义的共用模板。

4.5.2 文件修订

为了便于联机审阅，WPS 文字允许在文件中快速创建和查看修订和批注。为了保留文件的版式，WPS 文字在文件的文本中显示标记元素，而其他元素则在页边距上显示，如图 4–27 所示。

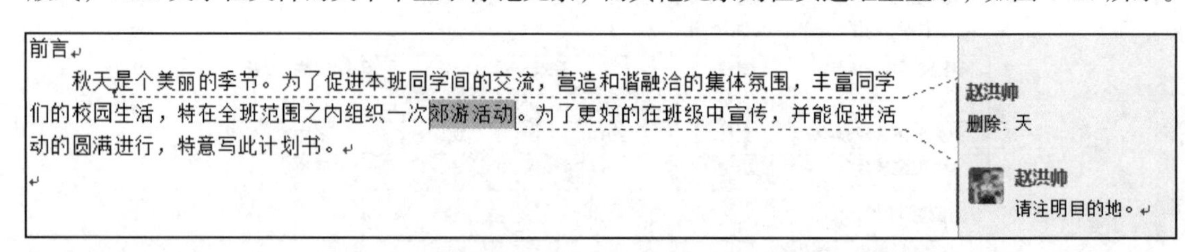

图 4–27 修订与批注标记

修订用于标记用户对文件所做的编辑操作，如删除、插入等。启用修订功能时，对文件的每一次插入、删除或格式更改都会被标记出来。用户可以接受或拒绝修订标记出的更改操作。选择“审阅”选项卡→“修订”命令，可以打开或关闭“修订”模式。

批注是作者或审阅者为文件添加的注释。批注不会影响到文件的格式，也不会被打印出来。

插入批注的操作步骤如下。

① 选择要设置批注的文本或内容，或单击文本的尾部。

② 选择“审阅”选项卡→“插入批注”命令。

③ 此时所选的文字将以“红色”括号括起来，并以“红色”底纹突出显示，而在右页边距位置显示批注框，在批注框中输入批注文字。

4.5.3 自动目录

目录是文件中标题的列表。可使用 WPS 文字中的内置标题样式和大纲级别格式来创建目录。

1. 添加标题样式

方法如下。

①选中要设置标题样式的文本。

②打开“开始”选项卡→“样式”下拉列表，在下拉列表中选择“标题 1”“标题 2”等标题，每级标题与大纲视图级别是一样的，如标题 1 在大纲视图中的级别为 1 级。

2. 创建目录

如果已经使用了大纲级别或内置标题样式，可按下列步骤操作。

① 单击要插入目录的位置（一般为文件首页）。

② 打开“引用”选项卡→“目录”下拉菜单，选择一种目录样式，即可在文件首页为单元格添加目录。

4.5.4 邮件合并

如果批量生成具有统一格式和相似内容的信函或文件，并使用电子邮件发送或统一打印，用户可以使用 WPS 文字的邮件合并功能。

1. 启用“信函”功能及导入收件人信息

① 打开通知，单击“引用”选项卡中的“邮件”按钮，出现“邮件合并”选项卡，如图 4–28 所示。

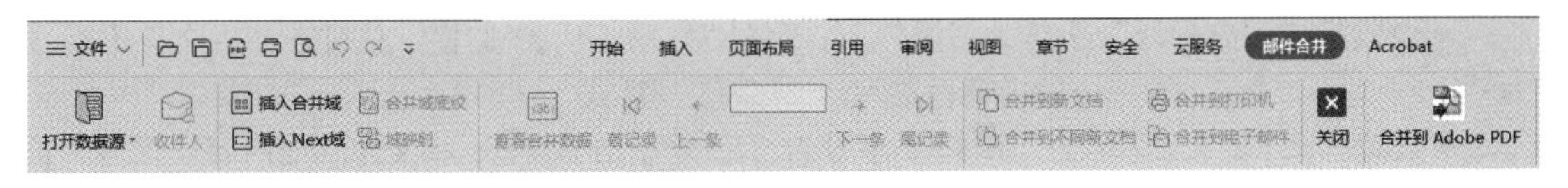

图 4–28　“邮件合并”选项卡

② 单击“打开数据源”下拉按钮，在其下拉列表中选择“打开数据源”选项。

③ 打开“选取数据源”对话框，在对话框的“查找范围”中选中要插入的收件人的数据源。

④ 单击“打开”按钮，打开“选择表格”对话框，在对话框中选择要导入的工作表。

⑤ 单击“确定”按钮，返回文件中。

2. 插入可变域

在文件中将光标定位到需要插入域的位置，单击“插入合并域”按钮，在“插入域”对话框中选择相应的“域”。

3. 批量生成通知

单击“合并到新文档”按钮，打开“合并到新文档”对话框，如果要合并全部记录，则选中“全部”单选按钮，如果要合并当前记录，则选中“当前记录”单选按钮，如果要指定合并记录，则可以选中最底部的单选按钮，并设置要合并的范围。选中“全部”单选按钮，直接单击“确定”按钮，即可生成“信函”文件，并将所有记录逐一显示在文件中。

4. 以“电子邮件”方式发送通知

① 单击“合并到电子邮件”按钮，打开“合并到电子邮件”对话框，在“邮件选项”栏下的“收件人”列表中选择收件人，在“主题行”文本框中输入邮件主题。

② 设置完成后，单击“确定”按钮，即可启用 Outlook，按照任务通知中的分公司邮件地址发送邮件。

实训 4　样式及自动目录的应用

一、实训目的

① 掌握样式的设置、修改和应用方法。

② 熟练掌握文字图形的设置方法，如首字下沉、添加拼音等。

③ 复习字符及段落格式化的方法，重点掌握分栏、字符边框及底纹、段落边框及底纹等。

④ 掌握页面设置的方法，如分页，设置页面背景、边框、页眉页脚等。

⑤ 复习图文混排方法，重点掌握数学公式的创建和编辑，熟悉应用不同自动换行方式的图片的显示效果。

⑥ 掌握在文件中添加脚注和尾注的方法。

⑦ 掌握自动生成目录的方法。

二、实训任务

① 修改样式，为文件各级内容应用样式。要求如下：

● 设置样式“标题”字体为“黑体”，字号为“小三”，加粗，左对齐；将文件中“前言”两个字及标号为“一、”“二、”……“七、”的内容设置为“标题”样式。

●设置样式“副标题”字体为“黑体”，字号为“小四”，加粗，左对齐；将文件中标号为“（一）”“（二）”……的内容设置为“副标题”样式。

●设置样式“正文”字体为“宋体”，字号为“五号”，两端对齐；将文件其他内容设置为“正文”样式。

② 设置前言段落“秋天是……计划书。”首字下沉，字体为“黑体”，下沉“2 行”，距正文“0.5 厘米”。

③ 设置文件标题“郊游活动计划书”字体为“微软雅黑”，字号为“一号”，粗体、居中；“20 级市场营销 3 班”字体为“微软雅黑”，字号为“小二”，粗体、左对齐；作者及其专业字体为“微软雅黑”，字号为“三号”，粗体，如图 4–29 所示。

④ 将现状分析部分的内容（“二、现状分析……同学的关爱。”）分成两栏，加分隔线。

⑤ 为“六、计划设计”中的第二项内容“（二）活动的要求……10. 关于本次活动的未尽事宜，将另行通知。”加段落边框，具体参数为方框、双实线、红色、0.5 磅；设置段落底纹为黄色。

⑥ 在文件作者姓名后面添加“分页符”，将文件封面和内容分为两页。

⑦ 为文件添加页眉页脚，页眉内容为“营销 3 班郊游计划书”，页脚内容为“- 页数 -”，自行设置页眉页脚的样式。

⑧ 如样张所示，为整篇文件设置背景颜色或背景图片及边框。其中颜色、图片、边框的样式自行设置。

⑨ 在“七、附录”中，删除“3. 相关费用的具体说明”后面的“（略）”，插入如下费用计算公式（用 WPS 文字提供的插入公式功能实现）。

$$\text{人均费用}=\frac{\text{车费}+\text{门票}\times\text{人数}+\text{饭费}+\text{各游乐项目费用}}{\text{人数}}$$

⑩ 为“四、计划方针”中“（二）活动内容”最后的“相关活动”添加脚注。脚注内容为“活动项目尚未确定，各位同学可于 10 月 10 日前向班委会提交活动策划书。”。为“前言”最后三个字“计划书”添加尾注，内容为“计划书由班委执笔，提交全体同学讨论。”。

⑪ 在作者姓名后面插入新的空白页，生成文件目录。设置目录文本字体为“微软雅黑”，字号为“小四”。

三、实训提示

① 单击“开始”选项卡，打开“样式”窗格，单击“标题”、“副标题”和“正文”的下拉按钮，修改其的格式。选中对象，应用各个样式。

② 光标定位到段落“秋天是……计划书。”，单击“插入”选项卡→“首字下沉”按钮设置首字下沉。

③ 应用“开始”选项卡中的工具设置文件标题及作者的字符格式。

④ 选中要分栏的内容，应用“页面布局”选项卡“分栏”下拉列表中的命令按要求分栏。

⑤ 选中指定段落，应用“开始”选项卡“边框和底纹”下拉列表中的“边框和底纹”命令设置段落的边框和底纹。

⑥ 将光标定位到作者姓名后面，单击“插入”选项卡→“分页”按钮分页。

⑦ 应用“插入”选项卡中的“页眉和页脚”工具为文件添加页眉页脚，格式可以自行设置。

⑧ 应用“页面布局”选项卡的工具设置页面的背景和边框。

⑨ 应用“插入”选项卡→“公式”下拉列表中的“插入新公式”命令编辑、插入公式。

⑩ 应用“引用”选项卡的工具添加脚注和尾注。

⑪定位光标到作者姓名后面，单击“插入”选项卡“空白页”按钮添加空白页。光标定位到空白页，应用“引用”选项卡→“目录”下拉列表→“插入目录”命令生成目录。文件结果样张如图4-29和图4-30所示。

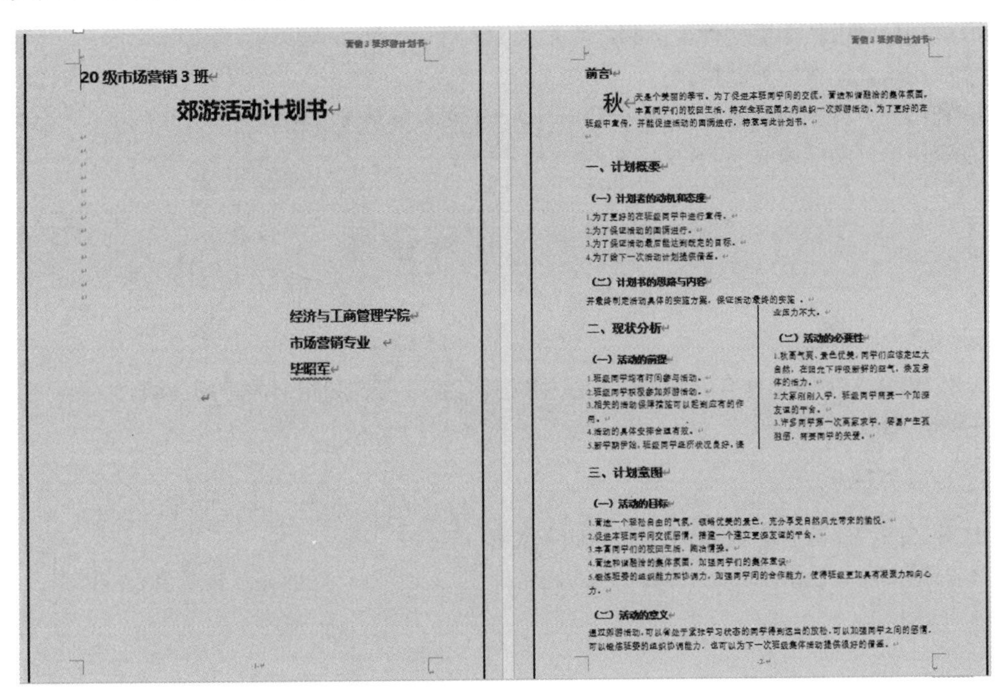

营销3班郊游计划书

20级市场营销3班

郊游活动计划书

经济与工商管理学院

市场营销专业

毕昭军

营销3班郊游计划书

前言

秋天是个美丽的季节，为了促进本班同学间的交流，营造和谐融洽的集体氛围，丰富同学们的校园生活，特在全班范围之内组织一次郊游活动。为了更好的在班级中宣传，并能促进活动的圆满进行，特撰写此计划书。

一、计划概要

（一）计划者的动机和态度

1.为了更好的在班级同学中进行宣传。

2.为了保证活动的圆满进行。

3.为了保证活动最后能达到既定的目标。

4.为了给下一次活动计划提供借鉴。

（二）计划书的思路与内容

并最终制定活动具体的实施方案，保证活动最终的实施。

二、现状分析

（一）活动的前提

1.班级同学均有时间参与活动。

2.班级同学积极参加郊游活动。

3.相关的活动保障措施可以起到应有的作用。

4.活动的具体安排合理有效。

5.新学期伊始，班级同学经济状况良好，课业压力不大。

（二）活动的必要性

1.秋高气爽、景色优美，同学们应该走近大自然，在阳光下呼吸新鲜的空气，焕发身体的活力。

2.大家刚刚入学，班级同学需要一个加深友谊的平台。

3.许多同学第一次离家求学，容易产生孤独感，需要同学的关爱。

三、计划意图

（一）活动的目标

1.营造一个轻松自由的气氛，领略优美的景色，充分享受自然风光带来的愉悦。

2.促进本班同学间交流感情，搭建一个建立更深友谊的平台。

3.丰富同学们的校园生活，陶冶情操。

4.营造和谐融洽的集体氛围，加强同学们的集体意识

5.锻炼班委的组织能力和协调力，加强同学间的合作能力，使得班级更加具有凝聚力和向心力。

（二）活动的意义

通过郊游活动，可以令处于紧张学习状态的同学得到适当的放松，可以加强同学之间的感情，可以锻炼班委的组织协调能力，也可以为下一次班级集体活动提供很好的借鉴。

图4-29 郊游计划书1

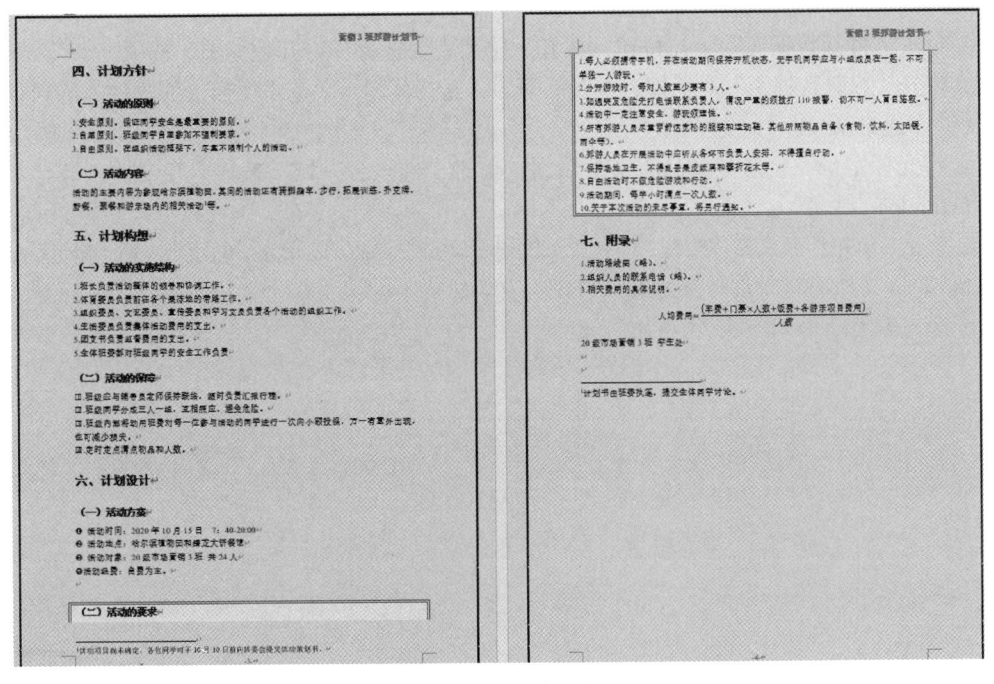

营销3班郊游计划书

四、计划方针

（一）活动的原则

1.安全原则，保证同学安全是最重要的原则。

2.自愿原则，班级同学自愿参加不强制要求。

3.自由原则，在组织活动框架下，尽量不限制个人的活动。

（二）活动内容

活动的主要内容为参观哈尔滨植物园，其间的活动还有蹬脚踏车，步行，拓展训练，外文牌，野餐，聚餐和游乐场内的相关活动[1]等。

五、计划构想

（一）活动的实施结构

1.班长负责活动整体的领导和协调工作。

2.体育委员负责前往各个集体地的带路工作。

3.组织委员、文艺委员、宣传委员和学习文员负责各个活动的组织工作。

4.生活委员负责整体活动费用的支出。

5.团支书负责监督费用的支出。

5.全体班委都对班级同学的安全工作负责

（二）活动的保障

□.班级应与辅导员老师保持联络，随时负责汇报行程。

□.班级同学分成三人一组，互相照应，避免危险。

□.班级内部将动用班费对每一位参与活动的同学进行一次向小额投保，万一有意外出现，也可减少损失。

□.定时定点清点物品和人数。

六、计划设计

（一）活动方案

- 活动时间：2020年10月15日 7：40-20:00
- 活动地点：哈尔滨植物园和绿龙大世餐馆
- 活动对象：20级市场营销3班 共24人
- 活动经费：自费为主。

（二）活动的要求

[1]活动项目尚未确定，各位同学可于10月10日前向班委会提交活动策划书。

营销3班郊游计划书

1.每人必须携带手机，并在活动期间保持开机状态，无手机同学应与小组成员在一起，不可单独一人游玩。

2.分开游玩时，每对人数至少要有3人。

3.如遇突发危险先打电话联系负责人，情况严重的须拨打110报警，切不可一人盲目施救。

4.活动中一定注意安全，游玩须理性。

5.所有郊游人员尽量穿舒适宽松的服装和运动鞋，其他所需物品自备（食物，饮料，太阳镜，雨伞等）。

6.郊游人员在开展活动中应听从各环节负责人安排，不得擅自行动。

7.保持场地卫生，不得乱丢果皮纸屑和攀折花木等。

8.自由活动时不做危险游戏和行动。

9.活动期间，每半小时清点一次人数。

10.关于本次活动的未尽事宜，将另行通知。

七、附录

1.活动路线图（略）。

2.组织人员的联系电话（略）。

3.相关费用的具体说明。

$$人均费用=\frac{(车费+门票\times人数+饭费+各游乐项目费用)}{人数}$$

20级市场营销3班 学生处

[1]计划书由班委执笔，提交全体同学讨论。

图4-30 郊游计划书2

四、拓展思考与练习

① 新建样式，格式化文件内容。
② 将文件各级内容标号改为“1”“1.1”“1.1.1”的形式，并将其和相应的样式关联起来。
③ 不应用标题样式，设置文件的大纲级别。
④ 应用导航窗格浏览文件、迅速定位。
⑤ 应用格式刷快速复制格式。
⑥ 利用分节符实现封面不设置页眉和页脚；正文页脚从 1 开始。
⑦ 应用修订功能修改 WPS 文字文档。

实训 5　邮件合并

一、实训目的

应用 WPS 文字的邮件合并功能，批量生成具有统一格式和相似内容的信函或文件，并用电子邮件发送或统一打印。

二、实训任务

① 对文件“郊游邀请函 .wps”应用邮件合并功能。
② 根据文件“通讯录 .et”中收件人的姓名，在“亲爱的”后面显示被邀请人的姓名。
③ 生成信函。

三. 实训提示

① 打开文件“郊游邀请函 .wps”，单击“引用”选项卡→“邮件”命令，出现“邮件合并”选项卡。

② 单击“打开数据源”下拉按钮，在其下拉列表中选择“打开数据源”选项。

③ 打开“选取数据源”对话框，在对话框的“查找范围”中选中要插入的收件人的数据源。导入文件“通讯录 .et”中收件人的姓名。

④ 将光标定位在“亲爱的：”文字后面，单击“插入合并域”按钮，在“插入域”对话框中选择相应的“姓名”。

⑤ 单击“合并到新文档”按钮，打开“合并到新文档”对话框，单击“确定”按钮，即可生成“信函”文件，并将所有记录逐一显示在文件中。

⑥ 文件编辑结果如图 4-31 所示。

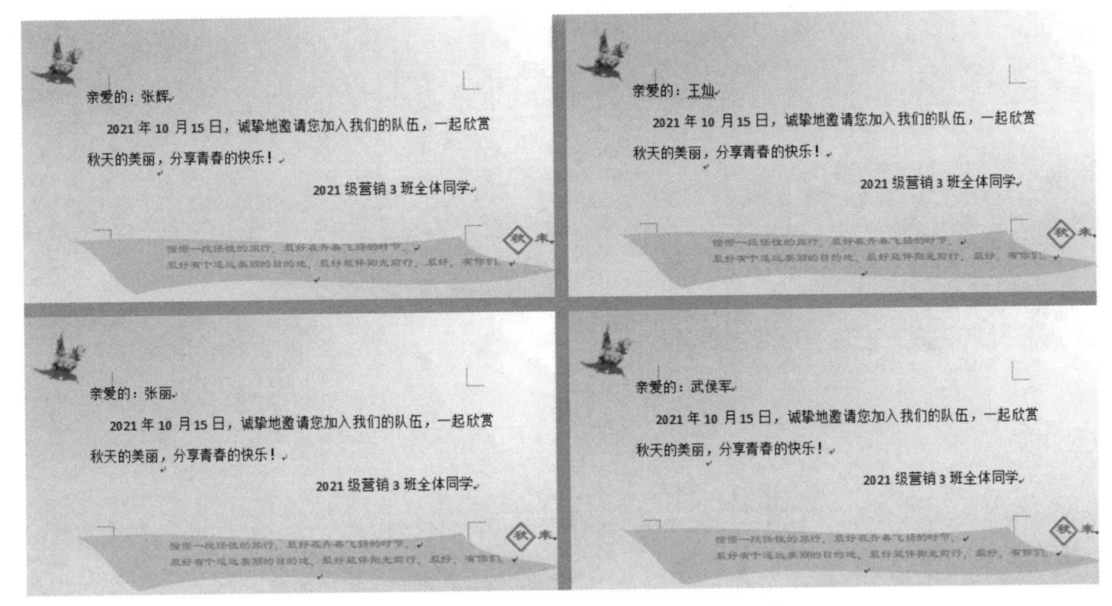

图 4-31 批量生成的邀请函

四、拓展思考与练习

批量生成邀请函，并用邮件发送。

第 5 章

电子表格

目前，在金融、管理、统计、财经等领域已经广泛应用计算机软件实现数据处理、统计分析和辅助决策等功能。WPS 表格是金山软件股份有限公司开发的 WPS Office 2019 系列软件之一，使用者众多，能够轻松实现日常办公数据的格式化存储、计算和分析工作。本章首先介绍了 WPS 表格的功能和特点，然后重点叙述应用 WPS 表格实现工作簿和工作表的创建与编辑、应用公式与函数进行统计计算、根据数据创建编辑图表，以及数据管理等操作的步骤与方法。WPS 表格的工作流程和数据处理方法，体现了信息时代数据共享和管理的基本思想，反映了数据信息化对提高工作效率和正确决策的重要作用。

5.1 中文 WPS 表格概述

5.1.1 认识 WPS 表格

WPS 表格中的工作簿扩展名为 .et，它是计算和存储数据的文件，是用户进行数据操作的主要对象和载体，也是 WPS 表格最基本的文件类型。

用户使用 WPS 表格创建表格、在表格中编辑数据，以及数据编辑完成后进行保存等一系列操作大都在工作簿中完成的。

一个工作簿可以由一个或多个工作表组成，默认情况下，新建的工作簿将以“工作簿 1”命名，之后新建的工作簿将以“工作簿 2”“工作簿 3”等依次命名。

通常，一个新工作簿中包含一个工作表，且该工作表被默认命名为“Sheet1”。

WPS 表格的基本功能如下。

① 表格编辑：编辑制作各类表格，利用公式对表格中的数据进行各种计算，对表格中的数据进行增、删、改、查找、替换和超链接，对表格进行格式化。

② 制作图表：根据表格中的数据制作出柱型图、饼图、折线图等各种类型的图表，直观地表现数据和说明数据之间的关系。

③ 数据管理：对表格中的数据进行排序、筛选、分类汇总操作，利用表格中的数据创建数据透视表和数据透视图。

④ 公式与函数：WPS 表格提供的公式与函数功能大大简化了 WPS 的数据统计工作。

⑤ 科学分析：利用系统提供的多种类型的函数对表格中的数据进行回归分析、规划求解、

方案与模拟运算等各种统计分析。

⑥ 分享文档：可以分享 WPS 的工作簿，供用户通过网络查看或交互使用工作簿数据。

5.1.2　WPS 表格的基本操作

1. WPS 表格的启动和退出

WPS 表格的启动、退出步骤同 WPS 文字类似，在此不再赘述。

2. WPS 表格应用程序窗口

（1）WPS 表格的窗口组成元素

WPS 表格工作窗口组成元素如图 5-1 所示，主要包括快速访问工具栏、选项卡、功能区、名称框、命令、编辑栏、工作表编辑区、状态栏等，用户可定义某些屏幕元素的显示或隐藏。详见微视频 5-1 WPS 表格窗口基本操作。

图 5-1　WPS 表格窗口组成元素

- 功能区：WPS 表格的功能区由选项卡和一些命令按钮组成，这里集合了 WPS 表格绝大部分的功能。
- 选项卡：位于功能区的顶部。默认显示的选项卡有开始、插入、页面布局、公式、数据、审阅、视图、安全和云服务，默认的选项卡为“开始”选项卡，用户单击选项卡即可选中它。
- 命令：命令的表现形式有下拉列表框、按钮下拉菜单或按钮，放置在功能区内。
- 快速访问工具栏：用于放置用户经常使用的命令按钮，单击按钮即可快速执行命令。用户可以自定义快速访问工具栏中的按钮。
- 名称框：用于显示工作簿中当前活动单元格的单元引用。
- 编辑栏：用于显示工作簿中当前活动单元格中存储的数据。

● 工作表编辑区：用于编辑数据的单元格区域，WPS 表格中所有对数据的编辑操作都在此进行。

（2）WPS 表格工作区操作术语

● 单元格：由行列相交处所构成的方格称为单元格。它是 WPS 表格的基本存储单元。

● 当前活动单元格：粗线方框围着的单元格是活动单元格，用户只可以在活动单元格中输入数据。单击任意一个单元格，可以使其成为活动单元格。

● 行标号：标记表格所在行的数字。

● 列标号：标记表格所在列的字符。

● 工作表标签：显示工作表的名称，单击即显示该工作表。

● 活动工作表标签：正在编辑的工作表的名称。

● 填充柄：位于活动单元格右下角，鼠标指针在此为实心十字，拖动填充柄可快速填充单元格。

● 标签滚动按钮：单击不同的标签滚动按钮，可以左右滚动工作表标签来显示隐藏的工作表。

● 工作表标签分割线：移动分割线可以增加或减少工作表标签在屏幕上显示的数目。

● 窗口水平和垂直拆分线：移动拆分线可把窗口从水平或垂直方向划分为 2 个或 4 个窗口。

查找命令

图 5-2　WPS 表格的帮助系统

3. WPS 表格的帮助系统

类似于 WPS 文字的帮助系统，在“云服务”选项卡右侧的“查找服务”文本框中输入内容，如图 5-2 所示。然后按照提示即可获取相应的帮助信息。

4. 建立工作簿

每个工作簿是多张电子表格（即工作表）的集合，视为一个 WPS 表格文件。WPS 表格工作簿的文件扩展名为“.et”。创建工作簿有 2 种方法：一是建立空白工作簿；二是使用模板创建。

（1）建立空白工作簿

① 启动 WPS 表格后，打开欢迎界面，如图 5-3 所示。

图 5-3　WPS 表格欢迎界面

② 单击下方的“新建”即创建一个新的空白工作簿。

（2）使用模板建立工作簿

使用模板建立工作簿的操作步骤如下。

① 启动 WPS 表格后，打开欢迎界面。

② 单击下方已有的模块，或在“搜索联机模板”文本框中输入要搜索的模板名称，按照相应的提示，即可完成利用模板创建工作簿。

5．工作表的基本操作

工作表是由行列构成的二维电子表格。每个工作表都有唯一名称进行标识，名称显示在工作表标签中。

（1）工作表的基本操作

用户可以对工作表进行重新命名、移动或复制、插入和删除操作，详见微视频 5-2 工作表的基本操作。需要注意的是，工作表被删除后，不可用“撤销”恢复。

微视频5–2
工作表的基本操作

（2）在工作表中滚动显示数据

当工作表的数据较多而一屏不能完全显示时，可以拖动垂直滚动条或水平滚动条来显示上下或左右的单元格数据，也可以单击滚动条两边的箭头按钮来显示数据。单元格操作也可使用键盘快捷键，如表 5–1。

表 5–1　选择单元格的快捷键

键盘快捷键	单元格操作
方向键（【↑】、【↓】、【←】、【→】）	向上、下、左或右移动一个单元格
【Ctrl+ 方向键】	移动到当前数据区域的边缘
【Home】	移动到行首
【Ctrl+Home】	移动到工作表的开头
【Ctrl+End】	移动到工作表的最后一个单元格，该单元格位于数据所占用的最右列的最下行中
【Page Down】	向下移动一屏
【Page Up】	向上移动一屏
【Alt+Page Down】	向右移动一屏
【Alt+Page Up】	向左移动一屏
【Tab】	在受保护的工作表上的非锁定单元格之间移动

（3）选择工作表

当输入或更改数据时，会影响所有被选中的工作表。这些更改可能会替换活动工作表和其他被选中的工作表上的数据。

选择工作表有以下操作方法。

① 选择单张工作表：单击工作表标签。如果看不到所需的标签，可单击标签滚动按钮来显示此标签，然后再单击它。

② 选择两张或多张相邻的工作表：先选中第一张工作表的标签，再按住【Shift】键，单击最后一张工作表的标签。

③ 选择两张或多张不相邻的工作表：单击第一张工作表的标签，再按住【Ctrl】键，单击其他要选择的工作表标签。

④ 工作簿中所有工作表：右击工作表标签，选择快捷菜单中的“选定全部工作表”命令。

要取消对多张工作表的选取，操作方法如下。

单击工作簿中任意一个未选取的工作表标签。若未选取的工作表标签不可见，可用右击某个被选取的工作表的标签，再选择快捷菜单上的“取消隐藏工作表”命令。

6. 单元格的基本操作

微视频5-3
单元格的基本操作

单元格操作包括以下几项，详见微视频 5-3 单元格的基本操作。

（1）清除单元格格式或内容

清除单元格，只是删除了单元格中的内容（公式和数据）、格式或批注，但是空白单元格仍然保留在工作表中。

（2）删除单元格、行或列

删除单元格，是从工作表中移去选定的单元格及数据，然后调整周围的单元格，填补删除后的空缺。

（3）插入空白单元格、行或列

用户可以在指定位置插入新的空白单元格、行、列。

（4）行列转换

把行和列进行转换，就是把复制区域的顶行数据变成粘贴区域的最左列，而复制区域的最左列变成粘贴区域的顶行。

（5）数据清单

数据清单，又称数据列表。它是工作表中一个数据连续的区域。它就像一张二维表，数据由若干行和若干列组成，行为记录，列为字段，每列有一个列标题，也称字段名称，每一列有相同类型的数据，如图 5-4 所示。

字段

记录

	A	B	C	D	E	F	G	H	I
1	学号	姓名	性别	民族	政治面貌	出生日期	所属院系	简历	照片
2	202001001	塔娜	女	蒙古族	团员	2003/1/30	01	组织能力强，善于表现自己	
3	202001002	荣仕月	男	壮族	群众	2003/7/9	01	组织能力强，善于交际，有上进心	
4	202001003	林若涵	女	汉族	团员	2002/12/3	01	有组织，有纪律，爱好相声和小品	
5	202001004	张是琦	女	白族	团员	2001/2/5	01	爱好：书法	
6	202001005	王祎玮	男	彝族	团员	2002/8/24	01	爱好：摄影	
7	202001006	邓怿晏	女	畲族	团员	2001/9/3	01	爱好：书法	
8	202001007	蒋雯	男	回族	团员	2003/1/10	01	组织能力强，善于交际，有上进心	
9	202001008	张楠	女	布依族	预备党员	2002/7/19	01	爱好：绘画，摄影，运动	
10	202001009	肖欣玥	女	回族	团员	2001/1/24	01	有组织，有纪律，爱好：相声，小品	
11	202001010	包成	男	蒙古族	团员	2003/12/9	01	有上进心，学习努力	
12	202002001	武宁睿	女	回族	团员	2003/7/9	02	爱好：绘画，摄影，运动 ，有上进心	
13	202002002	刘亭雨	女	汉族	团员	2001/5/26	02	组织能力强，善于交际，有上进心组织能力强，善于交际，有上进心	
14	202002003	金祥芸	女	汉族	预备党员	2002/12/19	02	善于交际，工作能力强	
15	202002004	苑嘉成	男	汉族	团员	2002/11/26	02	工作能力强，有领导才能，有组织能力	
16	202002005	袁铖晨	男	回族	团员	2001/9/10	02	工作能力强，爱好绘画，摄影，运动	
17	202002006	马越谦	男	白族	团员	2002/11/3	02	爱好：绘画，摄影，运动	
18	202002007	蓝卓然	女	彝族	预备党员	2002/11/4	02	有组织，有纪律，爱好：相声，小品	
19	202002008	白金梅	女	蒙古族	预备党员	2002/11/7	02	工作能力强，爱好绘画，摄影，运动	
20	202003001	王仪琳	男	回族	团员	2002/11/8	03	爱好：绘画，摄影，运动	
21	202003002	赵润生	女	汉族	团员	2001/3/1	03	有组织，有纪律，爱好：相声，小品	
22	202003003	唐可煜	女	汉族	团员	2002/3/2	03	善于交际，工作能力强	
23	202003004	李茹罕	男	回族	团员	2002/3/3	03	工作能力强，有领导才能，有组织能力	
24	202003005	阿谦诚	女	黎族	团员	2002/11/12	03	工作能力强，爱好绘画，摄影，运动	
25	202003006	黄小筱	男	回族	团员	2002/11/14	03	爱好：绘画，摄影，运动	

图 5-4 数据清单

数据清单中不能有空行或空列；数据清单与其他数据间至少留有一空行或一空列。

（6）移动行或列

用户也可以移动选定的整行或整列。

（7）移动或复制单元格

移动或复制单元格的操作步骤如下。

① 选定要移动或复制的单元格。

② 执行下列操作之一。

- 移动单元格：在“开始”选项卡中，单击“剪切”按钮，再选择粘贴区域的左上角单元格。

●复制单元格：在“开始”选项卡中，单击“复制”按钮，再选择粘贴区域的左上角单元格。

●将选定单元格移动或复制到其他工作表：单击“剪切”按钮或“复制”按钮，再单击新工作表标签，然后选择粘贴区域的左上角单元格。

●将单元格移动或复制到其他工作簿：单击“剪切”按钮或“复制”按钮，再切换到其他工作簿，然后选择粘贴区域的左上角单元格。

③ 单击“粘贴”按钮，也可单击“粘贴”按钮旁的下拉按钮，再选择下拉列表中的选项。

此外，还可以用鼠标拖动来进行移动或复制操作。

移动：先选定要移动的单元格或区域，然后用鼠标指针指向其边框线，鼠标指针变成“+”形，拖动到目的位置即可。

复制：先选定要移动的单元格或区域，然后用鼠标指针指向其边框线，鼠标指针变成“+”形，再按住【Ctrl】键并拖动到目的位置即可。

7. 保护工作表和工作簿

WPS 表格中可以隐藏、锁定数据或使用密码保护工作表和工作簿。这些功能有助于防止其他用户对数据进行不必要的更改。但 WPS 表格不会对工作簿中隐藏或锁定的数据进行加密。只要用户具有访问权限，并花费足够的时间，即可获取并修改工作簿中的所有数据。若要防止修改数据和保护机密信息，可将包含这些信息的所有 WPS 表格文件存储到只有授权用户才可访问的位置，并限制这些文件的访问权限。

（1）保护工作表

微视频5-4
保护工作表

① 设置允许用户进行的操作。为工作表设置允许用户进行的操作，可以有效保护工作表数据安全，详见微视频 5-4 保护工作表。

② 隐藏含有重要数据的工作表。除了可通过设置密码对工作表实行保护以外，还可利用隐藏行列的方法将整张工作表隐藏起来，以达到保护的目的。例如隐藏含有重要数据的工作表。

操作方法为：切换到要隐藏的工作表中，在“开始”选项卡中，单击“工作表”按钮，在下拉菜单中选中“隐藏和取消隐藏”命令，在子菜单中选中“隐藏工作表”命令，即可实现工作表的隐藏。

（2）保护工作簿

微视频5-5
保护工作簿

① 保护工作簿不被修改。如果不希望其他用户对整个工作表的结构和窗口进行修改，可以进行保护。

② 加密工作簿。如果工作簿中内容比较重要，不希望其他用户打开，可以给该工作簿设置一个打开权限密码，这样不知道密码的用户就无法打开工作簿了。

保护工作簿的操作详见微视频 5-5 保护工作簿。

实训 1　WPS 表格基本操作

一、实训目的

① 掌握 WPS 表格的启动与退出。

② 熟悉 WPS 表格的界面。

③ 熟练创建并保存 WPS 表格工作簿。

④ 掌握工作表的命名、移动、复制方法。

⑤ 练习录入各类型数据。

⑥ 掌握自动填充功能。

⑦ 为 WPS 表格工作簿设置保护密码。

二、实训任务

① 创建 WPS 表格工作簿，将其命名为“营销 3 班郊游拓展训练统计数据 .et”，并保存。

② 将工作表 Sheet1 命名为“郊游拓展训练数据”，并自行练习工作表的插入、删除、复制、移动、保护和隐藏。

③ 根据图 5-4 在上述工作表中录入数据。

④ 应用自动填充功能填充“学号”字段的数据。

⑤ 为工作簿设置密码。

三、实训提示

① 创建工作簿，保存，并按指定名称命名。

② 在工作表名称标签上右击，在弹出的快捷菜单中选择命令完成相应的操作。

③ 根据图 5-4 在上述工作表中录入数据。

④ 输入第一个编号，使用填充柄填充剩余数据。

⑤ 选择“文件”→“文件信息”→“文档加密”命令。

⑥ 工作簿编辑结果如图 5-5 所示。

	A	B	C	D	E	F	G	H	I	J	K
1	学号	姓名	性别	民族	出生日期	团队合作	体能	耐力	力量	组织能力	拓展训练总分
2	20200501	张茜	女	汉族	1991/2/10	4	5	3	4	5	
3	20200502	刘洋	男	苗族	1991/11/28	4	4	4	3	5	
4	20200503	赵阳	男	蒙古族	1990/6/1	4	3	3	5	3	
5	20200504	梁萧	男	汉族	1991/2/10	3	3	3	4	4	
6	20200505	苗鑫源	女	傣族	1990/1/15	4	5	5	5	5	
7	20200506	李一海	男	朝鲜族	1990/4/2	3	5	2	4	3	
8	20200507	王源	女	彝族	1990/3/22	5	3	4	4	4	
9	20200508	吕建强	男	汉族	1990/10/10	5	4	3	3	5	
10	20200509	孙楠	男	汉族	1990/5/9	3	5	4	3	3	
11	20200510	陆翔	男	壮族	1990/5/19	3	4	4	5	3	
12	20200511	潘玉欣	女	蒙古族	1990/6/21	3	5	4	3	5	
13	20200512	王建	男	苗族	1991/7/5	4	5	5	3	4	
14	20200513	李欣	女	朝鲜族	1991/11/2	5	5	5	5	5	
15	20200514	张海涛	女	朝鲜族	1990/8/8	5	3	3	4	4	
16	20200515	刘旭冉	女	苗族	1989/12/23	4	3	5	4	4	

图 5-5 “郊游拓展训练数据”工作表

四、拓展思考与练习

① 练习录入分数、时间以及用科学计数法表示的数据。

② 练习使用自动填充功能输入等差、等比数列，并自行创建填充序列。

5.2 表格创建及格式化

5.2.1 数据类型及数据输入

1. 常见数据类型

单元格中的数据有类型之分，常用的数据类型分为：文本型、数值型、日期/时间型和逻辑型。

① 文本型：由字母、汉字、数字和符号组成。

② 数值型：除了由数字（0～9）组成的字符外，还包括+、–、（、）、E、e、/、$、%，以及小数点“.”和千分位符“，”等字符。

③ 日期 / 时间型：输入日期 / 时间型时，要遵循 WPS 表格内置的一些格式。常见的日期时间格式为“yy/mm/dd”、“yy-mm-dd”和“hh:mm［:ss］［AM/PM］”。

④ 逻辑型：包括 TRUE 和 FALSE。

2. 数据输入

单击要选定的单元格或双击要选定的单元格，直接输入内容即可。

（1）文本型数据输入

① 字符文本：直接输入英文字母、汉字、数字和符号，如 ABC、姓名、a12。

② 数字文本：全部文本都是由数字组成的字符串。先输入单引号，再输入数字。如：'100081。

③ 单元格中输入文本的最大长度为 32 767 个字符。单元格最多只能显示 1 024 个字符，在编辑栏可全部显示。默认为左对齐。当文字长度超过单元格宽度时，如果相邻单元格无数据，则可显示出来，否则隐藏。

（2）数值型数据输入

① 输入数值：直接输入数字，数字中可包含一个千分位分隔符和小数点。如 123，300 表示 123300。如果在数字中间出现任一字符或空格，则认为它是一个文本字符串，而不再是数值，如 123A45、234 567。

② 输入分数：带分数的输入是在整数和分数之间加一个空格，真分数的输入是先输入 0 和空格，再输入分数，如 4 3/5、0 3/5。

③ 输入货币数值：先输入 $ 或￥，再输入数字，如 $123、￥345。

④ 输入负数：先输入减号，再输入数字，或用圆括号（ ）把数括起来，如 –234、（234）。

⑤ 输入科学计数法表示的数：直接输入，如 3.46E+10。

⑥ 数值数据默认为右对齐。当数据太长，WPS 表格自动以科学计数法表示。如输入 123456789012，显示为 1.23457E+11。当单元格宽度变化时，科学计数法表示的有效位数也会变化，但单元格存储的值不变。数字精度为 15 位，当超过 15 位时，多余的数字转换为 0。

（3）日期 / 时间型数据输入

① 日期数据输入：直接输入格式为“yyyy/mm/dd”或“yyyy-mm-dd”的数据，也可是“yy/mm/dd”或“yy-mm-dd”的数据。也可输入“mm/dd”的数据。如：2021/08/05，21-04-21，8/20。时间数据输入：直接输入格式为“hh:mm［:ss］［AM/PM］”的数据。如：9:35:45，9:21:30 PM。

② 日期和时间数据输入：日期和时间用空格分隔，如 2021-4-21 10:00:00。

③ 快速输入当前日期：按【Ctrl+；】组合键。

④ 快速输入当前时间：按【Ctrl+：】组合键。

日期 / 时间型数据系统默认为右对齐。当输入了系统不能识别的日期或时间时，系统将认为输入的是文本字符串。单元格太窄，非文本数据将以“#”号显示。

注意分数和日期数据输入的区别。如分数 0 3/6，日期 3/6。

（4）逻辑型数据输入

① 逻辑真值输入：直接输入“TRUE”。

② 逻辑假值输入：直接输入“FALSE”。

图 5–6 所示的工作表里包含了不同类型的数据。

	A	B	C	D
1	此列文本数据	此列数值数据	此列日期时间数据	此列逻辑数据
2	卓娜	2021	2021/4/21	TRUE
3	VUM	2021.05	10:00:00	FALSE
4	123a	198	5月2日	
5	100 081	20%	2021/5/3 9:58	

图 5-6　不同类型数据的输入

5.2.2　格式化工作表

微视频5-6
设置工作表的数据格式

1. 设置工作表的数据格式

在单元格中输入数据时，系统一般会根据输入的内容自动确定它们的类型、字体、大小、对齐方式等数据格式。用户也可以根据需要，在图 5-7 所示的对话框中选择数据类型，设置数据格式，详见微视频 5-6 设置工作表的数据格式。

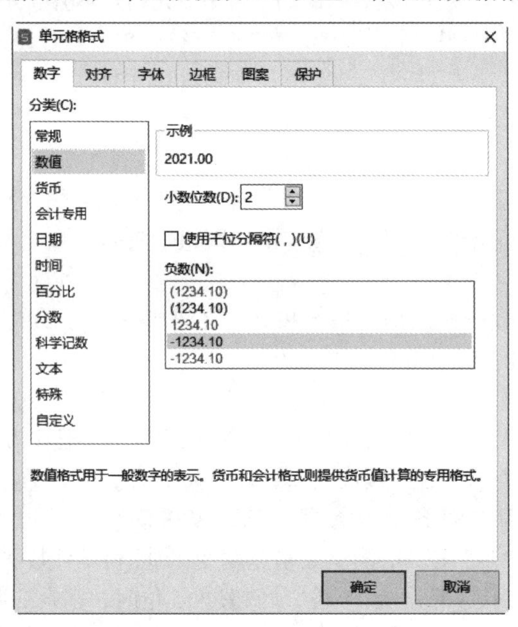

图 5-7　设置数据格式

微视频5-7
设置边框和底纹

2. 边框和底纹

设置边框和底纹的操作详见微视频 5-7 设置边框和底纹。

（1）设置边框

设置边框的对话框如图 5-8 所示。

（2）设置底纹

设置底纹的对话框如图 5-9 所示。

微视频5-8
设置条件格式

3. 条件格式

条件格式是指当指定条件为真时，系统自动应用于单元格的格式，如单元格底纹或字体颜色。例如，将就业行业是“金融”的数据以红色标记出来，详见微视频 5-8 设置条件格式。

如果要更改格式，在“开始”选项卡中单击“条件格式”按钮，在下拉列表中选择“管理规则”命令，打开“条件格式规则管理器”对话框，如图 5-10 所示，单击“编辑规则”按钮，即可进行更改。

要删除一个或多个条件，在图 5-10 所示对话框中选中要删除条件右侧的复选框，单击“删除规则”按钮即可。

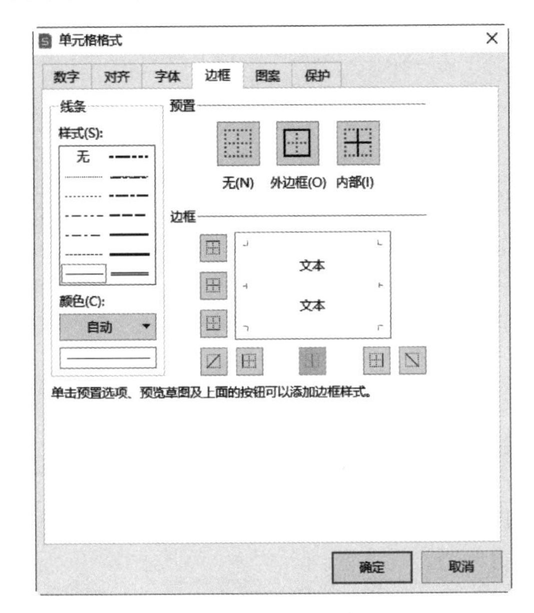

图 5-8　设置边框

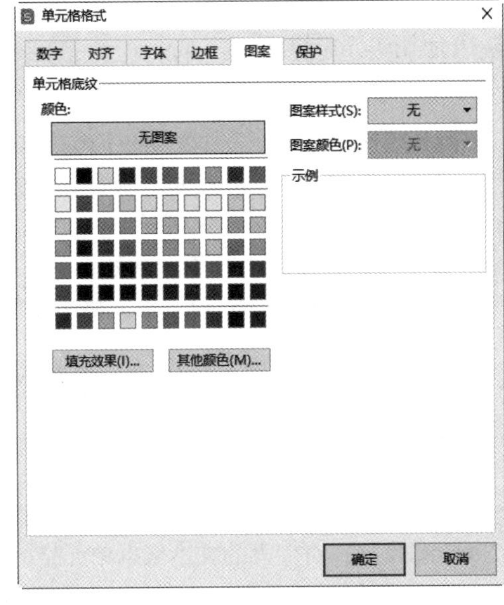

图 5-9　设置底纹

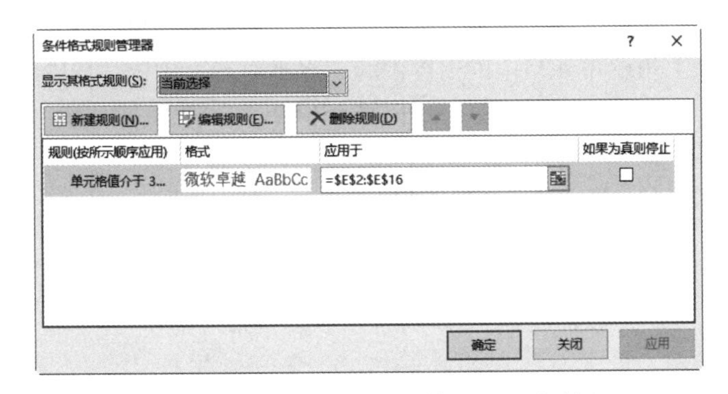

图 5-10　“条件格式规则管理器”对话框

4. 行高和列宽的设置

创建工作表时，在默认情况下，所有单元格具有相同的宽度和高度，输入的字符串超过列宽时，超长的文字在左右有数据时被隐藏，数字数据则以“#######”显示。可通过行高和列宽的调整来显示完整的数据。

（1）鼠标拖动

① 将鼠标指针移到列标或行号两列或两行的分界线上，拖动分界线以调整列宽和行高。

② 双击分界线，列宽和行高会自动调整到最适当大小。

③ 单击某一分界线，会显示有关的列宽度和行高度的信息。

（2）行高和列宽的精确调整

详见微视频 5-9 设置行高和列宽。

微视频5-9
设置行高和列宽

5. 表格样式

样式是格式的集合。样式中的格式包括数字格式、字体格式、字体种类、大小、对齐方式、边框、图案等。当不同的单元格需要重复使用同一格式时，逐一设置很浪费时间。如果利用系统的“样式”功能，便可提高工作的效率。WPS 表格的样式功能同 WPS 文字的样式功能类似，详见微视频 5-10 应用单元格样式。

6. 文本和数据

在默认情况下，单元格中数据的字体是宋体、11 号字。文本类型数据靠左对齐，数字类型数据靠右对齐。可根据实际需要重新进行设置。

微视频5-10
应用表格样式

设置文本字体的操作步骤如下。

① 选中要设置格式的单元格或文本。

② 选择快捷菜单中的“设置单元格格式”命令，打开其对话框。

③ 执行下列一项或多项操作：

在“开始”选项卡中，单击“字体设置”区域右下角的“对话框启动器”按钮，打开“单元格格式”对话框。在“字体”选项卡下，对“字体”、“字形”、“字号”、“下画线”和“颜色”等进行设置，基本同 WPS 文字。

在“单元格格式”对话框中，单击“对齐”选项卡，如图 5-11 所示，进行具体设置。

- 自动换行：对输入的文本根据单元格的列宽自动换行。
- 缩小字体填充：减小字符大小，使数据的宽度与列宽相同。如果更改列宽，则将自动调整字符大小。此选项不会更改所应用的字号。
- 合并单元格：将所选的两个或多个单元格合并为一个单元格。合并后的单元格引用为最初所选区域中位于左上角的单元格中的内容。和“水平对齐”中的“居中”按钮结合，一般用于标题的对齐显示，也可用工具栏上的“合并及居中”按钮完成此种设置。
- 文字方向：选择选项以指定阅读顺序和对齐方式。
- 方向：用来改变单元格中文本旋转的角度。

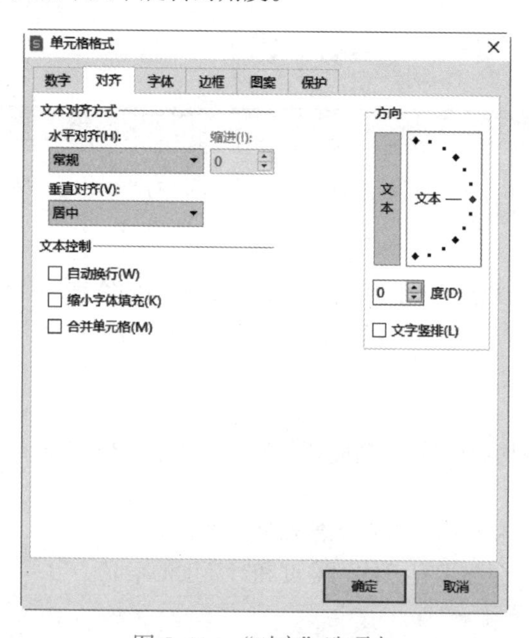

图 5-11 “对齐”选项卡

单击“确定”按钮完成设置。

7. 套用表格样式

利用 WPS Office 系统的“套用表格样式”功能，可以快速地对工作表进行格式化，使表格变得美观大方。操作步骤如下。

① 选中要设置格式的单元格或区域。

② 在“开始”选项卡中，单击“表格样式”按钮，展开下拉列表，如图 5-12 所示。

③ 选择一种格式并单击即可应用。

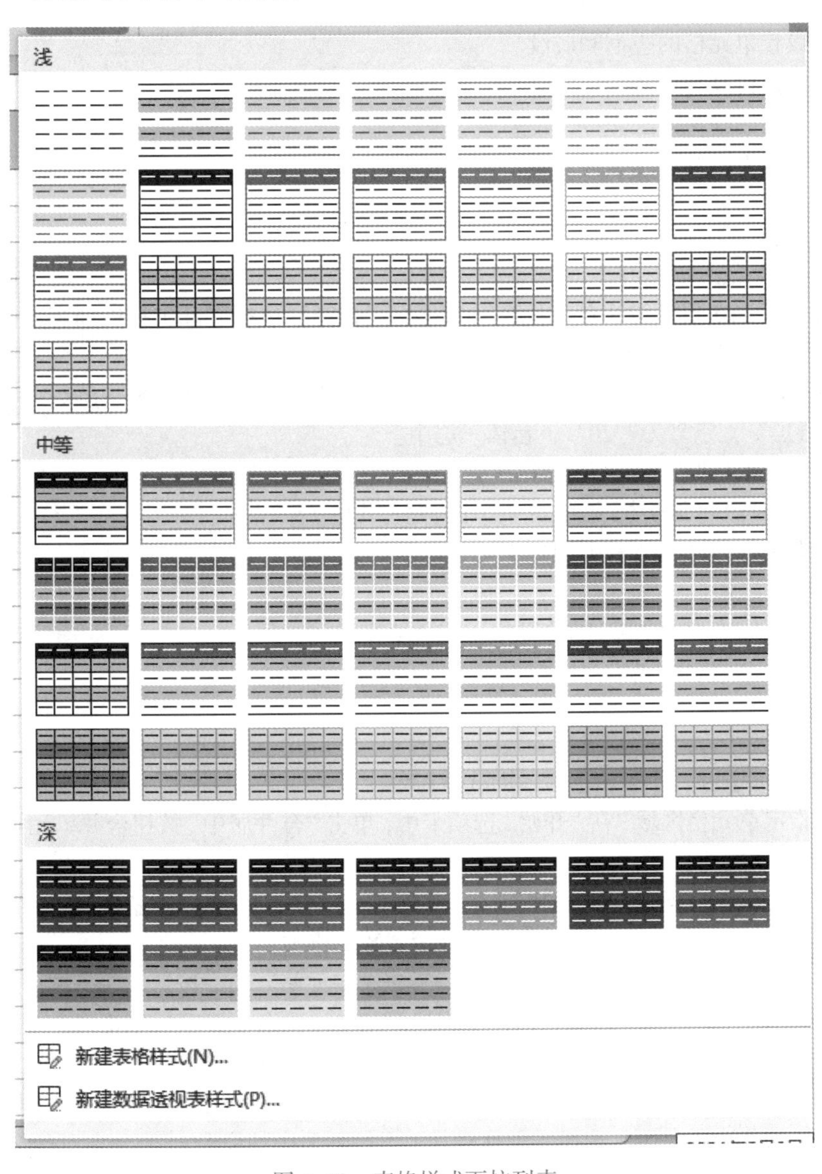

图 5-12　表格样式下拉列表

实训2 表格编辑及格式化

一、实训目的

① 练习选定连续或不连续的单元格、区域、行或列。

② 掌握单元格的合并与拆分操作。

③ 掌握修改、移动、复制、清除单元格中的数据或格式的方法。

④ 熟练设置单元格的数据格式。

⑤ 熟练设置单元格的边框和底纹。

⑥ 熟练设置行高与列宽。

⑦ 掌握行列的隐藏方法。

⑧ 熟练套用表格及单元格样式。

⑨ 熟练应用条件格式。

二、实训任务

① 打开“营销3班郊游拓展训练统计数据”工作簿，选择“郊游拓展训练数据”工作表，练习选定连续或不连续的单元格、区域、行或列。

② 在第1行前插入一行，合并A1:K1单元格，输入文字“郊游拓展训练数据”，设置其字体为“微软雅黑”，字号为“20”，粗体，居中。

③ 设置“出生日期”字段为年月日格式（如“1991年1月1日”）。

④ 设置A1:K17区域边框为粗实线、外边框、蓝色。

⑤ 设置第1行行高30，E列列宽17。

⑥ 隐藏学号字段。

⑦ 将团队合作能力为“5”的单元格用蓝色填充。

⑧ 自行练习套用表格或单元格样式。

三、实训提示

① 使用【Ctrl】键、【Shift】键辅助选定对象。

② 选中指定单元格区域，在“开始”选项卡中，单击“合并居中”按钮合并单元格。录入文字，并选中，设置文字字符格式。

③ 在“开始”选项卡中，单击“单元格”命令按钮，在下拉列表中选择“单元格格式”命令，或者在指定区域右击，使用快捷菜单中的命令设置数据格式。

④ 选中指定区域，在“开始”选项卡中，单击“单元格”命令按钮，在下拉列表中选择“单元格格式”命令，或者在指定区域右击，使用快捷菜单中的命令设置数据格式。

⑤ 在“开始”选项卡中，单击“行和列”按钮，在下拉列表中选择“行高”或“列宽”命令。

⑥ 在“开始”选项卡中，单击“行和列”按钮，在下拉列表中选择“隐藏和取消隐藏”命令。

⑦ 在“开始”选项卡中，选择“条件格式”下拉列表中的命令。

⑧ 在“开始”选项卡中，单击“表格样式”按钮，进行相应的设置。

⑨ 工作表编辑结果如图5-13所示。

郊游拓展训练数据

姓名	性别	民族	出生日期	团队合作	体能	耐力	力量	组织能力	拓展训练总分
张茜	女	汉族	2001年2月10日	4	5	3	4	5	
刘洋	男	苗族	2001年11月28日	4	4	4	3	5	
赵阳	男	蒙古族	2000年6月1日	4	3	3	5	3	
梁萧	男	汉族	2001年2月10日	3	3	3	4	4	
苗鑫源	女	傣族	2000年1月15日	4	5	5	5	5	
李一海	男	朝鲜族	2000年4月2日	3	5	2	4	3	
王源	女	彝族	2000年3月22日	5	3	4	4	4	
吕建强	男	汉族	2000年10月10日	5	4	3	3	5	
孙楠	男	汉族	2000年5月9日	3	5	4	3	3	
陆翔	男	壮族	2000年5月19日	3	4	4	5	3	
潘玉欣	女	蒙古族	2000年6月21日	3	5	4	3	5	
王建	男	苗族	2001年7月5日	4	5	5	3	4	
李欣	女	朝鲜族	2001年11月2日	5	5	5	5	5	
张海涛	女	朝鲜族	2000年8月8日	5	3	3	4	4	
刘旭冉	女	苗族	2000年12月23日	4	3	5	4	4	

图 5-13　“郊游拓展训练数据”工作表

四、拓展思考与练习

保护工作表中指定的数据不被修改。

5.3　公式与函数

5.3.1　WPS 表格公式

WPS 表格中除了进行一般的表格处理工作外，它的数据计算功能也是其主要功能之一。公式就是进行计算和分析的运算表达式，它可以对数据进行加、减、乘、除等运算，也可以对文本进行比较等运算。

1. 标准公式

单元格中只能输入常数和公式。公式以“=”开头，后面是用运算符把常数、函数、单元格引用等连接起来的有意义的表达式。在单元格中输入公式后，按【Enter】键即可确认输入，这时显示在单元格中的将是公式计算的结果。函数是公式的重要成分。

标准公式的形式为“=操作数和运算符”。

操作数为具体引用的单元格、区域名、区域、函数及常数。

运算符表示执行哪种运算，具体包括以下运算符。

① 算术运算符：( )、%、^、*、/、+、-。

② 文本字符运算符：&（它将两个或多个文本连接为一个文本）。

③ 关系运算符: =、>、>=、<=、<、<>(按照系统内部的设置比较两个值, 并返回逻辑值“TRUE”或“FALSE”)。

④ 引用运算符：引用是对工作表的一个或多个单元格进行标识，以告诉公式在运算时应该引用的单元格。引用运算符包括：“:”（区域）、“,”（联合）、“空格”（交叉）。区域表示包括引用区域内的所有单元格，A1:D4 表示引用左上角 A1、右下角为 D4 的区域内所有的单元格；联合表示多个区域，如 B2:B6,E3:F5 表示引用 B2:B6 和 E3:F5 这两个区域内的所有单元格；交叉表示引用两个区域交叉部分的单元格，如 B1:E4 C3:G5 表示引用 B1:E4 区域和 C3:G5 区域交叉部分的单元格。

运算符的优先级：算术运算符>字符运算符>关系运算符。

2. 创建和编辑公式、公式错误检查。

微视频5-11
创建和编辑公式

① 创建和编辑公式。操作方法：选定单元格，在其单元格中或其编辑栏中输入或修改公式，详见微视频 5-11 创建和编辑公式。

② 公式错误检查：就像语法检查一样，WPS 表格用一定的规则检查公式中出现的问题。这些规则不保证电子表格不出现问题，但是对找出普通的错误会大有帮助。

问题可以由两种方式检查出来：一种是像拼写检查一样：另一种是立即显示在所操作的工作表中。当找出问题时，会有一个三角显示在单元格的左上角，单击该单元格，在其旁边出现一个按钮，单击此按钮，出现图 5-14 所示的选项菜单。第一项是发生错误的原因，可根据需要选择编辑修改、忽略错误、错误检查等操作来解决问题。

常出现错误的值如下。

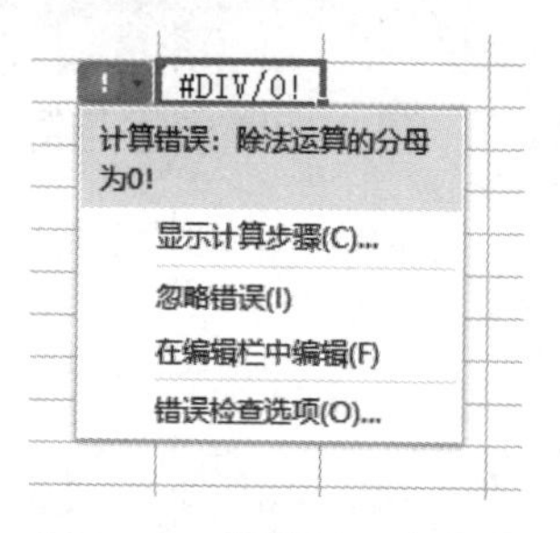

图 5-14 错误更正及选项

- #DIV/0！：被除数字为 0。
- #N/A：数值对函数或公式不可用。
- #NAME？：不能识别公式中的文本。
- #NULL！：使用了并不相交的两个区域的交叉引用。
- #NUM！：公式或函数中使用了无效数字值。
- #REF！：无效的单元格引用。
- #VALUE！：使用了错误的参数或操作数类型。
- #####：列不够宽，或者使用了负的日期或负的时间。

③ 复制公式。复制公式可以避免大量重复输入相同公式的操作，方法有以下两种。

●利用填充柄。操作方法为：选定原公式单元格，拖动其填充柄到最后一位，即可计算并填上每个同学的综合评定成绩。

●利用“复制”“粘贴”命令或按钮。操作方法为：选定原公式单元格，再选择“复制”命令，然后再选中要粘贴公式的单元格，最后选择“粘贴”命令，将公式粘贴到新的位置。

微视频5-12
复制公式

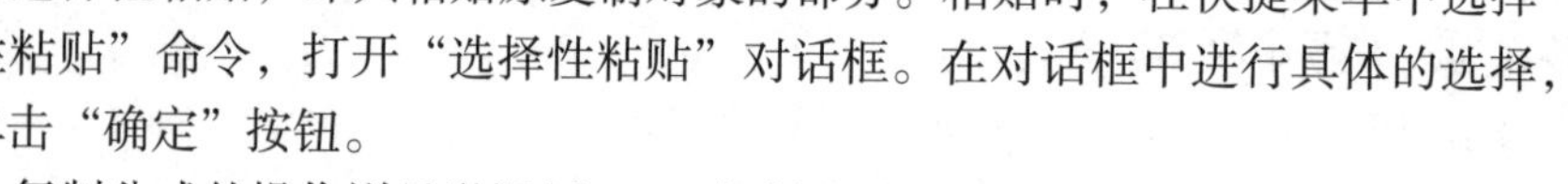
在粘贴公式的过程中，默认的是粘贴公式的全部格式和数据，但系统还允许进行选择性粘贴，即只粘贴原复制对象的部分。粘贴时，在快捷菜单中选择“选择性粘贴”命令，打开“选择性粘贴”对话框。在对话框中进行具体的选择，然后单击“确定”按钮。

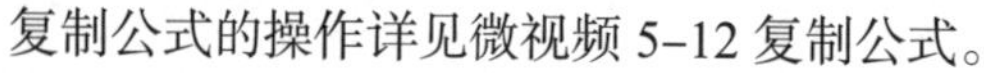
复制公式的操作详见微视频 5-12 复制公式。

④ 相对引用、绝对引用和混合引用，详见微视频 5-13 公式复制操作中单元格的引用方式。

微视频5-13
公式复制操作中单元格的引用方式

●相对引用。在复制公式的操作中，公式中所引用的单元格会随着目的单元格的改变而自动调整。公式中引用的单元格的“地址”是“相对的”。系统默认的引用为相对引用。如 E3，表示复制公式时行列均会发生变化。

●绝对引用。在复制公式的操作中，公式中所引用的单元格不会随着目的单元格的改变而改变。在行号和列号前均加上“$”符号来表示绝对引用。如 $E$3，表示复制公式时行列均不发生变化。

●混合引用。混合引用具有绝对行和相对列，或是绝对列和相对行。用在行号或列号前加上“$”符号来表示，如 $E3 或 E$3。$E3 表示复制公式时行不变列变，而 E$3 表示行变列不变。

●三维引用。对跨越工作簿中两个或多个工作表的区域的引用。形式为“［工作簿名］工作表名！单元格引用”。工作簿名用方括号括起，工作表名与单元格引用之间用感叹号分开。如[销售.et]一月销售明细表！D5，它表示“销售”工作簿中的“一月销售明细表”中的D5单元格引用。如果是同一工作簿的不同工作表的区域的引用，可用“工作表名！单元格引用”来表示。如，=SUM（Sheet2:Sheet13!B5）将计算包含在B5单元格内所有值的和，单元格取值范围是同一工作簿中从工作表Sheet 2到工作表Sheet 13。

5.3.2　WPS 表格中的函数

函数是WPS表格中预定义的内置公式。在实际工作中，使用函数对数据进行计算比设计公式更为便捷。WPS表格中自带了很多函数，函数按类别可分为：文本和数据、日期与时间、数学和三角、逻辑、财务、统计、查找和引用、数据库、外部、工程、信息。

函数的一般形式为“函数名(参数1,参数2,…)”,参数是函数要处理的数据,它可以是常数、单元格、区域名、区域和函数。

1. 常用函数

- SUM：对数值求和。是数字数据的默认函数。
- COUNT：统计数据值的数量。COUNT是除了数字型数据以外其他数据的默认函数。
- AVERAGE：求数值平均值。
- MAX：求最大值。
- MIN：求最小值。
- PRODUCT：求数值的乘积。
- AND：如果其所有参数为TRUE，则返回TRUE；否则返回FALSE。
- IF：指定要执行的逻辑检验。执行真假值判断，根据逻辑计算的真假值返回不同结果。
- NOT：对其参数的逻辑值求反。
- OR：只要有一个参数为TRUE，则返回TRUE；否则返回FALSE。

用户可以在公式中插入函数或者直接输入函数来进行数据处理。直接输入函数更为快捷，但必须记住该函数的用法，详见微视频5-14常见函数的应用。用户可通过“帮助”学习以上几个函数的用法。

微视频5-14
常见函数的应用

2. 函数常嵌套使用

WPS表格中函数可以嵌套使用。以IF函数的嵌套为例。

IF函数功能：如果指定条件的计算结果为TRUE，IF函数将返回某个值；如果该条件的计算结果为FALSE，则返回另一个值。

函数语法：IF(logical_test,[value_if_true],[value_if_false])

参数解释：

- logical_test：必需。计算结果可能为TRUE或FALSE的任意值或表达式。
- value_if_true：可选。logical_test参数的计算结果为TRUE时所要返回的值。
- value_if_false：可选。logical_test参数的计算结果为FALSE时所要返回的值。

例如，在单元格B1中显示学生成绩等级。如果记录学生成绩的单元格A1大于等于60，判定该生成绩等级为及格，否则为不及格。在单元格B1中输入公式=IF (A1>=60,"及格","不及格")。现在添加一个成绩等级。学生成绩85分（含）以上时，其等级为优秀，在85分至60分（含）之间时，等级为及格，在60分以下时，等级为不及格。此时，可在单元格B1中输入公式=IF(A1>=85,"优秀",IF(A1>=60,"及格","不及格"))。

实训3　使用公式与函数

一、实训目的

① 掌握创建和复制公式的方法。

② 熟悉并使用 WPS 表格常用函数。

二、实训任务

① 在“郊游拓展训练数据”工作表中，使用公式在 K2:K16 区域计算每位同学的加权总分（加权总分 = 团队合作 ×25%+ 体能 ×20%+ 耐力 ×25%+ 力量 ×15%+ 组织能力 ×15%），结果保留 2 位小数。

② 将“学号”、“姓名”和“加权总分”列的值复制粘贴到“拓展训练总成绩”工作表的相应列，总分保留 2 位小数。

③ 在“郊游拓展训练数据”工作表中，在 L2:L16 区域使用 AVERAGE 函数计算各项目平均分，在 M2：M16 单元格区域使用 SUM 函数计算未加权总分。

④ 在“郊游拓展训练数据”工作表中，在 N2:N16 区域使用 IF 函数计算拓展训练评估结果，加权总分大于等于 4.5 分，评估为“优秀”，小于等于 3.5 分，评估为“普通”，在 3.5 分到 4.5 分之间，评估为“良好”。

三、实训提示

① 在“郊游拓展训练数据”工作表中，在 K2 单元格输入公式“=F2*25%+G2*20%+H2*25%+I2*15%+J2*15%”；用鼠标拖动单元格右下角的填充柄填充公式，计算其他同学的总分，并保留 2 位小数。

② 复制“学号”、“姓名”和“加权总分”列的数据，单击“拓展训练总成绩”工作表的 A2 单元格，在粘贴的时候选择粘贴“值和数字格式”。

③ 在“郊游拓展训练数据”工作表中，在 L2 中输入“=AVERAGE(F2:J2)”，在 M2 中输入“=SUM(F2:J2)”。

④ 在“郊游拓展训练数据”工作表中，在 N2 中输入“=IF(K2>=4.5," 优秀 ", IF(K2<=3.5," 普通 "," 良好 "))”。

⑤ 文档编辑结果如图 5-15 和图 5-16 所示。

N2　fx　=IF(K2>=4.5,"优秀",IF(K2<=3.5,"普通","良好"))

	A	B	C	D	E	F	G	H	I	J	K	L	M	N
1	学号	姓名	性别	民族	出生日期	团队合作	体能	耐力	力量	组织能力	加权总分	各项平均分	未加权总分	评估
2	20200501	张茜	女	汉族	2001/2/10	4	5	3	4	5	4.10	4.2	21	良好
3	20200502	刘洋	男	苗族	2001/11/28	4	4	4	3	5	4.00	4	20	良好
4	20200503	赵阳	男	蒙古族	2000/6/1	4	3	3	5	3	3.55	3.6	18	良好
5	20200504	梁萧	男	汉族	2001/2/10	3	3	3	4	4	3.30	3.4	17	普通
6	20200505	苗鑫源	女	傣族	2000/1/15	4	5	5	5	5	4.75	4.8	24	优秀
7	20200506	李一海	男	朝鲜族	2000/4/2	3	5	2	4	3	3.30	3.4	17	普通
8	20200507	王源	女	彝族	2000/3/22	5	3	4	4	4	4.05	4	20	良好
9	20200508	吕建强	男	汉族	2000/10/10	5	4	3	3	5	4.00	4	20	良好
10	20200509	孙楠	男	汉族	2000/5/9	3	5	4	3	3	3.65	3.6	18	良好
11	20200510	陆翔	男	壮族	2000/5/19	3	4	4	5	3	3.75	3.8	19	良好
12	20200511	潘玉欣	女	蒙古族	2000/6/21	3	5	4	3	5	3.95	4	20	良好
13	20200512	王建	男	苗族	2001/7/5	4	5	5	3	4	4.30	4.2	21	良好
14	20200513	李欣	女	朝鲜族	2001/11/2	5	5	5	5	5	5.00	5	25	优秀
15	20200514	张海涛	女	朝鲜族	2000/8/8	5	3	3	4	4	3.80	3.8	19	良好
16	20200515	刘旭冉	女	苗族	2000/12/23	4	3	5	4	4	4.05	4	20	良好

图 5-15　“郊游拓展训练数据”工作表

	A	B	C
1	学号	姓名	拓展训练加权总分
2	20200501	张茜	4.10
3	20200502	刘洋	4.00
4	20200503	赵阳	3.55
5	20200504	梁萧	3.30
6	20200505	苗鑫源	4.75
7	20200506	李一海	3.30
8	20200507	王源	4.05
9	20200508	吕建强	4.00
10	20200509	孙楠	3.65
11	20200510	陆翔	3.75
12	20200511	潘玉欣	3.95
13	20200512	王建	4.30
14	20200513	李欣	5.00
15	20200514	张海涛	3.80
16	20200515	刘旭冉	4.05

图 5-16　“拓展训练总成绩”工作表

四、拓展思考与练习

① 学习使用文本函数，如 ASC 函数、FIND 函数、LEFT 函数等。

② 学习使用日期时间函数，如 DATE 函数、TIME 函数、YEAR 函数等。

③ 学习使用查找与引用数，如 LOOKUP 函数、VLOOKUP 函数等。

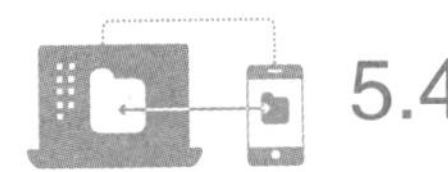

5.4　数据管理

5.4.1　数据的排序与筛选

1. 排序

WPS 表格可以按照表中某列数据的升序或降序对选中区域的数据进行排序，作为排序依据的列名通常称为关键字。排序后，每条记录的数据不变，只是顺序发生了变化。

默认的升序排序规则如下。

- 数字：从最小的负数到最大的正数。
- 文本和包含数字的文本：0～9（空格）！” #$%&（）*，./：；？@［\］^_`{|}～+<=>A～Z。撇号（'）和连字符（-）会被忽略。但如果两个文本字符串除了连字符不同外其余都相同，则带连字符的文本排在后面。
- 字母：在按字母先后顺序对文本项进行排序时，从左到右逐个字符进行排序。
- 逻辑值：FALSE 在 TRUE 之前。
- 错误值：所有错误值的优先级相同。
- 空格：空格始终排在最后。

降序排列的次序与升序相反。

（1）单列排序

操作步骤如下。

① 选择需要排序的数据列中任一单元格。

② 单击“数据”选项卡，在“排序和筛选”选项组中单击“升序排序”按钮或“降序排序”按钮。千万不要选中部分区域，然后进行排序，这样会出现记录数据混乱。选择数据时，不是选中全部区域，就是选中一个单元格。

（2）多列排序

多个关键字排序是当主要关键字的数值相同时，按照次要关键字的次序进行排列，次要关键字的数值相同时，按照第三关键字的次序排列。单击图 5–17 中的“选项”按钮，打开“排序选项”对话框，可设置区分大小写、按行排序、按笔画排序等复杂的排序，如图 5–18 所示。

多列排序的操作步骤如下。

① 在需要排序的区域中单击任一单元格。

② 单击“开始”选项卡中的“排序”命令，打开其对话框，如图 5–17 所示。

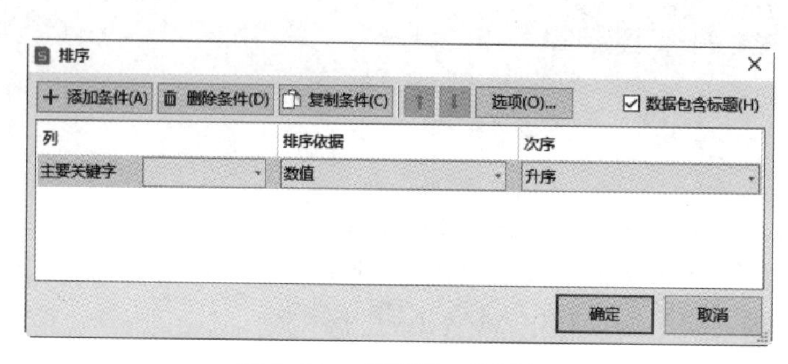

图 5–17 “排序”对话框

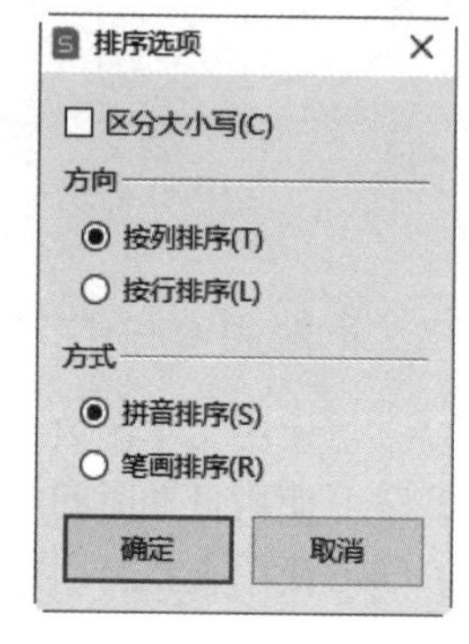

图 5–18 “排序选项”对话框

③ 选定“主要关键字”以及排序的次序后，可以设置“次要关键字”和“第三关键字”，以及排序的次序。

④ 根据数据表的字段名是否参加排序，决定是否勾选对话框右上角的“数据包含标题”选项，再单击“确定”按钮。

2. 筛选

利用数据筛选可以方便地查找符合条件的行数据，筛选有自动筛选和高级筛选两种。自动筛选包括按选定内容筛选，它适用于简单条件。高级筛选适用于复杂条件。一次只能对工作表中的一个区域应用筛选。与排序不同，筛选并不重排区域。筛选只是暂时隐藏不必显示的行。

① 自动筛选。详见微视频 5-15 自动筛选。

② 高级筛选。详见微视频 5–16 高级筛选。

5.4.2 分类汇总

分类汇总指的是按某一字段汇总有关数据，比如按部门汇总工资、按班级汇总成绩等。分类汇总必须先分类，即按某一字段排序，把同类别的数据放在一起，然后再进行求和、求平均值等汇总计算。

1. 简单汇总

简单汇总的操作步骤如下。

① 选择分类字段，并进行升序或降序排序。

② 在“数据”选项卡中，单击“分类汇总”命令，打开“分类汇总”对话框。

③ 设置分类字段、汇总方式、选定汇总项、汇总结果的显示位置等。

- 在“分类字段”框中选定分类的字段。

● 在“汇总方式”框中指定汇总函数，如求和、平均值、计数、最大值等。

● 在“选定汇总项”框中选定汇总函数进行汇总的字段项。

④ 单击“确定”按钮，显示分类汇总表的结果。

2. 分级显示汇总数据

在分类汇总表的左侧可以看到分级显示的“123”3 个按钮标志。“1”代表总计，“2”代表分类合计，“3”代表明细数据。

① 单击按钮“1”，将显示全部数据的汇总结果，不显示具体数据。

② 单击按钮“2”，将显示总的汇总结果和分类汇总结果，不显示具体数据。

③ 单击按钮“3”，将显示全部汇总结果和明细数据。

④ 单击“+”和“-”按钮，可以打开或折叠某些数据。

分级显示和隐藏数据也可以通过单击“显示明细数据”和“隐藏明细数据”命令按钮实现。

3. 嵌套汇总

如果对汇总的数据还想进行不同的汇总，可再次进行分类汇总。在“分类汇总”对话框中选择汇总方式和汇总项，清除其余汇总项，并取消“替换当前分类汇总”复选框，即可叠加多种分类汇总。

4. 清除分类汇总

如果要删除已经存在的分类汇总，在“分类汇总”对话框中单击“全部删除”按钮即可。

分类汇总的操作实例详见微视频 5-17 分类汇总。

微视频5-17
分类汇总

5.4.3 数据透视表和数据透视图

数据透视表是一种交互的、交叉制表的 WPS 表格报表，用于对多种来源的数据进行汇总和分析。利用数据透视表可以进一步分析数据，得到更为复杂的结果。

微视频5-18
创建数据透视表

创建数据透视表的操作步骤如下，操作实例详见微视频 5-18 创建数据透视表。

单击需要建立数据透视表的数据清单中任意一个单元格。

① 在“插入”选项卡中，单击“数据透视表”命令按钮。

② 在弹出的“创建数据透视表”对话框中，在“请选择要分析的数据”栏中选中“选择一个表或区域”单选项，在“表 / 区域”文本框中输入或使用鼠标选取引用位置。

③ 在“选择放置数据透视表的位置”栏中选中“现有工作表”单选按钮，在“位置”文本框中输入数据透视表的存放位置。

④ 单击“确定”按钮，一个空的数据透视表将添加到指定的位置，并显示数据透视表字段列表，以便我们可以开始添加字段、创建布局和自定义数据透视表。

⑤ 数据透视表有如下组成部分。

● 筛选器：用于筛选整个数据透视表，是数据透视表中指定为页方向的源数据列表中的字段。

● 行：行字段是在数据透视表中指定为行方向的源数据列表中的字段。

● 列：列字段是在数据透视表中指定为列方向的源数据列表中的字段。

● 值：提供要汇总的数据值，可用求和、求平均值等函数合并数据。

⑥ 选择相应的行、列标签和值计算项后，即可得到数据透视的结果。

数据透视图是对数据透视表中的汇总数据添加可视化图表，以便用户能够更直观地查看比较数据，观察其变化趋势。数据透视图的创建方法与数据透视表基本相同，在此不再赘述。

实训 4　排序和筛选

一、实训目的

① 掌握单字段和多字段排序的方法。

② 掌握自动筛选和高级筛选的方法。

二、实训任务

① 打开“实验 1 营销 3 班郊游拓展训练统计数据 .et”工作簿，按要求完成如下操作。

② 打开工作表“郊游拓展训练数据 1”，首先依据“加权总分排序”降序排列，再依据“各项平均分”降序排列。设置自定义筛选，查看“加权总分”在 4.00 分及以上的同学信息。

③ 打开工作表“郊游拓展训练数据 2”，设置自定义筛选，查看“各项平均分”在 4.00 分及以上的男同学信息。

④ 设置高级筛选。打开工作表“郊游拓展训练数据 3”。

- 筛选条件：“团队合作”分数在 4 分及以上的汉族同学信息，或者“组织能力”分数在 4 分及以上的汉族同学信息。
- 筛选结果复制到左上角为 A19 的区域。

三、实训提示

① 打开指定工作簿。

② 打开指定工作表，将光标定位到数据区域。在“开始”选项卡中，单击“排序”按钮，在打开的窗口中设置多字段排序。在“数据”选项卡中，单击“自动筛选”按钮，打开“加权总分”列下拉列表设置筛选条件，文档编辑结果如图 5–19 所示。

③ 打开指定工作表，将光标定位到数据区域。在“数据”选项卡中，单击“自动筛选”按钮，打开“各项平均分”及“性别”列下拉列表设置筛选条件，文档编辑结果如图 5–20 所示。

④ 打开指定工作表，将光标定位到数据区域。在 P5:R7 区域编辑高级筛选条件。光标定位到数据区域，在“开始”选项卡中，单击“筛选”命令按钮右下角的下拉箭头，在列表中选择“高级筛选”命令，在打开的对话框中设置方式为“将筛选结果复制到其他位置”，列表区为“$A$1:$N$16”，条件区域为“$P$5:$R$7”，复制到“$A$19:$N$19”。文档编辑结果如图 5–21 所示。

四、拓展思考与练习

练习多条件高级筛选。

	A	B	C	D	E	F	G	H	I	J	K	L	M	N
1	学号	姓名	性别	民族	出生日期	团队合作	体能	耐力	力量	组织能力	加权总分	各项平均分	未加权总分	评估
2	20200513	李欣	女	朝鲜族	2001/11/2	5	5	5	5	5	5.00	5	25	优秀
3	20200505	苗鑫源	女	傣族	2000/1/15	4	5	5	5	5	4.75	4.8	24	优秀
4	20200512	王建	男	苗族	2001/7/5	4	5	5	3	4	4.30	4.2	21	良好
5	20200501	张茜	女	汉族	2001/2/10	4	5	3	4	5	4.10	4.2	21	良好
6	20200507	王源	女	彝族	2000/3/22	5	3	4	4	4	4.05	4	20	良好
7	20200515	刘旭冉	女	苗族	2000/12/23	4	3	5	4	4	4.05	4	20	良好
8	20200502	刘洋	男	苗族	2001/11/28	4	4	4	3	5	4.00	4	20	良好
9	20200508	吕建强	男	汉族	2000/10/10	5	4	3	3	5	4.00	4	20	良好

图 5–19　“郊游拓展训练数据 1”工作表自动筛选操作

	A	B	C	D	E	F	G	H	I	J	K	L	M	N
1	学号	姓名	性别	民族	出生日期	团队合作	体能	耐力	力量	组织能力	加权总分	各项平均	未加权总	评估
4	20200512	王建	男	苗族	2001/7/5	4	5	5	3	4	4.30	4.20	21	良好
8	20200502	刘洋	男	苗族	2001/11/28	4	4	4	3	5	4.00	4.00	20	良好
9	20200508	吕建强	男	汉族	2000/10/10	5	4	3	3	5	4.00	4.00	20	良好

图 5-20　“郊游拓展训练数据 2”工作表自动筛选操作

	A	B	C	D	E	F	G	H	I	J	K	L	M	N	O	P	Q	R
1	学号	姓名	性别	民族	出生日期	团队合作	体能	耐力	力量	组织能力	加权总分	各项平均分	未加权总分	评估				
2	20200513	李欣	女	朝鲜族	2001/11/2	5	5	5	5	5	5.00	5.00	25	优秀				
3	20200505	苗鑫源	女	傣族	2000/1/15	4	5	5	5	5	4.75	4.80	24	优秀				
4	20200512	王建	男	苗族	2001/7/5	4	5	5	3	4	4.30	4.20	21	良好				
5	20200501	张茜	女	汉族	2001/2/10	4	5	3	4	5	4.10	4.20	21	良好		民族	团队合作	组织能力
6	20200507	王源	女	彝族	2000/3/22	5	3	4	4	4	4.05	4.00	20	良好		汉族	>=4	
7	20200515	刘旭冉	女	苗族	2000/12/23	4	3	5	4	4	4.05	4.00	20	良好		汉族		>=4
8	20200502	刘洋	男	苗族	2001/11/28	4	4	4	3	5	4.00	4.00	20	良好				
9	20200508	吕建强	男	汉族	2000/10/10	5	4	3	3	5	4.00	4.00	20	良好				
10	20200511	潘玉欣	女	蒙古族	2000/6/21	3	5	4	3	5	3.95	4.00	20	良好				
11	20200514	张海涛	女	朝鲜族	2000/8/8	5	3	3	4	4	3.80	3.80	19	良好				
12	20200510	陆翔	男	壮族	2000/5/19	3	4	4	5	3	3.75	3.80	19	良好				
13	20200509	孙楠	男	汉族	2000/5/9	3	5	4	3	3	3.65	3.60	18	良好				
14	20200503	赵阳	男	蒙古族	2000/6/1	4	3	3	5	3	3.55	3.60	18	良好				
15	20200504	梁萧	男	汉族	2001/2/10	3	3	3	4	4	3.30	3.40	17	普通				
16	20200506	李一海	男	朝鲜族	2000/4/2	3	5	2	4	3	3.30	3.40	17	普通				
17																		
18																		
19	学号	姓名	性别	民族	出生日期	团队合作	体能	耐力	力量	组织能力	加权总分	各项平均分	未加权总分	评估				
20	20200501	张茜	女	汉族	2001/2/10	4	5	3	4	5	4.10	4.20	21	良好				
21	20200508	吕建强	男	汉族	2000/10/10	5	4	3	3	5	4.00	4.00	20	良好				
22	20200504	梁萧	男	汉族	2001/2/10	3	3	3	4	4	3.30	3.40	17	普通				

图 5-21　“郊游拓展训练数据 3”工作表高级筛选操作

实训 5　分类汇总

一、实训目的

掌握创建、编辑和删除分类汇总的方法。

二、实训任务

① 打开“营销 3 班郊游拓展训练统计数据 .et”工作簿。

② 打开“郊游拓展训练数据 1”工作表，统计男女生组织能力的平均分。

③ 打开“郊游拓展训练数据 2”工作表，统计各民族加权总分的平均分。

三、实训提示

① 打开指定工作簿。

② 打开指定工作表，依据性别列排序。单击“数据”选项卡中“分类汇总”命令按钮，分类字段为“性别”，汇总方式为“平均值”，“选定汇总项”为“组织能力”，文档编辑结果如图 5-22 所示。

③ 打开指定工作表，依据民族列排序。单击“数据”选项卡中“分类汇总”命令按钮，分类字段为“民族”，汇总方式为“平均值”，“选定汇总项”为“加权总分”，文档编辑结果如图 5-23 所示。

四、拓展思考与练习

实现嵌套汇总，如统计各性别各民族组织能力平均分。

	A	B	C	D	E	F	G	H	I	J	K	L	M	N
1	学号	姓名	性别	民族	出生日期	团队合作	体能	耐力	力量	组织能力	加权总分	各项平均分	未加权总分	评估
2	20200512	王建	男	苗族	2001/7/5	4	5	5	3	4	4.30	4.20	21	良好
3	20200502	刘洋	男	苗族	2001/11/28	4	4	4	3	5	4.00	4.00	20	良好
4	20200508	吕建强	男	汉族	2000/10/10	5	4	3	3	5	4.00	4.00	20	良好
5	20200510	陆翔	男	壮族	2000/5/19	3	4	4	5	3	3.75	3.80	19	良好
6	20200509	孙楠	男	汉族	2000/5/9	3	5	4	3	3	3.65	3.60	18	良好
7	20200503	赵阳	男	蒙古族	2000/6/1	4	3	3	5	3	3.55	3.60	18	良好
8	20200504	梁萧	男	汉族	2001/2/10	3	3	3	4	4	3.30	3.40	17	普通
9	20200506	李一海	男	朝鲜族	2000/4/2	3	5	2	4	3	3.30	3.40	17	普通
10			**男 平均值**							3.75				
11	20200513	李欣	女	朝鲜族	2001/11/2	5	5	5	5	5	5.00	5.00	25	优秀
12	20200505	苗鑫源	女	傣族	2000/1/15	4	5	5	5	5	4.75	4.80	24	优秀
13	20200501	张茜	女	汉族	2001/2/10	4	5	3	4	5	4.10	4.20	21	良好
14	20200507	王源	女	彝族	2000/3/22	5	3	4	4	4	4.05	4.00	20	良好
15	20200515	刘旭冉	女	苗族	2000/12/23	4	3	5	4	4	4.05	4.00	20	良好
16	20200511	潘玉欣	女	蒙古族	2000/6/21	3	5	4	3	5	3.95	4.00	20	良好
17	20200514	张海涛	女	朝鲜族	2000/8/8	5	3	3	4	4	3.80	3.80	19	良好
18			**女 平均值**							4.571429				
19			**总计平均值**							4.133333				

图 5-22 “男女生组织能力的平均分”分类汇总

	A	B	C	D	E	F	G	H	I	J	K	L	M	N
1	学号	姓名	性别	民族	出生日期	团队合作	体能	耐力	力量	组织能力	加权总分	各项平均分	未加权总分	评估
2	20200506	李一海	男	朝鲜族	2000/4/2	3	5	2	4	3	3.30	3.40	17	普通
3	20200513	李欣	女	朝鲜族	2001/11/2	5	5	5	5	5	5.00	5.00	25	优秀
4	20200514	张海涛	女	朝鲜族	2000/8/8	5	3	3	4	4	3.80	3.80	19	良好
5				**朝鲜族 平均值**							4.03			
6	20200505	苗鑫源	女	傣族	2000/1/15	4	5	5	5	5	4.75	4.80	24	优秀
7				**傣族 平均值**							4.75			
8	20200508	吕建强	男	汉族	2000/10/10	5	4	3	3	5	4.00	4.00	20	良好
9	20200509	孙楠	男	汉族	2000/5/9	3	5	4	3	3	3.65	3.60	18	良好
10	20200504	梁萧	男	汉族	2001/2/10	3	3	3	4	4	3.30	3.40	17	普通
11	20200501	张茜	女	汉族	2001/2/10	4	5	3	4	5	4.10	4.20	21	良好
12				**汉族 平均值**							3.76			
13	20200503	赵阳	男	蒙古族	2000/6/1	4	3	3	5	3	3.55	3.60	18	良好
14	20200511	潘玉欣	女	蒙古族	2000/6/21	3	5	4	3	5	3.95	4.00	20	良好
15				**蒙古族 平均值**							3.75			
16	20200512	王建	男	苗族	2001/7/5	4	5	5	3	4	4.30	4.20	21	良好
17	20200502	刘洋	男	苗族	2001/11/28	4	4	4	3	5	4.00	4.00	20	良好
18	20200515	刘旭冉	女	苗族	2000/12/23	4	3	5	4	4	4.05	4.00	20	良好
19				**苗族 平均值**							4.12			
20	20200507	王源	女	彝族	2000/3/22	5	3	4	4	4	4.05	4.00	20	良好
21				**彝族 平均值**							4.05			
22	20200510	陆翔	男	壮族	2000/5/19	3	4	4	5	3	3.75	3.80	19	良好
23				**壮族 平均值**							3.75			
24				**总计平均值**							3.97			

图 5-23 “各民族加权总分的平均分”分类汇总

实训 6 数据透视表

一、实训目的

掌握建立数据透视表的方法。

二、实训任务

① 打开“营销 3 班郊游拓展训练统计数据 .et”工作簿，“郊游拓展训练数据”工作表，依据其中的数据建立数据透视表。

② 根据区域“郊游拓展训练数据 !$A$1:$N$1”中的数据在新工作表建立数据透视表，数据透视表显示不同民族不同性别的学生团队合作平均分。

三、实训提示

① 打开指定工作表。

② 光标定位到数据区域。

●单击“插入”选项卡中“数据透视表”命令按钮，在打开的窗口中设置数据区域为“郊游拓展训练数据 !$A$1:$N$16”，放置透视表的位置为“新工作表”。

●打开新工作表，在“数据透视表字段列表”窗格，设置要添加到报表的字段为“性别”“民族”“团队合作”，行标签为“民族”，列标签为“性别”，数值为“求平均值项：团队合作”。

③ 文档编辑结果如图 5-24 所示。

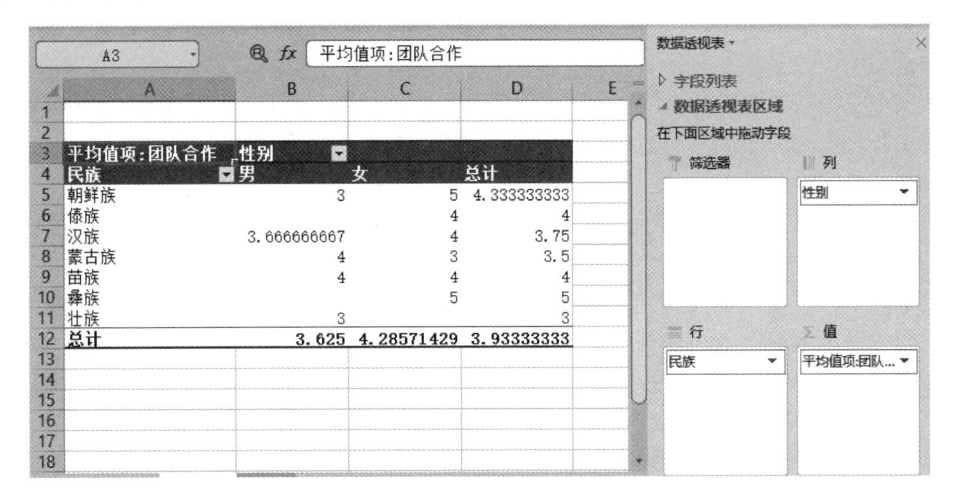

平均值项:团队合作	性别		
民族	男	女	总计
朝鲜族	3	5	4.333333333
傣族		4	4
汉族	3.666666667	4	3.75
蒙古族	4	3	3.5
苗族	4	4	4
彝族		5	5
壮族	3		3
总计	3.625	4.28571429	3.93333333

图 5-24　“不同民族不同性别的学生团队合作平均分”数据透视表

四、拓展思考与练习

创建“不同民族不同性别的学生团队合作平均分”的数据透视图。

5.5　数据可视化——图表

5.5.1　创建图表

WPS 表格中的图表有两种：一种是嵌入式图表，它和创建图表的数据源放置在同一张工作表中；另一种是独立图表，它是一张独立的图表工作表。

WPS 表格为用户建立直观的图表提供了大量的预定义模型，每一种图表类型又有若干种子类型。此外，用户还可以自己定制格式。

图表的组成如图 5-25 所示。

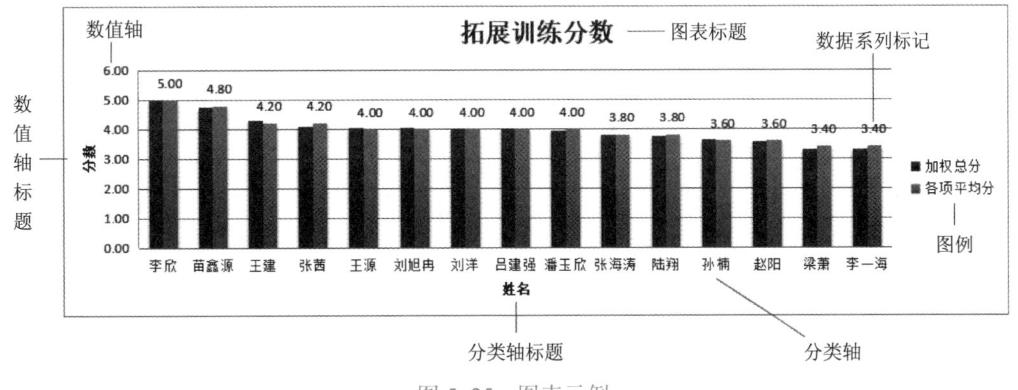

图 5-25　图表示例

●图表区：整个图表及包含的所有对象。

●图表标题：图表的标题。

●数据系列标记：在图表中绘制的相关数据点，这些数据源来自数据表的行或列。每个数据系列具有唯一的颜色或图案，并且在图表的图例中表示。可以在图表中绘制一个或多个数据系列。饼图只有一个数据系列。

●坐标轴：绘图区边缘的直线，为图表提供计量和比较的参考模型。分类轴（X轴）和数值轴（Y轴）组成了图表的边界，并包含相对于绘制数据的比例尺，Z轴用于三维图表的第三坐标轴。饼图没有坐标轴。

●网格线：从坐标轴刻度线延伸开来并贯穿整个绘图区的可选线条系列。网格线使用户查看和比较图表的数据更为方便。

●图例：用于标记不同数据系列的符号、图案和颜色，每一个数据系列的名字作为图例的标题，可以把图例移到图表中的任何位置。

创建图表的一般步骤是：先选定创建图表的数据区域。选定的数据区域可以连续，也可以不连续。注意，如果选定的区域不连续，每个区域所在的行或所在列有相同的矩形区域；如果选定的区域有文字，文字应在区域的最左列或最上行，以说明图表中数据的含义。

建立图表的操作步骤如下。

① 选定要创建图表的数据区域。

② 单击“插入”选项卡→“图表”，打开“插入图表”对话框，在对话框中选择要创建图表类型，如图 5-26 所示。

③ 选择一种图标类型，如“簇状柱形图”，设置完成后，单击“确定”按钮即可，图 5-27 所示。

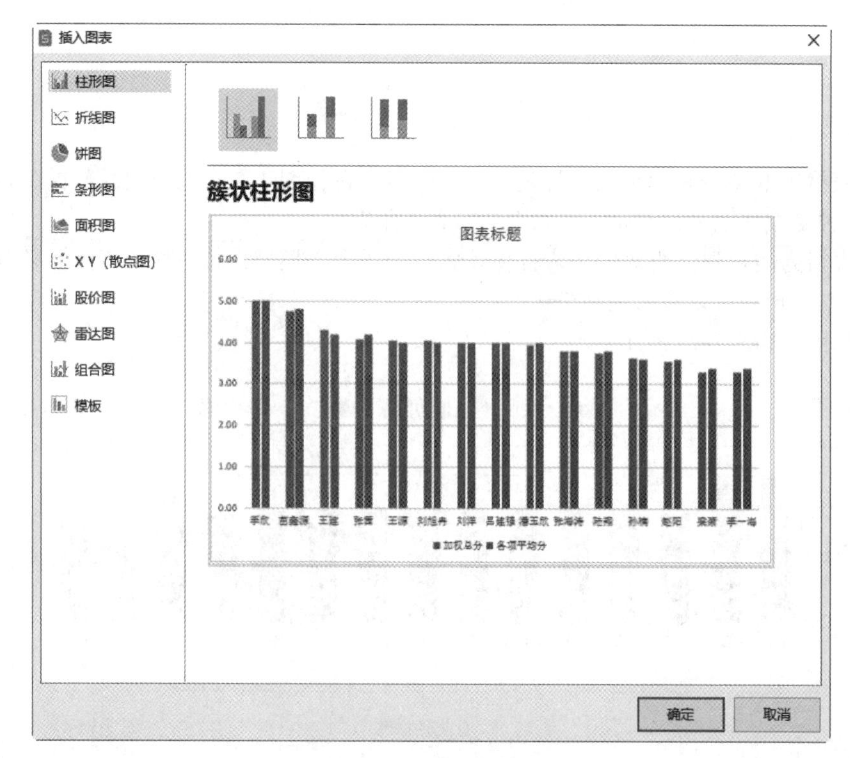

图 5-26 “插入图表”对话框

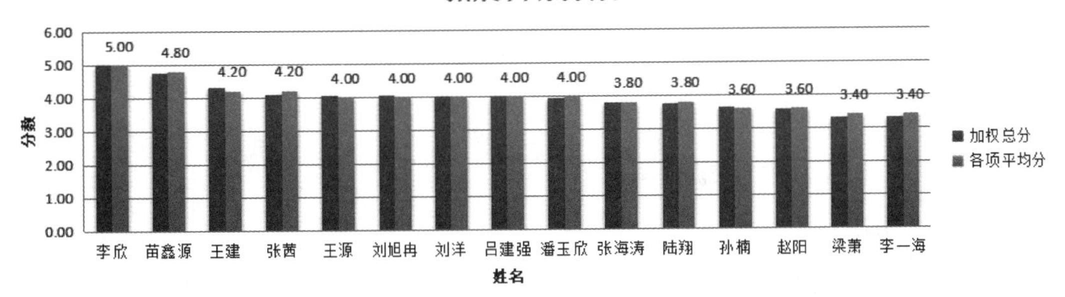

图 5-27　创建簇状柱形图

5.5.2　图表中数据的编辑

编辑图表是指对图表及图表中各个对象的编辑，包括数据的增加、删除，图表类型的更改，图表的缩放、移动、复制、删除、数据格式化等。

一般情况下，先选中图表，再对图表进行具体的编辑。当选中图表时，会显示“图表工具”、“绘图工具”和“文本工具”3 个选项卡，可根据需要选择相应的选项组命令按钮进行操作。

1. 编辑图表中的数据

（1）增加数据

要给图表增加数据系列，右击图表中任意位置，在弹出的快捷菜单中选择“选择数据”命令，打开“选择数据源”对话框，单击“添加”按钮。在打开的“编辑数据系列”对话框中设置需要添加的系列名称和系列值。

（2）删除数据

删除图表中的指定数据系列，可先单击要删除的数据系列，再按【Delete】键，或右击数据系列，从快捷菜单中选择“删除”命令。

（3）更改系列的名称

右击图表中任意位置，在弹出的快捷菜单中选择“选择数据”命令，打开“选择数据源”对话框。在“图表数据区域”列表中选中需要更改的数据源，接着单击“编辑”按钮，打开“编辑数据系列”对话框。在“系列名称”文本框中将原有数据删除，输入新数据，单击“确定”按钮，返回到“选择数据源”对话框中，再次单击“确定”按钮即可完成修改。

2. 更改图表的类型

单击选中图表，在“图表工具”选项卡中，单击“更改类型”命令按钮，打开“更改图表类型”对话框。

在对话框左侧选择一种合适的图表类型，接着在右侧窗格中选择一种合适的图表样式，单击“确定”按钮，即可看到更改后的结果。

3. 设置图表格式

设置图表的格式是指对图表中各个对象进行文字、颜色、外观等格式的设置。双击欲进行格式设置的图表对象，如双击图表区，打开“设置图表区格式”对话框进行设置即可。

编辑图表的操作详见微视频 5-19 编辑图表。

微视频5-19
编辑图表

实训7 绘制图表

一、实训目的

① 掌握绘制各类图表的方法。

② 熟练设置图表的样式与布局结构。

二、实训任务

① 打开“营销3班郊游拓展训练统计数据.et”工作簿中的“郊游拓展训练数据”工作表，依据其中的数据创建图表。

② 插入组合图，加权总分图表类型为簇状柱形图，各项平均分图表类型为折线图。

③ 设置图表样式：样式3。

④ 设置图表布局：布局1，图表标题为“拓展训练分数”。

三、实训提示

① 打开指定工作表。

② 光标定位到数据区域，在“插入”选项卡中，单击“图表”命令。在打开的“插入图表”对话框中，设置图表类型，如图5-28所示。

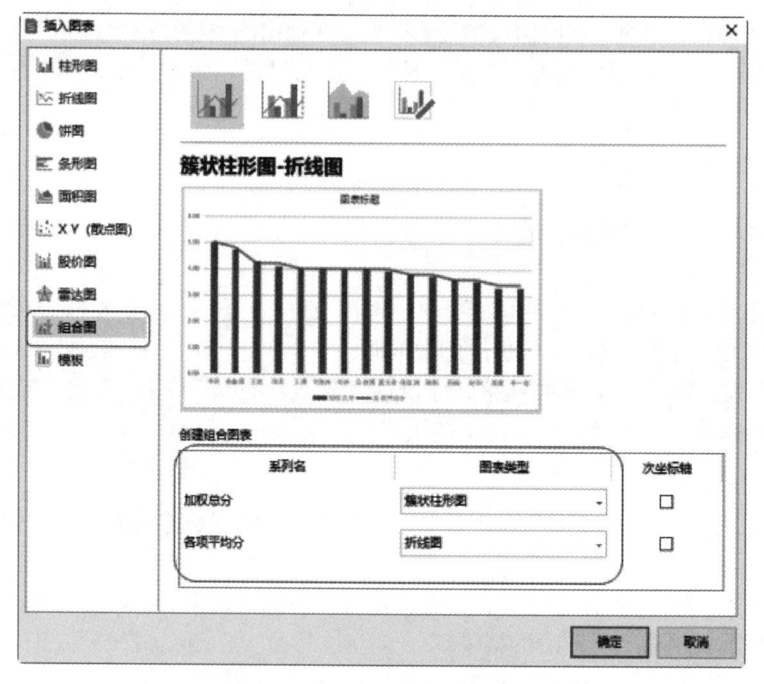

图5-28 “插入图表”对话框

③ 在“图表工具”选项卡中，设置图表样式。

④ 在“图表工具”选项卡中，单击“快速布局”命令按钮右侧的下拉箭头，在列表中选择“布局1”。修改图表标题为“拓展训练分数”。

⑤ 文档编辑结果如图5-29所示。

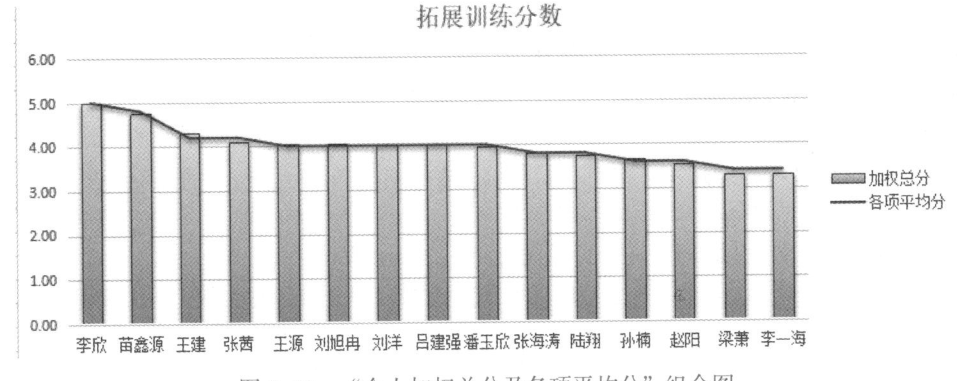

图 5-29　“个人加权总分及各项平均分”组合图

四、拓展思考与练习

① 练习创建各种类型的图表。

② 单独设置图表中各元素的样式。

5.6　打印工作表

5.6.1　页面设置

同 WPS 文字操作一样，工作表创建好后，可以按要求进行页面设置或设置打印数据的区域，然后再预览或打印出来。当然，WPS 表格也具有默认的页面设置，因此可直接打印工作表。

页面设置操作步骤如下。

① 单击“页面布局”选项卡，单击“打印区域”右下角的“对话框启动器”按钮，打开“页面设置”对话框，如图 5-30 所示。

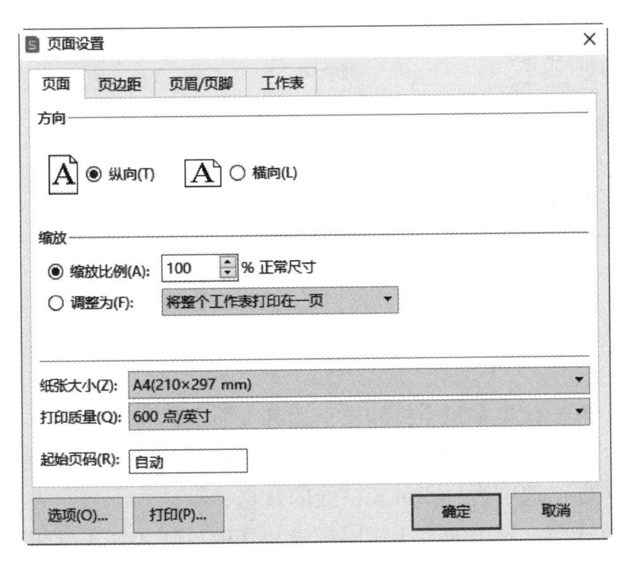

图 5-30　“页面设置”对话框

② 设置“页面”选项卡。

● “方向”设置框：同 WPS 文字页面设置。

● “缩放”框：用于放大或缩小打印的工作表，其中，“缩放比例”框可在 10% ～ 400% 选择。100% 为正常大小；小于 100% 为缩小；大于 100% 为放大。“调整为”框可把工作表拆分为指定页宽和指定页高打印，如指定 2 页宽、2 页高，表示水平方向分 2 页、垂直方向分 2 页，共 4 页打印。

● “纸张大小”框：同 WPS 文字页面设置。

● “打印质量”框：设置每英寸打印的点数，数字越大，打印质量越好。注意：打印机不同数字会不一样。

● “起始页码”框：设置打印首页页码，默认为“自动”，从第一页或接上一页开始打印。

③ 单击“页边距”选项卡，设置打印数据距打印页四边的距离、页眉和页脚的距离以及打印数据是水平居中还是垂直居中方式，默认为靠上、靠左对齐。

④ 单击“页眉 / 页脚”选项卡。

● “页眉”“页脚”框：可从其下拉列表中进行选择。

● “自定义页眉”“自定义页脚”按钮：单击打开相应的对话框自行定义，在左、中、右框中输入指定页眉，用给定按钮定义字体、插入页码、插入总页数、插入日期、插入时间、插入路径、插入文件名、插入标签名、插入图片、设置图片格式，然后单击“确定”按钮。

⑤ 单击“工作表”选项卡，如图 5-31 所示。

图 5-31　“页面设置”中的“工作表”选项

● “顶端标题行”框：设置在每个打印页上边都能看见的标题。

● “左端标题列”框：设置在每个打印页左边都能看见的标题。

● “网格线”复选框：选中为打印带表格线的数据，默认为不打印表格线。

● “行号列标”复选框：选中为打印输出行号和列标，默认为不打印行号和列标。

● “单色打印”复选框：用于当设置了彩色格式而打印机为黑白色时选择，另外彩色打印机选此项可减少打印时间。

- “批注”复选框：设置是否打印批注及打印的位置。
- “先列后行”“先行后列”单选按钮：设置如果工作表较大，超出一页宽和一页高时，“先列后行”规定垂直方向先分页打印完，再水平方向分页打印；“先行后列”则相反。默认值为“先列后行”。

⑥ 单击“选项”按钮可进一步设置打印页的序号是从前向后还是从后向前，设置每张纸打印的页数。

⑦ 最后单击“确定”按钮。

5.6.2 设置打印区域和分页

打印区域是指不需要打印整个工作表时，打印一个或多个单元格区域。如果工作表包含打印区域，则只打印设置好的打印区域中的内容。

分页是人工设置分页符。

1. 设置打印区域

设置打印区域的操作步骤如下。

① 用鼠标拖动选定待打印的工作表区域。此例选择“营销3班春游拓展训练统计数据——源文件”工作簿。

② 单击“页面布局”选项卡→“打印区域”按钮，在下拉列表中选择“设置打印区域”如图5–32所示，设置好打印区域，打印区域边框为虚线。

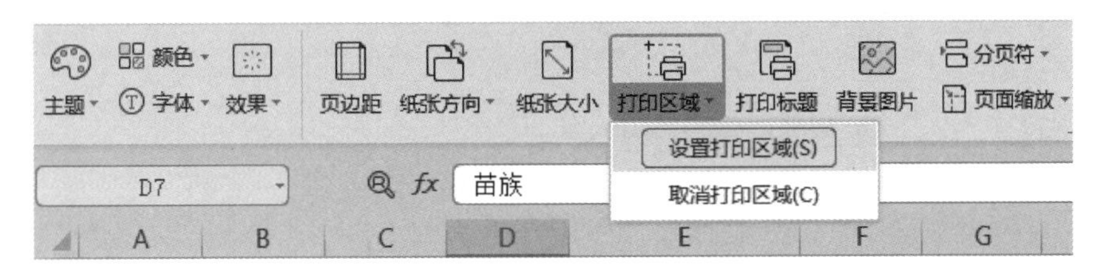

图5–32 设置打印区域

在保存文档时，会同时保存打印区域，再次打开时，设置的打印区域仍然有效。如果要取消打印区域，可单击“页面布局”选项卡，单击“打印区域”按钮，在下拉列表中选择“取消打印区域”。

2. 添加、删除分页符

通常情况下，WPS表格会对工作表进行自动分页，如果需要也可以进行人工分页。

插入水平或垂直分页符操作：在要插入水平或垂直分页符的位置下边或右边选中一行或一列，再单击“页面布局”→“插入分隔符”按钮，在下拉列表中选择“插入分页符”命令，分页处出现虚线。

如果选定一个单元格，再单击“页面布局”→“插入分隔符”按钮，在下拉列表中选择“插入分页符”命令，则会在该单元格的左上角位置同时出现水平和垂直两分页符，即两条分页虚线。

删除分页符操作：选择分页虚线的下一行或右一列的任何单元格，再单击“页面布局”→“插入分隔符”按钮，在下拉列表中选择“删除分页符”命令。若要取消所有的手动分页符，可选择整个工作表，再单击“页面布局”→“插入分隔符”按钮，在下拉列表中选择“重置所有分页符”命令。

3. 分页预览

单击“视图”选项卡→“分页预览”按钮，可以在分页预览视图中直接查看工作表分页的情况，如图 5-33 所示，以虚线线框显示的区域是打印区域，可以直接拖动粗线以改变打印区域的大小。在分页预览视图中同样可以设置、取消打印区域，插入、删除分页符。

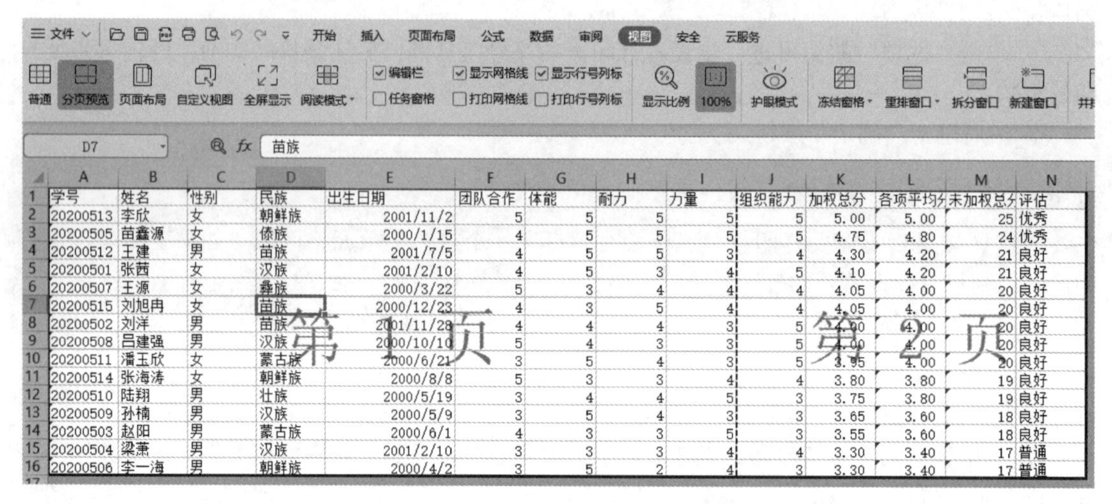

	A	B	C	D	E	F	G	H	I	J	K	L	M	N
1	学号	姓名	性别	民族	出生日期	团队合作	体能	耐力	力量	组织能力	加权总分	各项平均分	未加权总分	评估
2	20200513	李欣	女	朝鲜族	2001/11/2	5	5	5	5	5	5.00	5.00	25	优秀
3	20200505	苗鑫源	女	傣族	2000/1/15	4	5	5	5	5	4.75	4.80	24	优秀
4	20200512	王建	男	苗族	2001/7/5	4	5	5	3	4	4.30	4.20	21	良好
5	20200501	张茜	女	汉族	2001/2/10	4	5	3	4	5	4.10	4.20	21	良好
6	20200507	王源	女	彝族	2000/3/22	5	3	4	4	4	4.05	4.00	20	良好
7	20200515	刘旭冉	女	苗族	2000/12/23	4	3	5	4	4	4.05	4.00	20	良好
8	20200502	刘洋	男	苗族	2001/11/28	4	4	4	3	5	4.00	4.00	20	良好
9	20200508	吕建强	男	汉族	2000/10/10	5	4	3	3	5	4.00	4.00	20	良好
10	20200511	潘玉欣	女	蒙古族	2000/6/21	3	5	4	3	5	3.95	4.00	20	良好
11	20200514	张海涛	女	朝鲜族	2000/8/8	5	3	3	4	4	3.80	3.80	19	良好
12	20200510	陆翔	男	壮族	2000/5/19	3	4	4	5	3	3.75	3.80	19	良好
13	20200509	孙楠	男	汉族	2000/5/9	3	5	4	3	3	3.65	3.60	18	良好
14	20200503	赵阳	男	蒙古族	2000/6/1	4	3	3	5	3	3.55	3.60	18	良好
15	20200504	梁萧	男	汉族	2001/2/10	3	3	3	4	4	3.30	3.40	17	普通
16	20200506	李一海	男	朝鲜族	2000/4/2	3	5	2	4	3	3.30	3.40	17	普通

图 5-33　分页预览视图

第6章

WPS 演示文稿

在日常生活和工作中，人们已经广泛使用计算机软件制作演示文稿，向受众阐述观点、传递信息。WPS 演示文稿是金山软件股份有限公司开发的 WPS Office 2019 系列软件之一，也是最常用的演示文稿制作软件之一，能够轻松实现包含各种多媒体要素的演示文稿，可广泛应用于教育培训、报告演讲、商业宣传等领域。本章首先简述 WPS 演示文稿的功能和特点，然后重点介绍演示文稿的创建和编辑操作、动画效果的设置方法以及放映和打包演示文稿的操作步骤与方法。应用 WPS 演示文稿设计和实现演示文稿的过程，也是结构化思考、图形化表达的过程，是逻辑思维、语言表达、艺术设计等多方面能力综合运用的过程，体现了计算机多媒体设计的基本方法和思想。

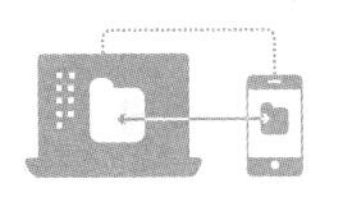

6.1　WPS 演示文稿概述

6.1.1　认识 WPS 演示文稿

WPS 演示文稿是一款功能强大的演示文稿制作软件，用它可以制作适应不同需求的幻灯片。WPS 演示文稿制作的演示文稿中，可以包括文字、图表、图像、动画、声音、视频等多种对象，还可以插入超链接。

幻灯片演示文稿可用于教育培训、学术报告、会议演讲、产品发布、商业演示、广告宣传等。

用 WPS 演示文稿制成的幻灯片便于用大屏幕投影仪演示，也可以用于网络会议交流。

使用幻灯片的目的在于用其内容（文字、图表、表格、声音动画等）传递演讲者所表达的信息。幻灯片不仅能表现静态内容，而且还可以表达对象的动态内容，形式丰富多样。

组成一张幻灯片的主要功能要素如下。

①文本：文字说明，文本可在占位符、文本框中输入。

②对象：图片、图表、表格、组织结构图等。

③背景：幻灯片背景色彩。

④配色方案：幻灯片设计中给出了多种配色方案，用于背景、文本和线条、阴影、标题文本、填充、强调和超链接的颜色设置。

为了使制作出的电子文稿具有一致的外观，可以制作幻灯片母版。

6.1.2 WPS 演示文稿的基本操作

1. WPS 演示文稿的启动和退出

WPS 演示文稿的启动、退出步骤同 WPS 文字类似，在此不再赘述。

①选择“开始”→“WPS Office”→“WPS 演示文稿”命令启动 WPS 演示文稿应用程序。

②双击桌面快捷图标启动 WPS 演示文稿应用程序，进入 WPS 演示文稿应用程序工作界面。

微视频6–1
WPS 演示文稿窗口基本操作

2. WPS 演示文稿应用程序窗口组成

启动 WPS 演示文稿后，它的窗口组成如图 6-1 所示，详见微视频 6–1 WPS 演示文稿窗口基本操作。

图 6–1 WPS 演示文稿窗口组成

3. 演示文稿的视图

视图是制作演示文稿的工作环境，每种视图按自己不同的方式显示和加工文稿，在一种视图中对文稿进行的修改会自动反映在其他视图中。

WPS 演示文稿中提供了普通视图、幻灯片浏览视图、备注页视图和阅读视图，但各视图间的集成更合理，使用也比以前的版本更方便。以不同的视图显示演示文稿的内容，使演示文稿易于浏览、便于编辑。

在“视图”选项卡中包含 4 个视图按钮，利用它们可以在各视图间切换。4 种视图的现实效果如图 6–2 所示。

（1）普通视图

在该视图中可以输入、查看每张幻灯片的主题，小标题以及备注，并且可以移动幻灯片图像和备注页方框，或改变它们的大小（见图 6-2（a））。

（2）幻灯片浏览视图

在这个视图中可以同时显示多张幻灯片。也可以看到整个演示文稿，因此可以轻松地添加、删除、复制和移动幻灯片（见图 6-2（b））。

（a）普通视图

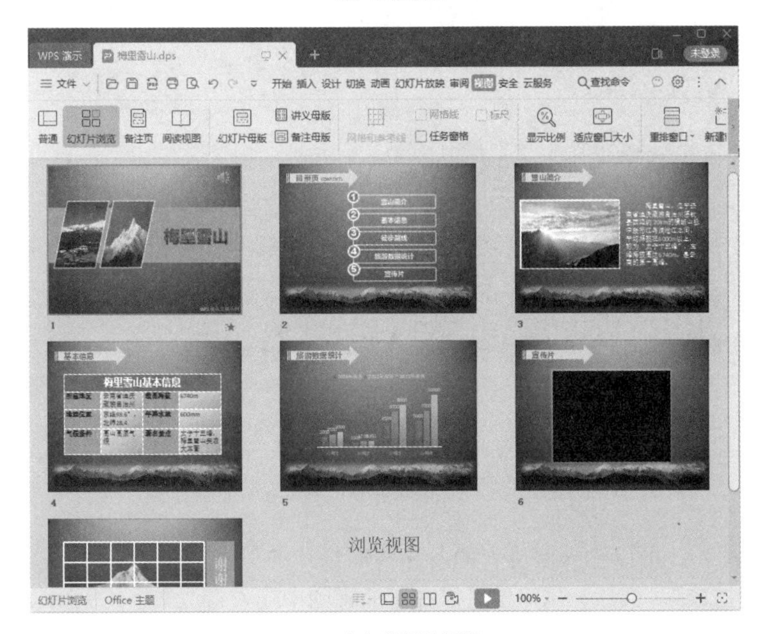

（b）幻灯片浏览视图

图 6–2　4 种视图

（c）备注页视图

（d）阅读视图

图 6-2　4 种视图（续）

（3）备注页视图

在备注页视图中，可以输入演讲者的备注。幻灯片的下方带有备注页方框，可以通过单击该方框来输入备注文字。当然，用户也可以在普通视图中输入备注文字（见图 6-2（c））。

（4）阅读视图

阅读视图用于放映演示文稿（见图 6-2（d））。该视图还可以提供一个包含简单控件的窗口，便于用户以非全屏的方式查看演示文稿。如果要更改演示文稿，可随时从阅读视图切换至某个其他视图。

4. 创建演示文稿

创建演示文稿的方法与 WPS 文字和 WPS 表格相似。启动 WPS 演示文稿应用程序后，打开欢迎界面，如图 6-3 所示。WPS 演示文稿提供了“空白演示文稿”“模板”两种创建方式。

演示文稿由多张幻灯片构成。用户可以在普通视图窗格对幻灯片进行各种编辑操作，如插入、移动、复制、删除等。

上述内容操作步骤详见微视频 6-2 创建演示文稿。

微视频6-2
创建演示文稿

图 6-3　“WPS 演示”欢迎界面

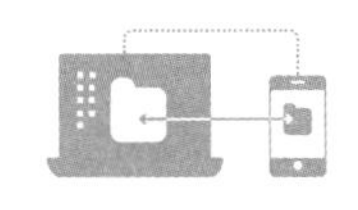

6.2　编辑演示文稿

6.2.1　幻灯片版式

每张幻灯片可以包含文字、图片、图表、音频、视频等多种要素。这些要素的排列组合与布局方式被称为幻灯片的版式。WPS 演示文稿提供了多种幻灯片版式供用户选择，如图 6-4 所示。幻灯片的版式设置详见微视频 6-3 幻灯片版式。

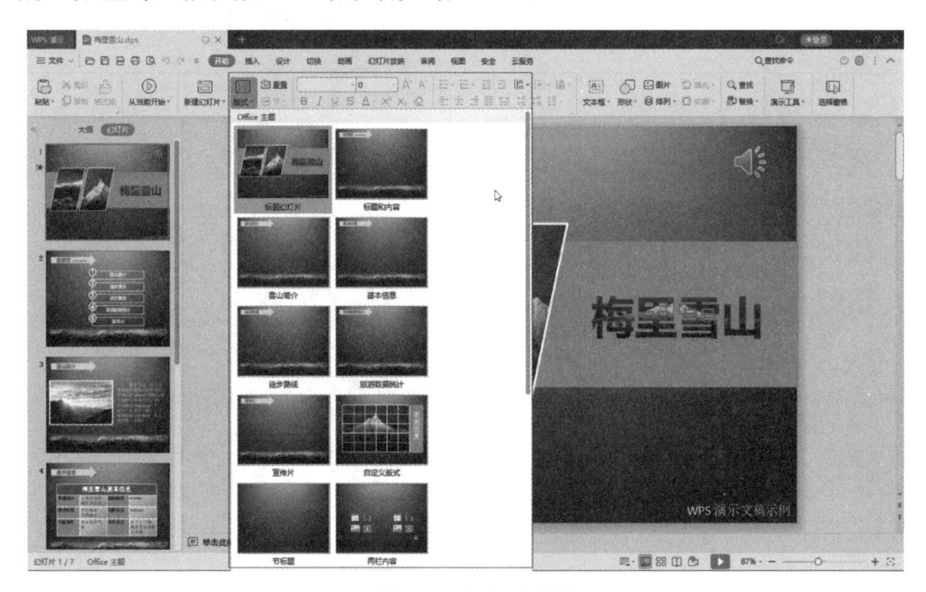

图 6-4　幻灯片版式

6.2.2　编辑幻灯片

1. 在幻灯片上添加对象

在 WPS 演示文稿中，用户可以插入、编辑图形、图片和艺术字等对象，丰富美化演示文稿，加强文稿的表现力和感染力。

微视频6-3
幻灯片版式

（1）插入图形

用户可以在幻灯片中插入自选图形，如图 6-5 所示。WPS 演示文稿内置了很多种类的图形，用户可以根据实际需要选择，详见微视频 6-4 插入图形。

（2）插入图片

在演示文稿中，图片是提升幻灯片视觉传达力的一个重要方面。用户可以选择将自己的图片加入到幻灯片中，详见微视频 6–5 插入图片。

（3）插入艺术字

利用 WPS 演示文稿中的艺术字功能插入装饰文字，可以创建带阴影的、扭曲的、旋转的或拉升的艺术字，也可以按预定的文本创建艺术字。详见微视频 6–6 插入艺术字。

（4）创建表格

在演示文稿的设计制作中，表格可以直观形象地表现数据与内容。详见微视频 6–7 创建表格。

（5）创建图表

在演示文稿的设计制作中，图表可以提升幻灯片的视觉表现力。详见微视频 6–8 插入图表。

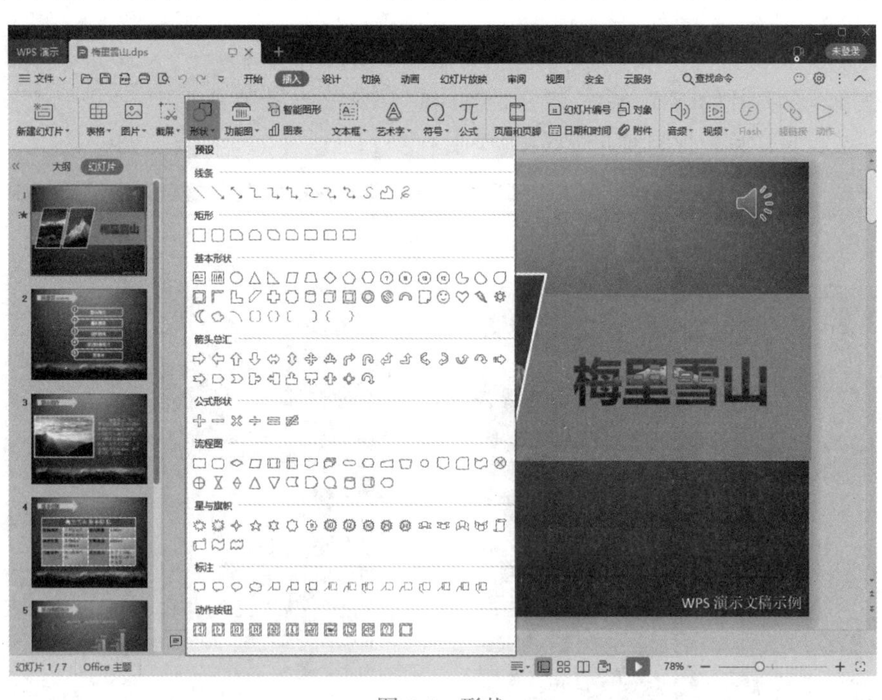

图 6-5　形状

2. 文字的格式设置

在新建幻灯片时，如果选择了空白版式以外的任一种版式，那么在新幻灯片上都会有相应的提示，告诉用户在什么位置输入什么样的文本。单击提示，就会在文本框中显示一个光标，即可输入文本了。如果没有提示，用户可以插入文本框并录入文本。插入、编辑和使用文本框操作详见微视频 6–9 插入文本框。

3. 表格的格式设置

（1）插入与删除行和列

在幻灯片中插入表格、输入内容后，用户对表格中的行与列不满意，可以进行删除与修改。通过“表格工具”选项卡插入或删除行或列如图 6–6 所示。

（2）合并与拆分单元格

① 合并单元格。在表格中合并单元格是比较简单的操作，操作方法如下。

选中需要合并的单元格，在“表格工具”选项卡中，单击“合并单元格”按钮，如图 6–6 所示。表格选中的单元格即可被合并成一个单元格。

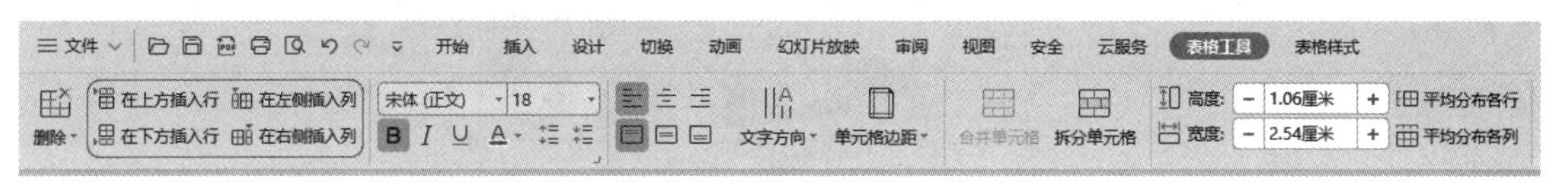

图 6–6　合并单元格

② 拆分单元格。将光标置于幻灯片中需要拆分的单元格，在“表格工具”选项卡中，单击“拆分单元格”按钮，弹出“拆分单元格”对话框，如图 6–7 所示，设置好拆分的行和列，表格选中的单元格即可被拆分为设置行列的单元格。

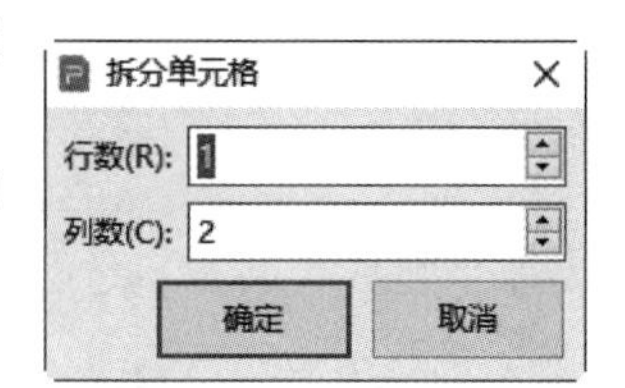

图 6–7　拆分单元格

（3）设置表格外观样式

在演示文稿中，WPS Office 2019 系统提供了多种表格样式以及自定义表格样式，便于用户进行选择，对插入的表格进行修饰。用户也可以自定义表格样式。设置表格样式的工具在“表格样式”选项卡中，如图 6–8 所示。

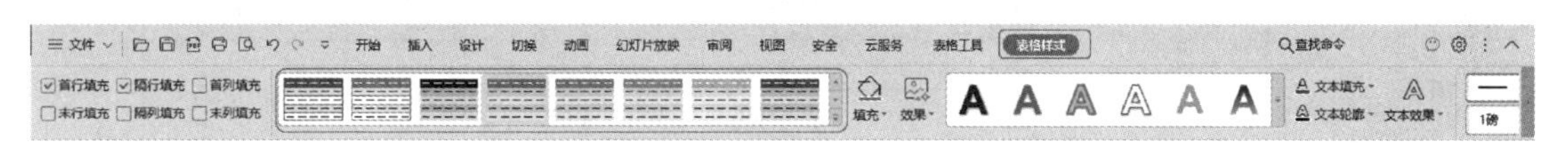

图 6–8　“表格样式”选项卡

4. 图表的格式设置

（1）更改图表类型

在幻灯片中插入图表后，用户可以更改图表类型。操作方法如下。

① 在幻灯片中选择需要更改类型的图表，在“图表工具”选项卡中，单击“更改表类型”按钮。

② 在弹出的“更改图表类型”对话框中选择合适的图表类型，例如，选中“X Y（散点图）”中的“带平滑线和数据标记的散点图”。

③ 单击“确定”按钮，即可完成更改设置，如图 6–9 所示。

（2）设置与美化图表

在演示文稿中，WPS Office 2019 系统提供了多种图表的布局与样式，便于用户进行选择，对创建的图表进行修饰。

① 快速调整图表布局。在幻灯片中插入图表后，用户可以通过设置图表布局来快速调整图表，使其更加美观和有效。操作方法如下：

在幻灯片中选择需要调整布局的图表。在“图表工具”选项卡中，单击“快速布局”右侧的下拉箭头，例如，在其下拉列表中选择“布局 6”，单击即可应用到表格中，如图 6–10 所示。

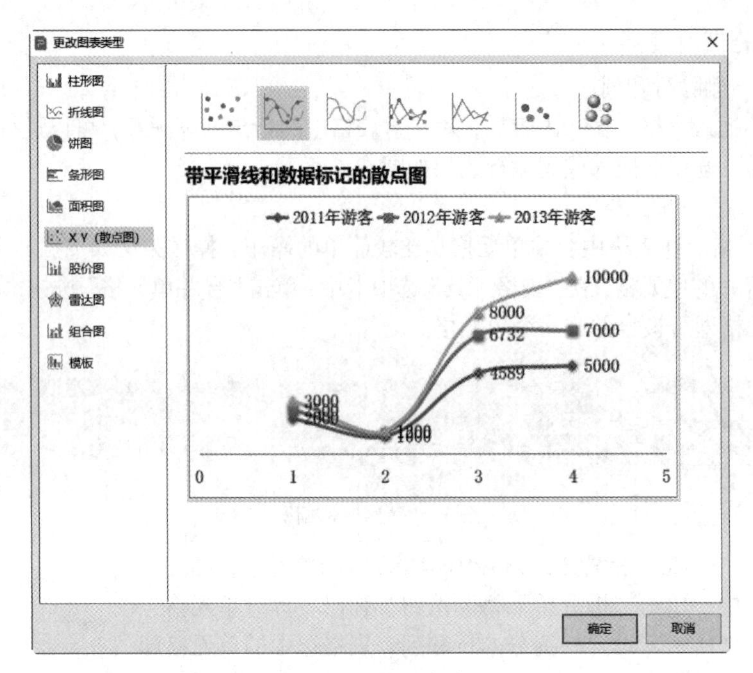

图 6-9 更改图表类型

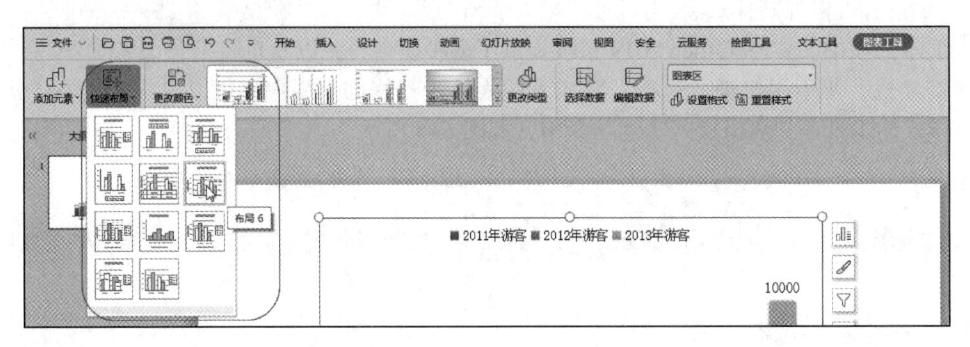

图 6-10 调整图表布局

② 快速设置图表样式。在修饰图表的过程中，用户除了可以更改图表布局以外，还可以设置图表样式，操作同样很简单。在幻灯片中选中图表，在“图表工具”选项卡“图表样式选项”中进行设置即可。

5. 添加音频和视频

在制作多媒体演示文稿时，适当插入音频和视频素材会达到很好的效果。

（1）添加音频

在演示文稿中，用户可以“嵌入音频”“链接到音频”“嵌入背景音乐”“链接背景音乐”。详见微视频 6-10 添加音频。

微视频6-10
添加音频

（2）添加视频

在演示文稿中，用户可以插入视频的来源有 2 种方式：一是“嵌入本地视频”，二是“链接到本地视频”。详见微视频 6-11 添加视频。

微视频6-11
添加视频

实训 1　创建并编辑演示文稿

一、实训目的

① 掌握 WPS 演示文稿的启动和退出方法。

② 熟悉 WPS 演示文稿界面。

③ 掌握使用 WPS 演示文稿创建、保存以及打开演示文稿的方法。

④ 掌握幻灯片的基本操作，如选择、插入、复制和删除。

⑤ 熟练掌握向幻灯片中添加各类对象的方法，包括文本、图片、图形、表格、图表、超链接、音频和视频等，并能够对其进行编辑和格式化。

二、实训任务

① 创建演示文稿文件，命名为“2021 营销 3 班郊游纪录 .dps”。

② 插入第 1 张幻灯片，应用“标题幻灯片”版式，标题为“2021 • 郊游”，字体为“微软雅黑”，字号为“54”，粗体；副标题为“——百望山之行”，字体为“微软雅黑”，字号为“28”。

③ 插入第 2 张幻灯片，应用“标题和内容”版式，按图 6-11 所示录入目录内容。

④ 插入第 3 张幻灯片，应用“标题和内容”版式。

● 插入图片“拓展训练 .jpg”、“趣味游戏 .jpg”、“自由活动 .jpg”和“快乐聚餐 .jpg”。将图片裁剪成“六边形”，设置高度和宽度分别为“5 厘米”和“6 厘米”，自行设置图片的样式。参照样张排列图片。

● 绘制 3 条直线，设置其颜色为“浅绿”，边框为“虚线”，粗细为“2.25 磅”，参照样张摆放。

● 插入图片“脚印 .png”，进行删除背景处理，自行调整图片大小。复制图片并旋转，参照图 6-11 摆放图片，并将其组合起来。为每一条直线添加一组脚印。

● 插入图形“泪滴形”，参照图 6-11 调整图形形状，无边框，填充色为“浅绿”。插入图形“椭圆”，填充“白色”，无边框，置于泪滴形上层，参照样张对齐。将两个图形组合起来，设置阴影效果为“右上对角透视”。复制组合图形，将泪滴形的填充颜色设置为“橙色”。参照图 6-11 放置图形。

● 插入文本框，参照图 6-11 录入时间和地点信息。

⑤ 插入第 4 张幻灯片，如图 6-11 所示，加入视频“郊游 .avi”。

⑥ 插入第 5 张幻灯片，应用“标题和内容”版式，参考图 6-11，插入一个 4 行 4 列的表格，参照图 6-11 录入嘉宾信息，并设置表格的底纹和边框。

⑦ 插入第 6 张幻灯片，应用“标题和内容”版式，依据“郊游费用 .et”中的数据插入柱状图，参照图 6-11 设置其样式。

⑧ 选择封面幻灯片，插入背景音乐“郊游 .mp3”，设置成“跨幻灯片”播放，“播完返回开头”。

三、实训提示

① 创建空白文件，保存并命名。

② 插入幻灯片，应用“标题幻灯片”版式，录入正、副标题，在“开始”选项卡中，设置标题的文本样式。

③ 插入幻灯片，应用“标题和内容”版式，参照图 6-11 录入内容。

④ 插入幻灯片，应用“标题和内容”版式，参照图 6–11 插入指定图片及图形。使用上下文选项卡“格式”中的工具设置相关参数。对于具有相同参数的对象，可以按住【Ctrl】键同时选中，再进行设置。如果要对图形实施组合或对齐操作，也需要先按【Ctrl】键 + 鼠标左键选中对象。对于重复出现的对象，可以通过复制、粘贴操作来添加。

⑤ 插入幻灯片，应用“标题和内容”版式，在“插入”选项卡中，单击“视频”右侧的下拉箭头，在列表中选择“嵌入本地视频”命令，插入指定的视频，使用“视频工具”选项卡中的命令进行相应的设置。

⑥ 插入幻灯片，应用“标题和内容”版式，在“插入”选项中，单击“表格”→“插入表格”插入表格，在“表格工具”选项卡中，进行相应的设置，参照图 6–11 录入表格内容。

⑦ 插入幻灯片，应用“标题和内容”版式，在“插入”选项卡中，单击“图表”按钮插入图表，在“图表工具”选项卡中，单击“编辑数据”命令，在打开的 WPS 表格中输入数据，参照图 6–11 设置表格样式。

⑧ 选择第 1 张幻灯片，在“插入”选项卡中，单击“音频”命令按钮右侧的下拉箭头，在列表中选择“嵌入音频”命令插入指定的音频，在“音频工具”选项卡中设置播放参数。

⑨ 演示文稿如图 6–11 所示。

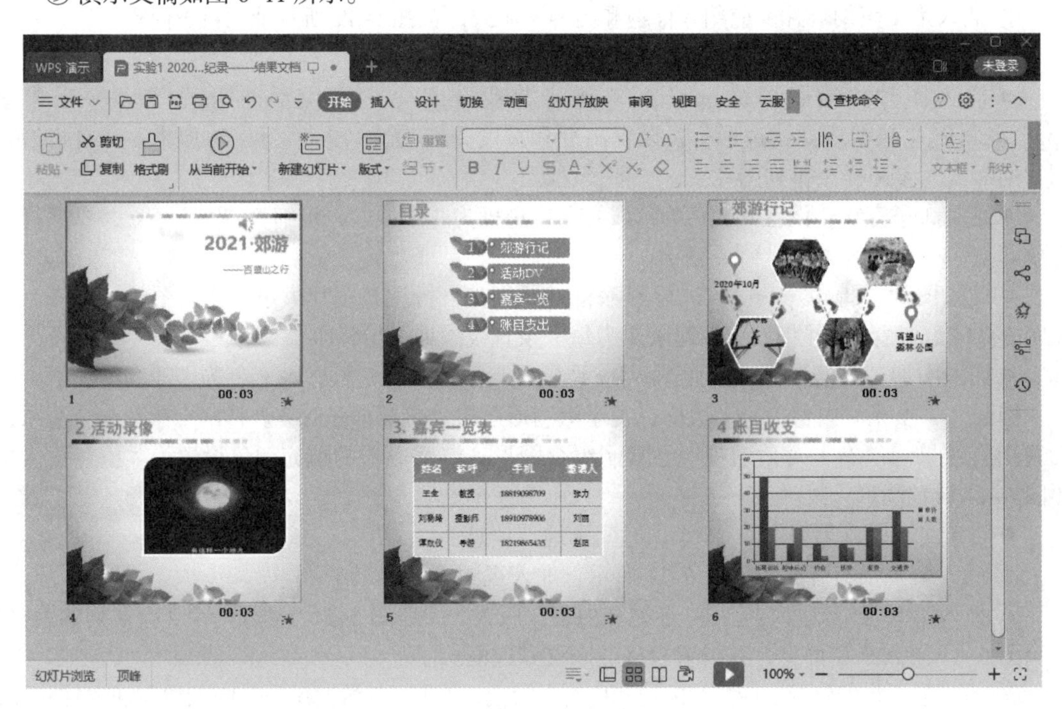

图 6–11　2021 营销 3 班郊游纪录 .dps

四、拓展思考与练习

① 重新设置第 3 张幻灯片中的图片样式和布局，使幻灯片更美观。搜索资料，思考如何对幻灯片中的图形和图片进行编辑和排版。

② 演示文稿主要是用来传递信息的，搜索资料并思考应该怎样设计演示文稿。

③ 搜集资料并总结幻灯片的排版原则。

6.3　修饰演示文稿

6.3.1　使用模板

WPS 演示文稿模板是另存为 .dpt 文件的一张幻灯片或一组幻灯片的图案或蓝图。模板可以包含版式、主题颜色、背景样式等。WPS 演示文稿内置了不同类型的模板。

除了使用 WPS 演示文稿内置模板和网络模板外，用户还可以使用自己保存的模板。

6.3.2　母版设置

微视频6–12
编辑修改母板

幻灯片母版处于幻灯片层次结构中的顶层，用于存储有关演示文稿的主题和幻灯片版式信息，包括背景、颜色、字体、效果、占位符大小和位置。

用户可以插入、删除、重命名幻灯片母版，也可以修改母板版式，详见微视频 6-12 编辑修改母板。

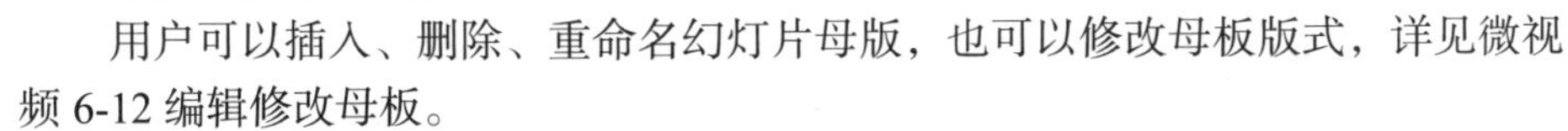

实训 2　修饰演示文稿

一、实训目的

① 掌握母板视图的打开和关闭方法。

② 掌握母板背景、主题的设置方法。

③ 掌握母板中各版式的添加、复制、删除和重命名方法。

④ 熟练编辑母板各版式。

⑤ 掌握应用母板的方法。

二、实训任务

① 打开“2021 营销 3 班郊游纪录 .dps”演示文稿，切换到母板视图，设置母板主题为“顶峰”，背景样式用图片“背景 .jpg”填充。

② 在“标题幻灯片”版式中，将背景样式用图片“封面 .jpg”填充，参照样张，将正、副标放置到页面右上部分，自行设置标题字体的颜色和字号。

③ 在“标题和内容”版式中，设置标题文字左对齐，字号为 40。适当调整标题和内容占位符的位置。

④ 复制、粘贴“标题和内容”版式，将得到的新版式命名为“目录”。参照图 6–12，在“目录”版式中插入图片“目录 .png”，并复制 3 份，然后对齐。插入文本框，将图片分别标注为 1、2、3、4，插入占位符，将提示信息设置为“目录项”。

⑤ 关闭母版视图，观察幻灯片的变化。对第 2 张幻灯片应用“目录”版式。

三、实训提示

① 打开指定演示文稿，在“视图”选项卡中，单击“幻灯片母版”按钮，切换到母版视图。在“幻灯片母版”选项卡中，单击“主题”右侧的下拉箭头，在列表中选择主题。单击“背景”按钮，设置背景图片。

② 选择“标题幻灯片”版式，调整标题和内容占位符即可。选中标题文字，在“开始”选项卡中，

设置标题文本格式。

③ 选择“标题和内容”版式，调整标题和内容占位符即可。选中标题文字，在“开始”选项卡中，设置标题文本格式。

④ 选择“标题和内容”版式，复制，粘贴，得到新版式。在新版式上右击，在弹出的快捷菜单中选择“重命名版式”，为新版式命名为“目录”。使用“插入”选项卡插入图片、形状和文本框，并设置其格式。将目录条目的图片、图形和文本框组合起来，复制并粘贴 3 次。选中 4 张组合图片，实施“左对齐”和“纵向分布”操作。

⑤ 关闭母版视图，选中第 2 张幻灯片，在“开始”选项卡中，单击“版式”右侧的下拉箭头，在下拉列表中选择“目录”版式。

⑥ 在“插入”选项卡中，插入图片，将指定图片插入到文档中，按题目要求设置各项参数。

⑦ 演示文稿如图 6-12 所示。

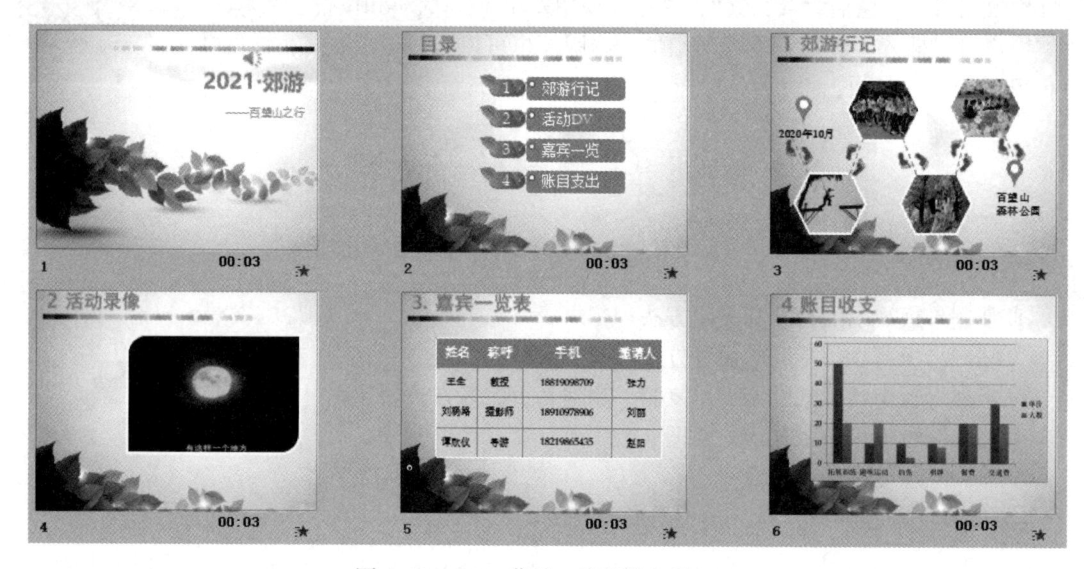

图 6-12　2021 营销 3 班郊游纪录 .dpt

四、拓展思考与练习

① 思考并实验是否可以在一个演示文稿中应用多个母版。如果可以，如何使用？

② 怎样保存当前幻灯片母版版式，并将其作为自定义主题使用？

6.4　设置动画效果

6.4.1　动画方案

微视频6-13
创建动画

使用动画可以让观众将注意力集中到要点和信息流上，还可以提高观众对演示文稿的兴趣。在 WPS 演示文稿中，可以创建包括进入、强调、退出以及路径等不同类型的动画效果，详见微视频 6-13 创建动画。

6.4.2 自定义动画

1. 添加高级动画

动画效果是 WPS 演示文稿功能中的重要部分，使用动画效果可以制作出栩栩如生的幻灯片。具体操作步骤如下。

① 选中需要添加动画效果的对象，单击“动画”选项标签。

② 在“动画”选项卡中，如图 6-13 所示，单击选择某一动画按钮即可。

图 6-13 动画选项卡

③ 如果面板中的动画效果不能满足要求，可以单击效果右侧的下拉箭头，打开“更多效果”进行选择，如图 6–14 所示。

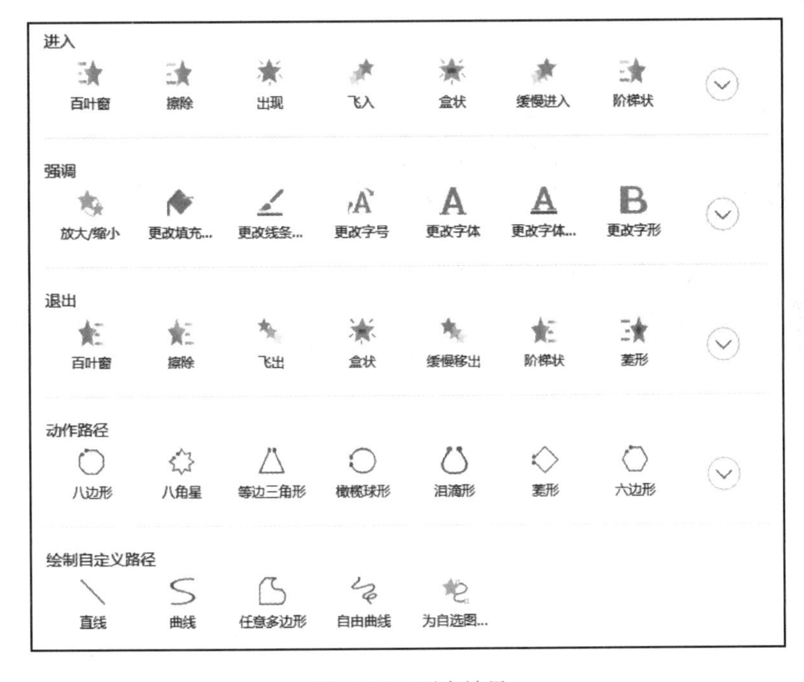

图 6–14 更多效果

④ 在该下拉列表中选择合适的动画按钮即可。

2. 设置幻灯片切换效果

放映幻灯片时，在上一张播放完毕后若直接进入下一张，将显得僵硬、死板，因此有必要设置幻灯片切换效果。WPS 演示文稿提供的切换效果如图 6-15 所示。设置切换效果的操作详见微视频 6–14 幻灯片切换效果。

微视频6–14
幻灯片切换效果

图 6–15 幻灯片切换效果

实训 3 设置幻灯片的动画效果

一、实训目的

① 掌握设置幻灯片切换效果的方法。

② 熟练使用动画方案、设置动画效果。

二、实训任务

① 将目录页幻灯片的切换方式设置为“向上”“推出”，换片方式为“设置自动换片时间：3 秒”；内容页的切换方式为“自右侧”“框”，换片方式为“设置自动换片时间：3 秒”。

② 选择郊游行记幻灯片，为其添加动画效果。

③ 设置日期组合的动画为“自左上部飞入”。

④ 设置脚印及连线组合的动画为“擦除”，自行设置效果。

⑤ 设置四张照片的动画效果。每张照片第一个动画是进入动画中的“自底部擦除”，第二个动画是强调动画中的“放大 / 缩小”，放大动画的触发方式为“从上一项之后开始”，计时效果为“快速”。

⑥ 参照图 6–16 设置动画顺序。

三、实训提示

① 选择幻灯片，在“切换”选项卡中，选择相应的效果，然后在右侧的窗格中设置切换效果和换片方式。

② 选中郊游行记幻灯片，选择“动画”选项卡，单击“自定义动画”按钮，打开“自定义动画”。

● 选中日期组合，选择“飞入”方案，“自左上部”效果。

● 选择幻灯片最左侧的脚印及连线组合，选择“擦除”方案，“自顶部”效果。其他脚印组合的设置与之类似。

● 选择拓展训练图片，选择“擦除”方案，单击“自定义动画”打开相应窗格，将“方向”设置为“自底部”；单击“添加效果”列表→“放大 / 缩小”设置动画开始方式和速度。在右侧的动画窗格中选择刚刚设置的图片放大 / 缩小动画，打开下拉列表，选择效果选项，在弹出的窗口中设置动画触发方式和运行时间。其他图片的动画设置与之类似。

● 参照图 6–16 调整动画顺序。

③ 演示文稿如图 6–16 所示。

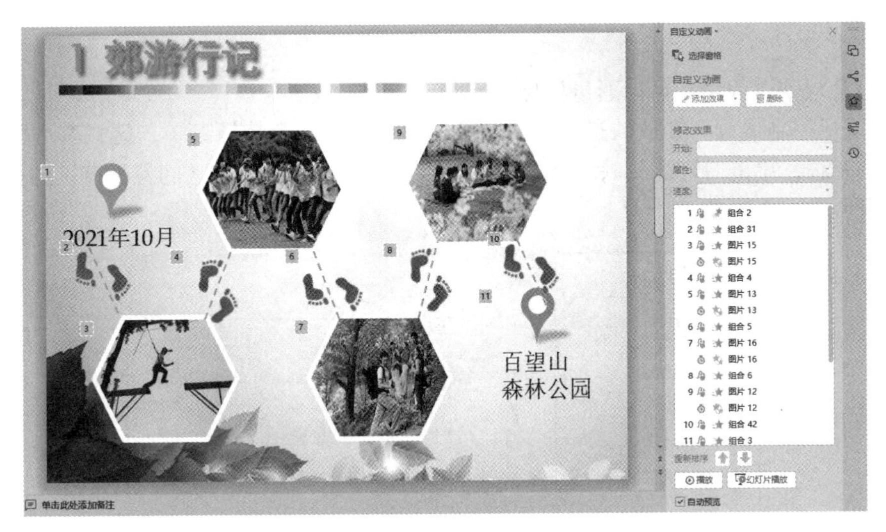

图 6-16　“郊游行记”幻灯片动画方案

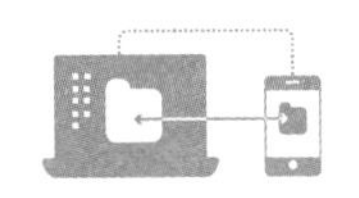

6.5　演示文稿的放映

6.5.1　设置放映方式

1. 放映演示文稿

在“幻灯片放映”选项卡中，可以单击“从头开始”或“从当前幻灯片开始”按钮。如果没有进行过相应的设置，这两种方式将从演示文稿中的第一张幻灯片起，放映到最后一张为止。

单击“从当前幻灯片开始”按钮或者单击状态栏的播放按钮▶，切换到幻灯片放映视图，此时将从当前幻灯片开始放映到演示文稿中的最后一张幻灯片。

2. 设置放映方式

打开制作完成的演示文稿，切换到“放映”选项卡，单击“放映设置”按钮，打开“设置放映方式”对话框，在该对话框里可以对幻灯片的放映类型、放映选项、换片方式等进行设置，如图 6-17 所示。

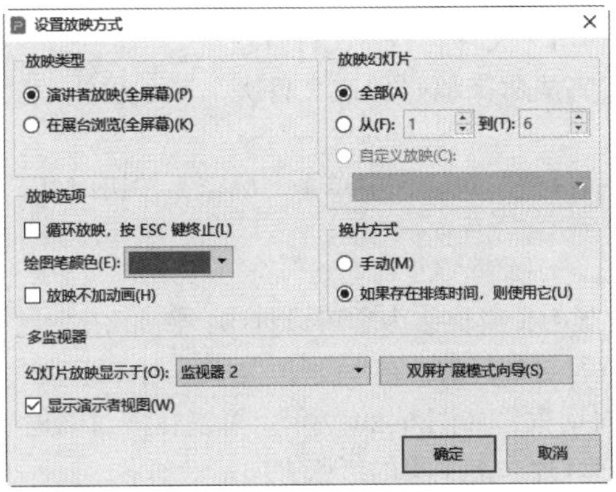

图 6-17　设置放映方式

6.5.2 控制幻灯片放映

在幻灯片放映过程中，可以通过鼠标和键盘来控制播放。

① 用鼠标控制播放。在放映过程中，右击屏幕会弹出一个快捷菜单，选择其中的命令可以控制放映的过程，单击幻灯片放映“帮助”命令则显示关于幻灯片放映的各种按键的操作说明，如图 6–18 所示。

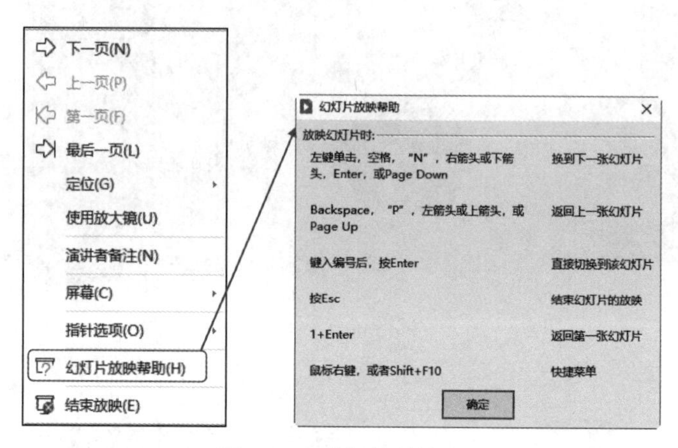

图 6–18 鼠标控制放映

② 用键盘控制放映。常用的控制放映的按键如下。

- 单击、空格键、【N】、【→】键、【↓】键、【Enter】键、【PageDown】键：换到下一张幻灯片。
- 【Backspace】键、【P】、【←】键、【↑】键、【PageUp】键：返回上一张幻灯片。
- 输入编号后，按【Enter】键：跳到指定的幻灯片。
- 【Esc】键：退出放映。

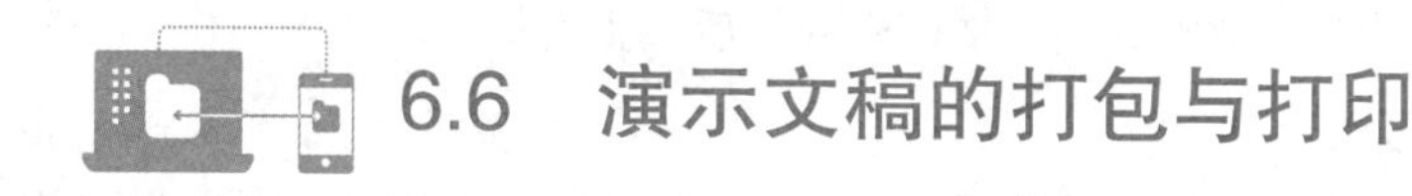

6.6 演示文稿的打包与打印

6.6.1 打包演示文稿

在演示文稿的设计制作放映准备完成后，用户可以将演示文稿打包，便于携带。

① 在幻灯片主界面中单击“文件”→“文件打包”。

② 在子菜单中选择“将演示文稿打包成文件夹”或“将演示文稿打包成压缩文件”，如图 6-19 所示。

③ 在弹出的“演示文稿打包”对话框中单击“确定”按钮即可。

6.6.2 打印演示文稿

在 WPS 演示文稿中文版中，有许多内容可以打印，例如幻灯片、演讲者备注等。

在打印之前，首先要进行页面设置。在“设计”选项卡中，单击“幻灯片大小”→“自定义大小”，弹出“页面设置”对话框，如图 6–20 所示。可以在该对话框中设置打印纸张的大小、幻灯片编号的起始值，以及幻灯片、讲义等的纸张方向。

页面设置完毕后，单击“文件”→“打印”标签，即可进入打印状态，如图 6–21 所示。

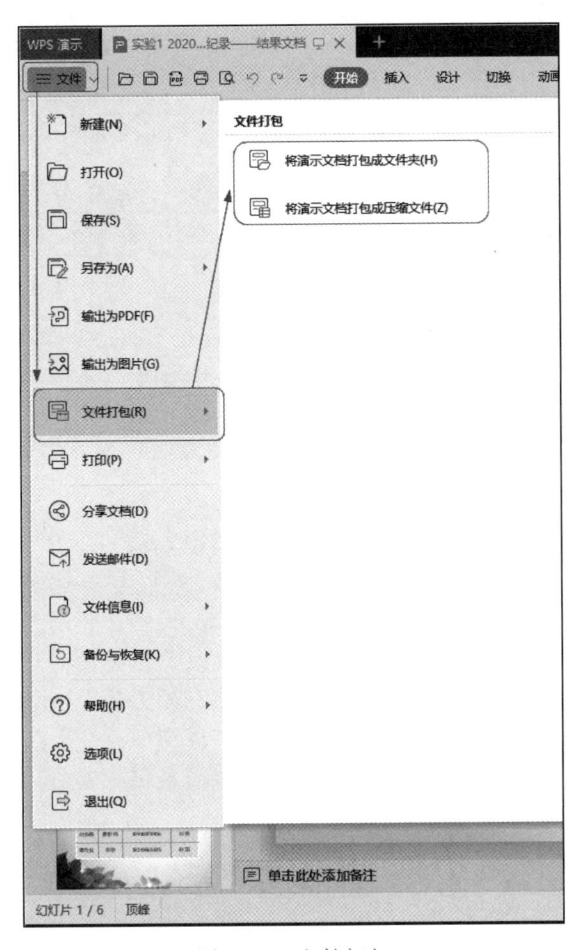

图 6–19　文件打包

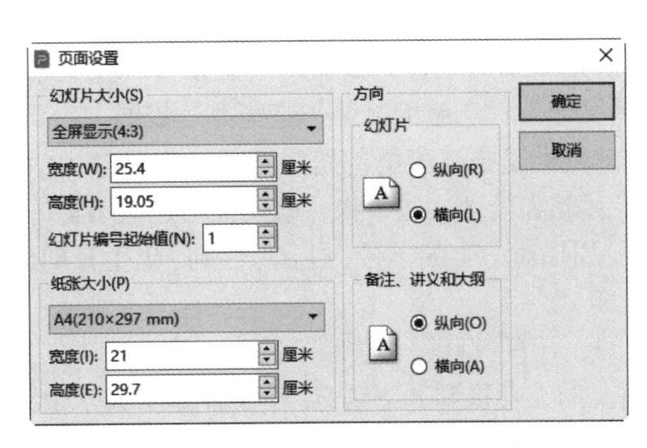

图 6–20　“页面设置”对话框

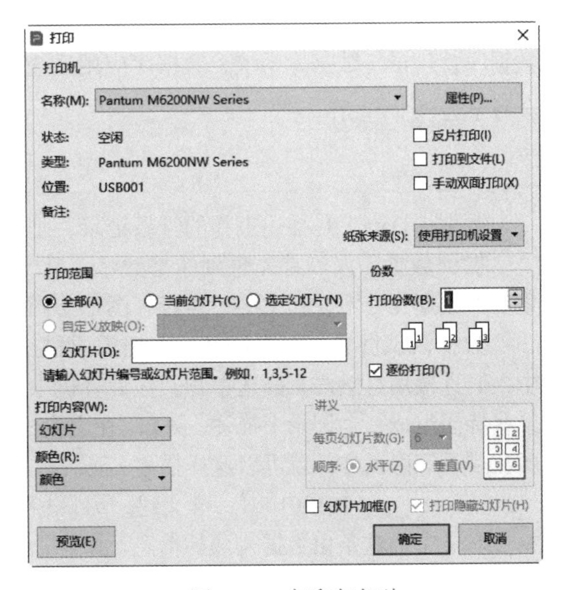

图 6–21　打印幻灯片

第 7 章

数据库与大数据技术

数据库技术是指数据管理技术，是计算机科学的一个重要分支。在计算机应用的三大领域（科学计算、数据处理和过程控制）中，数据处理约占其中的70%，而数据库技术就是作为一门数据处理技术发展起来的，是目前应用最广的技术之一，它已成为计算机信息系统的核心技术和重要基础。随着云计算、物联网、社交网络、移动网络等各类技术的出现，以及现有的计算能力、存储空间、网络带宽的高速发展，各类数据资源正在以前所未有的速度不断地增长和积累，催生了以海量数据作为关键基础要素的大数据时代的到来。本章主要介绍关系型数据库的基本概念、关系模型、关系型数据库的设计方法和大数据基础概念等。通过本章学习，着重培养学生量化、分析和处理数据的数据化思维。

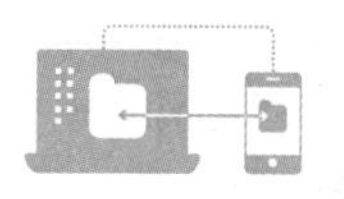

7.1 数据库系统的基本概念

学习数据库系统相关的理论术语，是学习和掌握数据库具体应用的基础和前提，掌握好这些基本概念对学习和使用数据库管理系统有着十分重要的意义。数据、数据库、数据库管理系统、数据库管理员、数据库系统、数据库应用系统是与数据库技术密切相关的 6 个基本概念。

7.1.1 基本概念介绍

1. 数据

数据（Data）是描述事物的符号记录，是数据库中存储的基本对象。

提到数据，人们首先想到的是数字，其实数字只是数据的一种。数据的类型很多，在日常生活中数据无处不在：文字、声音、图形、图像、档案记录、仓储情况……这些都是数据。

为了认识世界、交流信息，人们需要描述事物，数据是描述事物的符号记录。在日常生活中人们直接用自然语言描述事物。在计算机中，为了存储和处理这些事物，就要抽出这些事物的某些特征组成一个记录来描述。例如，在学生档案中，如果对学生的学号、姓名、性别、出生日期、所在院系等感兴趣，就可以这样描述：

（201301001，李文建，男，1996-11-23，计算机科学与技术学院）

对于上面这条由数据构成的信息记录，了解其语义的人会得到如下信息：李文建是个大学生，1996 年出生，在计算机科学与技术学院读书；而不了解其语义的人则无法理解其含义。可见，数据的形式本身并不能全面表达其内容，需要经过语义解释，数据与其语义是不可分的。

软件中的数据是有一定结构的。首先，数据有型（Type）与值（Value）之分，数据的型给出了数据表示的类型，如整型、实型、字符型等，而数据的值给出了符合给定型的具体值。如数字30，按类型讲它是整型，按数值讲，具体就是30。

计算机中的数据一般分两部分：其中一部分与程序仅有短时间的交互关系，随着程序的结束而消亡，称为临时性数据，这类数据一般存放于计算机内存中；而另一部分数据则对系统起着长期持久的作用，称为持久性数据。数据库系统中处理的就是这种持久性数据。

2. 数据库

数据库（DataBase，DB），顾名思义，就是存放数据的仓库。只不过这个仓库是在计算机存储设备上，而且数据是按一定的格式存放的。也就是说，数据库是具有统一的结构形式并存放于统一的存储介质内的多种应用数据的集成，并可被各个应用程序所共享。

数据库存放数据是按数据所提供的数据模式存放的，它能构造复杂的数据结构以建立数据间的内在联系与复杂的关系，从而构成数据的全局结构模式。

3. 数据库管理系统

数据库管理系统（DataBase Management System，DBMS）是位于用户与操作系统之间的一层数据管理软件。数据库管理系统使用户能方便地定义数据和操纵数据，并能够保证数据的安全性、完整性，多用户对数据的并发使用及发生故障后的系统恢复。

数据库管理系统是数据库系统的核心，它的主要功能包括以下几个方面。

（1）数据模式定义

数据库管理系统负责为数据库构建模式，也就是为数据库构建其数据框架。

（2）数据存取的物理构建

数据库管理系统负责为数据模式的物理存取及构建提供有效的存取方法与手段。

（3）数据操纵

数据库管理系统为用户使用数据库中的数据提供方便，它一般提供查询、插入、修改以及删除数据的功能。此外，它自身还具有做简单算术运算及统计的能力，而且还可以与某些过程性语言结合，使其具有强大的过程性操作能力。

（4）数据的完整性、安全性定义与检查

数据库中的数据具有内在语义上的关联性与一致性，它们构成了数据的完整性。数据的完整性是保证数据库中数据正确的必要条件，因此必须经常检查以维护数据的正确。

数据库中的数据具有共享性，而数据共享可能会引发数据的非法使用，因此必须要对数据正确使用做出必要的规定，并在使用时做检查，这就是数据的安全性。

（5）数据库的并发控制与故障恢复

数据库是一个集成、共享的数据集合体，它能为多个应用程序服务，所以就存在着多个应用程序对数据库的并发操作。在并发操作中如果不加入控制和管理，多个应用程序间就会相互干扰，从而对数据库中的数据造成破坏。因此，数据库管理系统必须对多个应用程序的并发操作做必要的控制以保证数据不受破坏，这就是数据库的并发控制。

数据库中的数据一旦遭受破坏，数据库管理系统必须有能力及时进行恢复，这就是数据库的故障恢复。

（6）数据的服务

数据库管理系统提供对数据库中数据的多种服务功能，如数据复制、转存、重组、性能检测、分析等。

为完成以上六个功能，数据库管理系统提供相应的数据语言，分别如下。

① 数据定义语言（Data Definition Language，DDL）：该语言负责数据的模式定义与数据的物理存取构建。

② 数据操纵语言（Data Manipulation Language，DML）：该语言负责数据的操纵，包括查询及增删改等操作。

③ 数据控制语言（Data Control Language，DCL）：该语言负责数据完整性、安全性的定义与检查，以及并发控制、故障恢复等功能，包括系统初启程序、文件读写与维护程序、存取路径管理程序、缓冲区管理程序、安全性控制程序、完整性检测程序、并发控制程序、事务管理程序、运行日志管理程序、数据库恢复程序等。

目前流行的 DBMS 均为关系数据库系统，比如 Oracle、Sybase 的 PowerBuilder 及 IBM 的 DB2、微软公司的 SQL Server 等，它们均为严格意义上的 DBMS 系统。另外一些小型的数据库，如微软的 Visual FoxPro 和 Access 等，它们只具备数据库管理系统的一些简单功能。

4. 数据库管理员

由于数据库的共享性，因此对数据库的规划、设计、维护、监视等需要有专人管理，称他们为数据库管理员（DataBase Administrator，DBA）。其主要工作如下。

① 数据库设计（DataBase Design）。DBA 的主要任务之一是做数据库设计，具体地说是进行数据模式的设计。由于数据库的集成与共享性，因此需要有专门人员对多个应用的数据需求作全面的规划、设计与集成。

② 数据库维护。DBA 必须对数据库中的数据安全、完整性、并发控制及系统恢复、数据定期转存等进行维护。

③ 改善系统性能，提高系统效率。DBA 必须随时监视数据库运行状态，不断调整内部结构，使系统保持最佳状态与最高效率。当效率下降时，DBA 需要采取适当的措施，如进行数据的重组、重构等。

5. 数据库系统

数据库系统（DataBase System，DBS）由如下几部分组成：数据库（数据）、数据库管理系统（软件）、数据库管理员（人员）、系统平台之一——硬件平台（硬件）、系统平台之二——软件平台（软件）。这五个部分构成了一个以数据库为核心的完整的运行实体，称为数据库系统。

6. 数据库应用系统

数据库应用系统（DataBase Application System，DBAS）是由数据库系统加上应用软件及应用界面这三者所组成。其中，应用软件是由数据库系统所提供的数据库管理系统（软件）及数据库系统开发工具组合而成，而应用界面大多由相关的可视化工具开发而成。

数据库应用系统中各部分以一定的逻辑层次结构方式组成一个有机的整体。如果不计数据库管理员（人员）并将应用软件应用界面记成应用系统，则数据库应用系统的结构如图 7-1 所示。

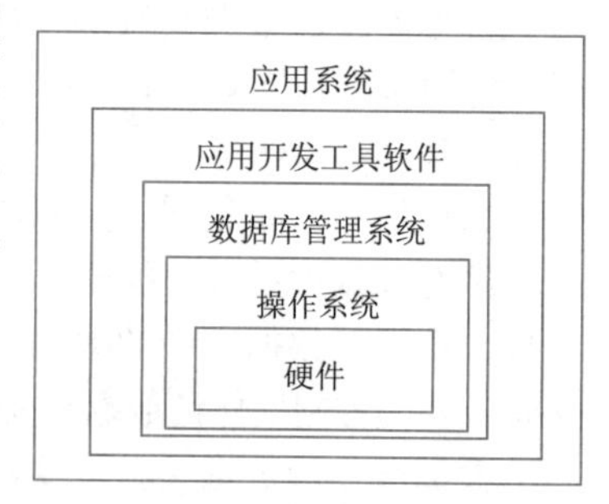

图 7-1 数据库系统的软硬件层次结构图

7.1.2 数据库系统的发展

数据管理发展至今经历了三个阶段：人工管理阶段、文件系统阶段和数据库系统阶段。

1. 人工管理阶段

20 世纪 50 年代中期之前，计算机的软硬件均不完善。硬件存储设备只有磁带、卡片和纸带，软件方面还没有操作系统，当时的计算机主要用于科学计算。这个阶段由于还没有软件系统对数据进行管理，程序员在程序中不仅要规定数据的逻辑结构，还要设计其物理结构，包括存储结构、存取方法、输入输出方式等。当数据的物理组织或存储设备改变时，用户程序就必须重新编制。由于数据的组织面向应用，不同的计算程序之间不能共享数据，使得不同的应用之间存在大量的重复数据，很难维护应用程序之间数据的一致性。

在人工管理阶段应用程序与数据之间的关系如图 7–2 所示。

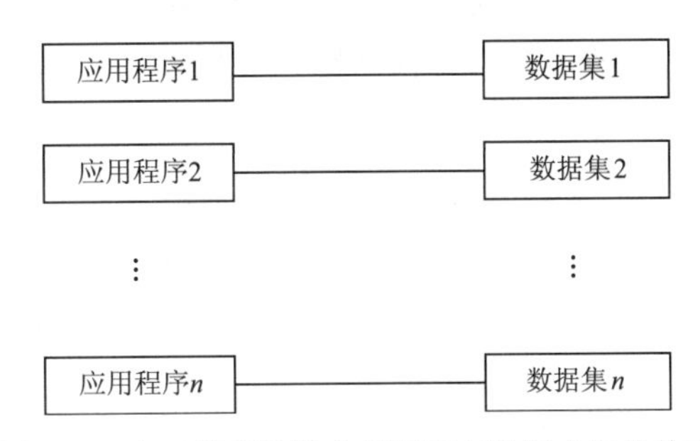

图 7–2 人工管理阶段应用程序与数据之间的关系

2. 文件系统阶段

这一阶段的主要标志是计算机中有了专门管理数据的软件——操作系统（文件管理）。

20 世纪 50 年代中期到 60 年代中期，由于计算机大容量存储设备（如硬盘）的出现，推动了软件技术的发展，而操作系统的出现标志着数据管理步入一个新的阶段。在文件系统阶段，数据以文件为单位存储在外存，并且由操作系统统一管理。操作系统为用户使用文件提供了友好界面。文件的逻辑结构与物理结构脱钩，程序和数据分离，使数据与程序有了一定的独立性。用户的程序与数据可分别存放在外存储器上，各个应用程序可以共享一组数据，实现了以文件为单位的数据共享。

但由于数据的组织仍然是面向程序，所以存在大量的数据冗余。而且数据的逻辑结构不能方便地修改和扩充，数据逻辑结构的每一点微小改变都会影响到应用程序。由于文件之间互相独立，因而它们不能反映现实世界中事物之间的联系，操作系统不负责维护文件之间的联系信息。如果文件之间有内容上的联系，那也只能由应用程序去处理。

在文件系统阶段应用程序与数据之间的关系如图 7–3 所示。

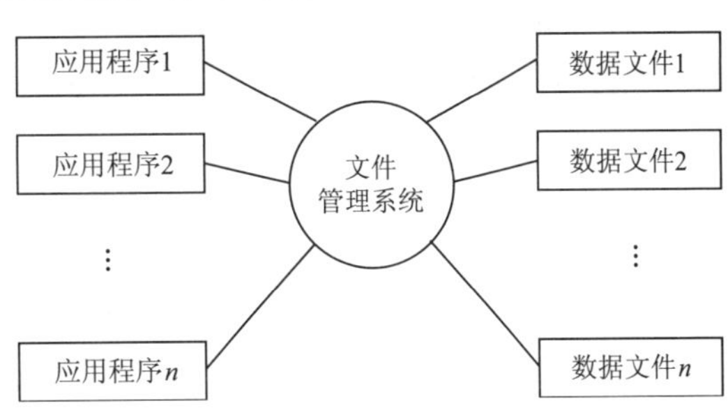

图 7–3 文件系统阶段应用程序与数据之间的关系

3. 数据库系统阶段

20 世纪 60 年代后，随着计算机在数据管理领域的普遍应用，人们对数据管理技术提出了更高的要求：希望面向企业或部门，以数据为中心组织数据，减少数据的冗余，提供更高的数据共享能力，同时要求程序和数据具有较高的独立性，当数据的逻辑结构改变时，不涉及数据的物理结构，也不影响应用程序，以降低应用程序研制与维护的费用。数据库技术正是在这样一个应用需求的基础上发展起来的。

数据库系统阶段的应用程序与数据的关系通过数据库管理系统（DBMS）来实现，如图 7–4 所示。

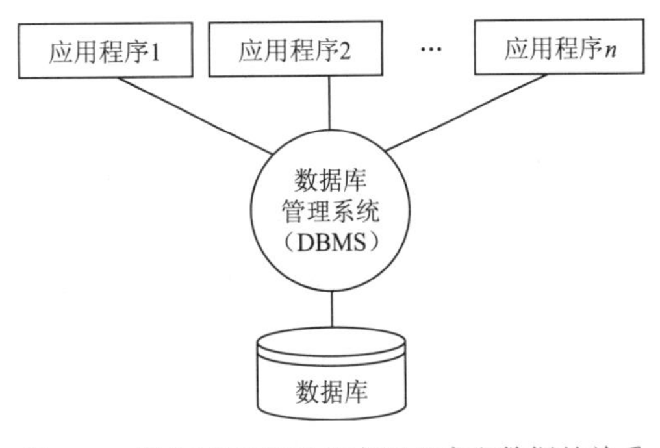

图 7–4 数据库系统阶段应用程序和数据的关系

随着软件环境和硬件环境的不断改善，数据处理应用领域需求的持续扩大，数据库技术与其他软件技术的加速融合，到 20 世纪 80 年代，新的、更高一级的数据库技术相继出现并得到长足的发展，分布式数据库系统、面向对象数据库系统、并行数据库系统等新型数据库系统应运而生，使数据处理有了进一步的发展。

7.1.3 数据库系统的基本特点

数据库技术是在文件系统基础上发展产生的，两者都以数据文件的形式组织数据，但由于数据库系统在文件系统之上加入了 DBMS 对数据进行管理，从而使得数据库系统具有以下特点。

1. 数据的集成性

数据库系统的数据集成主要表现在以下几个方面。

① 在数据库系统中采用统一的数据结构方式，如在关系数据库中采用二维表作为统一结构方式。

② 在数据库系统中按照多个应用的需要组织全局的统一的数据结构（即数据模式），数据模式不仅可以建立全局的数据结构，还可以建立数据间的语义联系，从而构成一个内在紧密联系的数据整体。

③ 数据库系统中的数据模式是多个应用共同的、全局的数据结构，而每个应用的数据则是全局结构中的一部分，称为局部结构（即视图），这种全局与局部的结构模式构成了数据库系统数据集成性的主要特征。

2. 数据的高共享性与低冗余性

由于数据的集成性使得数据可为多个应用所共享，特别是在网络发达的今天，数据库与网络的结合扩大了数据关系的应用范围。数据的共享自身又可极大地减少数据冗余性，不仅减少了不必要的存储空间，更为重要的是可以避免数据的不一致性。

3. 数据独立性

数据的独立性是数据与程序间的互不依赖性，即数据库中数据独立于应用程序而不依赖于应用程序。也就是说，数据的逻辑结构、存储结构与存取方式的改变不会影响应用程序。

数据独立性包括物理独立性和逻辑独立性。

① 物理独立性：是指数据的存储结构或存取方法的修改不会引起应用程序的修改。

② 逻辑独立性：数据库总体逻辑结构的改变，如修改数据模式、增加新的数据类型、改变数据间联系等，不需要修改应用程序，这就是数据的逻辑独立性。

4. 数据统一管理与控制

数据库系统不仅为数据提供高度集成环境，同时它还为数据提供统一管理的手段，这主要包含以下三个方面。

① 数据的完整性检查：检查数据库中数据的正确性以保证数据的正确。

② 数据的安全性保护：检查数据库访问者以防止非法访问。

③ 并发控制：控制多个应用的并发访问所产生的相互干扰以保证其正确性。

7.2　数据模型

数据库需要根据应用系统中数据的性质、内在联系，按照管理的要求来设计和组织。数据模型就是从现实世界到机器世界的一个中间层。现实世界的事物反映到人的大脑，人们把这些事物抽象为一种既不依赖于具体的计算机系统又不为某一数据库管理系统支持的概念模型，然后再把概念模型转换为计算机上某一数据库管理系统支持的数据模型。

7.2.1　组成要素

数据模型通常由数据结构、数据操作和数据的完整性约束三部分组成。

1. 数据结构

数据结构是研究存储在数据库中的对象类型的集合，这些对象类型是数据库的组成部分。数据模型中的数据结构主要描述数据的类型、内容、性质以及数据间的联系等。数据结构是数据模型的基础，数据操作与约束均建立在数据结构上。不同的数据结构有不同的操作与约束，因此，一般数据模型均以数据结构的不同而分类。

数据库系统是按数据结构的类型来组织数据的，因此数据库系统通常按照数据结构的类型来命名数据模型，如层次结构、网状结构和关系结构的模型分别命名为层次模型、网状模型和关系模型。

2. 数据操作

数据操作是指对数据库中各种对象的实例允许执行的操作的集合，包括操作和有关操作的规则，例如插入、删除、修改、检索、更新等操作。数据模型要定义这些操作的确切含义、操作符号、操作规则以及实现操作的语言等。

3. 数据的完整性约束

数据的约束条件是完整性规则的集合，用以限定符合数据模型的数据库状态以及状态的变化，以保证数据的正确、有效和相容。数据模型中的数据及其联系都要遵循完整性规则的制约。

另外，数据模型应该提供定义完整性约束条件的机制，以反映某一应用所涉及的数据必须遵守的特定的语义约束条件。

7.2.2　概念模型

1. 基本概念

数据的描述既要符合客观现实，又要适应数据库的原理与结构，适应计算机的原理与结构。进一步说，由于计算机不能够直接处理现实世界中的具体事物，所以人们必须将客观存在的具体事物进行有效的抽象、描述与刻画，将其转换成计算机能够处理的数据。这一转换过程可分为 3 个数据范畴：现实世界、信息世界和计算机世界。

从客观现实到计算机的描述，数据的转换过程如图 7–5 所示。

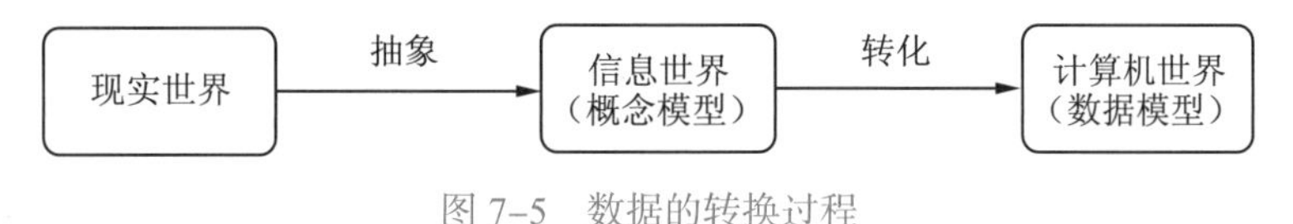

图 7–5　数据的转换过程

（1）现实世界

用户为了某种需要，需将现实世界中的部分需求用数据库实现，这样，我们所见到的是客观世界中的画定边界的一部分环境，称为现实世界。

（2）信息世界

信息世界又称概念世界，是通过抽象，对现实世界进行数据库级上的刻画所构成的逻辑模型。信息世界与数据库的具体模型有关，如层次、网状、关系模型等。

人们从现实世界抽象各种事物到信息世界时，通常采用实体来描述现实世界中的具体事物或事物之间的联系。

① 实体。客观存在并可相互区别的事物称为实体。实体可以是具体的人、事、物，也可以是抽象的概念或联系。例如学生、课程、教师都属于实际存在的事物，而学生选课就是比较抽象的事物，是由学生和课程之间的联系而产生的。

② 实体的属性。描述实体的特性称为属性。一个实体可以由若干个属性来刻画，如一个学生实体有学号、姓名、性别、出生日期等方面的属性。属性有属性名和属性值，属性的具体取值称为属性值。例如，对某一学生的“性别”属性取值“女”，其中“性别”为属性名，“女”为属性值。

③ 实体集和实体型。同类型的实体的集合称为实体集。例如，对于“学生”实体来说，全体学生就是一个实体集。

属性的集合表示一个实体的类型，称为实体型。例如，学生（学号，姓名，性别，出生日期，所属院系）就是一个实体型。

属性值的集合表示一个实体。例如，属性值的集合（202001001，塔娜，女，2003/1/30，计算机科学与技术学院）就是代表一个具体的学生。

（3）计算机世界

在信息世界基础上致力于其在计算机物理机构上的描述，从而形成的物理模型称为计算机世界。现实世界的要求只有在计算机世界中才能得到真正的物理实现，而这种实现是通过信息世界逐步转化得到的。

2. 实体－联系模型

实体－联系模型（Entity-Relationship Model）又称 E-R 模型或 E-R 图，它是描述概念世界、建立概念模型的工具。

E–R 图包括 3 个要素：

① 实体。用矩形框表示，框内标注实体名称。

② 属性。用椭圆形框表示，框内标注属性名。E-R 图中用连线将椭圆形框（属性）与矩形框（实体）连接起来。

③ 实体之间的联系。用菱形框表示，框内标注联系名称。E-R 图中用连线将菱形框（联系）与有关矩形框（实体）相连，并在连线上注明实体间的联系类型。

实体之间的对应关系称为联系，它反映现实世界之间的相互联系。两个实体（通常是指两个实体集）间的联系有以下 3 种类型：

● 一对一联系。实体集 A 中的一个实体至多与实体集 B 中的一个实体相对应，反之亦然，则称实体集 A 与实体集 B 之间为一对一的联系，记作 1:1。例如，一个学校只有一个校长，一个校长只能管理一个学校。

● 一对多联系。如果对于实体集 A 中的每一个实体，实体集 B 中有多个实体与之对应；反之，对于实体集 B 中的每一个实体，实体集 A 中至多只有一个实体与之对应，则称实体集 A 与实体集 B 之间为一对多联系，记为 1:n。例如，学校的一个系有多个专业，而一个专业只属于一个系。

- 多对多联系。如果对于实体集 A 中的每一个实体，实体集 B 中有多个实体与之对应；反之，对于实体集 B 中的每一个实体，实体集 A 中也有多个实体与之对应，则称实体集 A 与实体集 B 之间为多对多联系，记为 m:n。例如，一个学生可以选修多门课程，一门课程可以被多名学生选修。

图 7–6 所示为两个简单的 E-R 图示例。

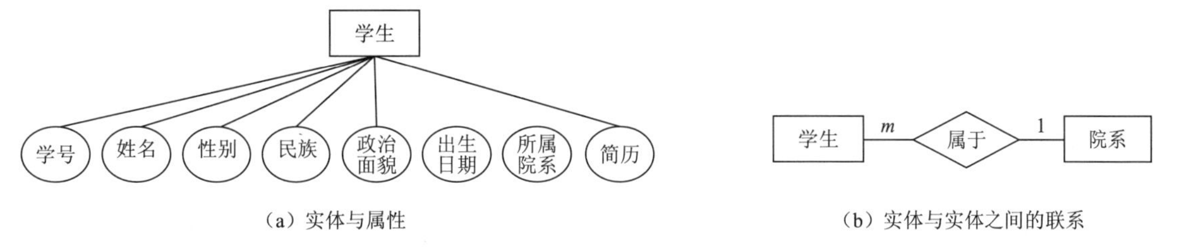

图 7–6　两个 E–R 图示例

7.2.3　三种数据模型

数据模型是从现实世界到机器世界的一个中间层次。现实世界的事物反映到人的大脑中，人们把这些事物抽象为一种既不依赖于具体的计算机系统又不依赖于具体的DBMS的概念模型，然后，再把该概念模型转换为计算机中某个 DBMS 所支持的数据模型。

数据模型是实现数据抽象的主要工具。它决定了数据库系统的结构、数据定义语言和数据操纵语言、数据库设计方法、数据库管理系统软件的设计与实现。常见的数据模型有三种：层次模型、网状模型和关系模型。根据这三种数据模型建立的数据库分别称为层次数据库、网状数据库和关系数据库。

1. 层次模型

层次模型是数据库系统中最早采用的数据模型，它通过从属关系结构表示数据间的联系。层次模型是有向“树”结构。层次模型数据库的代表是 IBM 公司的 IMS（Information Management System）数据库管理系统。

（1）层次模型的数据结构

现实世界中许多实体之间的联系本来就呈现一种很自然的层次关系，如行政机构、家族关系等。

图 7–7 所示为一个层次模型的例子。该模型描述了一个学院的组成情况。该层次模型有五个记录类型：学院、系部、班级、教师和学生。一个学院下设多个系部，一个系部里有若干教师，一个学院有若干班级，一个班级有若干学生。

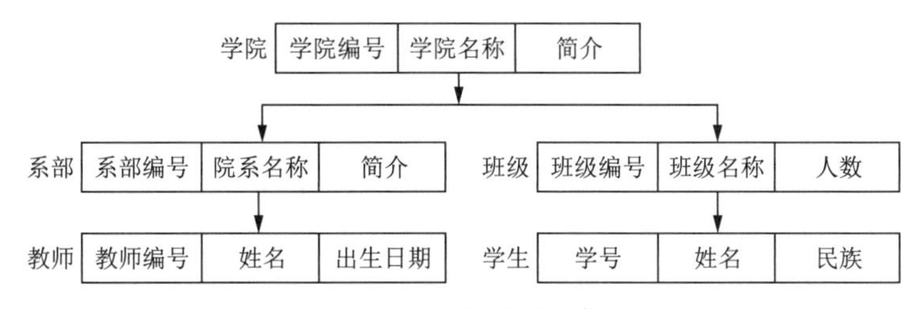

图 7–7　层次模型示例

（2）层次模型的特征

在层次模型中，树状结构的每个结点是一个记录类型，每个记录类型可包含若干字段。记录之间的联系用结点之间的连线表示。上层结点称为父结点或双亲结点，下层结点称为子结点或子女结点。这些结点有如下特征：

① 有且仅有一个结点没有父结点，这个结点称为根结点。

② 根结点以外的子结点，向上有且仅有一个父结点，向下可有若干子结点。

2. 网状模型

网状模型是层次模型的扩展，它表示多个从属关系的层次结构，呈现一种交叉关系的网络结构。网状模型是有向“图”结构。网状模型的典型代表是 DBTG（Database Task Group，数据库任务组）系统，也称 CODASYL 系统，它并非实际的数据库管理系统，但它所提出的基本概念、方法和技术对于网状数据库系统的发展产生了重大影响。

（1）网状模型的数据结构

网状模型是一种比层次模型更具普遍性的数据结构，它去掉了层次模型中的两个限制，具体表现为：

① 允许多个结点没有父结点。

② 一个结点可以有多个父结点。

图 7-8 所示是网状模型的一个例子。该模型描述了教师授课与学生上课的情况。其中有三个记录类型：教师、学生、课程。教师和学生都与课程有联系，教师要讲授课程，学生要学习课程，课程有两个父结点。

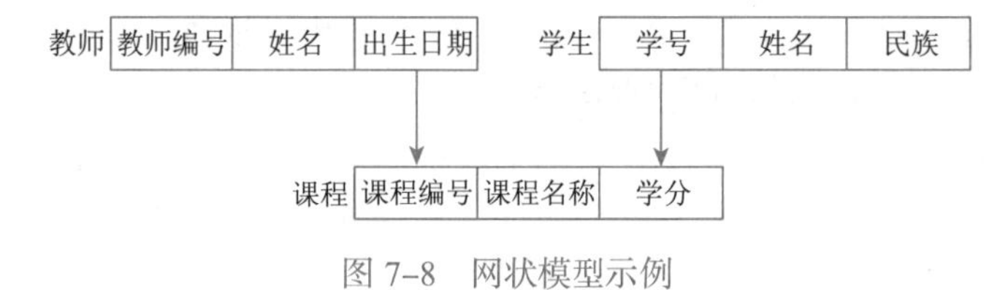

图 7-8 网状模型示例

（2）网状模型的特征

网状模型具有如下特征：

① 可以有一个以上的结点无父结点。

② 允许结点有多个父结点。

③ 结点之间允许有两种或两种以上的联系。

3. 关系模型

关系模型以二维表的方式组织数据，表 7-1 所示是关系模型的一个例子“学生”表。关系模型建立在严格的数学概念基础上，发展迅速。20 世纪 80 年代以来，几乎所有的数据库系统都是建立在关系模型之上。

表 7-1 “学生”表

学号	姓名	性别	民族	政治面貌	出生日期
202001001	塔娜	女	蒙古族	团员	2003/1/30
202001002	荣仕月	男	壮族	群众	2003/7/9
202001003	林若涵	女	汉族	团员	2002/12/3
202001004	张是琦	女	白族	团员	2001/2/5

7.3　关系数据库

关系是数学集合论中的一个重要概念。1970 年，E. F. Codd 发表了题为“大型共享数据库数据的关系模型”的论文，把关系的概念引入了数据库，自此人们开始了数据库关系方法和关系数据理论的研究，在层次和网状数据库系统之后，形成了以关系数据模型为基础的关系数据库系统。

7.3.1　关系模型

1. 关系中常用的术语

关系模型是用二维表格的形式描述相关数据，也就是把复杂的数据结构归纳为简单的二维表格。表格中的每一个数据都可以看成是独立的数据项，它们共同构成了该关系的全部内容。在关系模型中，有以下常用的术语。

- 关系：一个关系就是一张二维表格，每个关系有一个关系名，在数据库中，一个关系就是一个表对象。
- 元组：表格中的每一行称为一个元组。在数据库中，称为记录。
- 属性：表格中的每一列称为一个属性，给每列起一个名称，该名称就是属性名，如表 7-1 中的学号、姓名、性别、出生日期等。在数据库中，称为字段。
- 分量：元组中的一个属性值称为分量。关系模型要求关系的每一个分量必须是一个不可分的数据项，即不允许表中还有表。
- 域：属性的取值范围。从总体上说，以属性分类的若干个元组的集合，构成关系模式中的一个关系，在某种意义上也可以说，关系模式就是一张二维表格，用来描述客观事物以及不同事物间的联系。
- 候选关键字：关系中的某个属性组（一个属性或几个属性的组合）可以唯一标识一个元组，这个属性组称为候选关键字。
- 关键字：关键字是指在一个数据表中，若某一字段或几个字段的组合值能够唯一标识一个记录，则称其为关键字（或键），当一个数据表有多个关键字时，可从中选出一个作为主关键字。
- 外部关键字：如果关系中的一个属性不是本关系的关键字，而是另外一个关系的关键字或候选关键字，这个属性就称为外部关键字。
- 主属性：包含在任一候选关键字中的属性称为主属性。

2. 关系的性质

关系是一个二维表，但并不是所有的二维表都是关系。关系应具有以下性质。

- 每一列中的分量是同一类型的数据，来自同一个域。
- 不同的列要给予不同的属性名。
- 列的顺序无所谓，即列的次序可以任意交换。
- 任意两个元组不能完全相同。
- 行的顺序无所谓，即行的次序可以任意交换。
- 每一个分量都必须是不可再分的数据项。

由上述可知，二维表中的每一行都是唯一的，而且所有行都具有相同类型的字段。关系模型的最大优点是一个关系就是一个二维表格，因此易于对数据进行查询等操作。

3. 关系之间的联系

在关系数据库中，表之间具有相关性。表之间的这种相关性是依靠每一个独立的数据表内部具有相同属性的字段建立的。在两个相关表中，起着定义字段取值范围作用的表称为父表，而另一个引用父表中相关字段的表称为子表。根据父表和子表中相关字段的对应关系，表和表之间的关联存在以下 4 种类型。

- 一对一联系：父表中每一个记录最多与子表中的一个记录相关联，反之也一样。具有一对一关联的两张表通常在创建表时可以将其合并成为一张表。
- 一对多联系：父表中每一个记录可以与子表中的多个记录相关联，而子表中的每一条记录都只能与父表中的一条记录相关联。一对多关联是数据库中最为普遍的关联。
- 多对一联系：父表中多个记录可以与子表中的一条记录相关联。
- 多对多联系：父表中的每一条记录都与子表中的多条记录相关联，而子表中的每一条记录又都与父表中的多条记录相关联。多对多关联在数据库中比较难实现，通常将多对多关联分解为多个一对多关联。

4. 关系数据库

在关系模型中，实体以及实体之间的联系都是用关系来表示的。例如教师实体、学生实体、课程实体等。在一个给定的应用领域中，所有实体以及实体间联系的关系的集合就构成一个关系数据库。

关系数据库系统是支持关系模型的数据库系统。它是由若干张二维表组成的，包括二维表的结构以及二维表中的数据两部分。

7.3.2 关系代数运算

关系代数是一种抽象的查询语言，是关系数据操纵语言的一种传统表达方式，它用对关系的运算来表达查询要求。

关系代数的运算对象是关系，运算结果也是关系。关系代数的运算可以分为两大类：传统的集合运算和专门的关系运算。

1. 传统的集合运算

设 R 和 S 均为 n 元关系（元数相同即属性个数相同），且两个关系属性的性质相同。

（1）并运算

两个关系的并运算可以记作：$R \cup S$，运算结果是将两个关系的所有元组组成一个新的关系，若有相同的元组，只留下一个。

（2）交运算

两个关系的交运算可以记作：$R \cap S$，运算结果是将两个关系中公共元组组成一个新的关系。

（3）差运算

两个关系的差运算可以记作：$R-S$，运算结果是由属于 R 但不属于 S 的元组组成一个新的关系。

（4）广义笛卡儿积运算

设 R 和 S 是两个关系，如果 R 是 m 元关系，有 i 个元组，S 是 n 元关系，有 j 个元组，则笛卡儿积 $R*S$ 是一个 $m+n$ 元关系，有 $i*j$ 个元组，元组为 R 和 S 两个关系元组的组合。

2. 专门的关系运算

专门的关系运算包含选择、投影、连接和除运算。这类运算将“关系”看作元组的集合，其运算不仅涉及关系的水平方向（表中的行），也涉及关系的垂直方向（表中的列）。

（1）选择运算

选择（Selection）是根据给定的条件选择关系 R 中的若干元组组成新的关系，是对关系的元组进行筛选。选择关系的选择条件，是一个逻辑表达式，它由逻辑运算符和比较运算符组成。

选择运算也是一元关系运算，选择运算结果往往比原有关系元组个数少，它是原关系的一个子集，但关系模式不变。

（2）投影运算

从指定的关系中选择某些属性的所有值组成一个新的关系。投影后可能出现重复的元组，应消去这些完全相同的元组。

（3）连接运算

用来连接相互之间有联系的两个或多个关系，从而组成一个新的关系。连接运算是一个复合型的运算，包含了笛卡儿积、选择和投影三种运算。

每一个连接操作都包括一个连接类型和一个连接条件。连接条件决定运算结果中元组的匹配和属性的去留；连接类型决定如何处理不符合条件的元组，有内连接、自然连接、左外连接、右外连接和全外连接等。

（4）除运算

关系 R 与关系 S 的除运算应满足的条件是：关系 S 的属性全部包含在关系 R 中，关系 R 的一些属性不包含在关系 S 中。关系 R 与关系 S 的除运算记作：$R \div S$。除运算的结果也是关系，而且该关系中的属性由 R 中除去 S 中的属性之外的全部属性组成，元组由 R 与 S 中在所有相同属性上有相等值的那些元组组成。

7.3.3　关系的完整性

关系模型允许定义三种完整性约束，即实体完整性、参照完整性和用户定义的完整性约束。其中，实体完整性约束和参照完整性约束统称为关系完整性约束，是关系模型必须满足的完整性约束条件，它由关系数据库系统自动支持。用户定义完整性约束是应用领域需要遵循的约束条件。

1. 实体完整性约束

由于每个关系的主键是唯一决定元组的，所以实体完整性约束要求关系的主键不能为空值，组成主键的所有属性都不能取空值。

例如，“学生”关系：学生（学号、姓名、性别、出生日期），其中学号是主键，因此，学号不能为空值。

例如，“成绩”关系：成绩（学号、课程编号、分数），其中学号和课程编号共同构成主键，因此，学号和课程编号都不能为空值。

2. 参照完整性约束

参照完整性约束是关系之间相关联的基本约束，它不允许关系引用不存在的元组，即在关系中的外键取值只能是关联关系中的某个主键值或者为空值。

例如，院系编号是“院系（院系编号、名称、简介）”关系的主键，是“学生（学号、姓名、院系编号）”关系的外键。“学生”关系中的“院系编号”必须是“院系”关系中一个存在的“院系编号”的值，或者是空值。

3. 用户定义的完整性约束

实体完整性约束和参照完整性约束是关系数据模型必须要满足的，而用户定义的完整性约束是与应用密切相关的数据完整性的约束，不是关系数据模型本身所要求的。用户定义的完整性约束是针对具体数据环境与应用环境由用户具体设置的约束，它反映了具体应用中数据的语义要求，它的作用就是要保证数据库中数据的正确性。

例如，限定某属性的取值范围，学生成绩的取值必须是 0 ～ 100 的数值。

7.3.4 关系规范化

关系模型是建立在严格的数学关系理论基础之上的，通过确立关系中的规范化准则，既可以方便数据库中数据的处理，又可以给程序设计带来方便。在关系数据库设计过程中，使关系满足规范化准则的过程称为关系规范化（Relation Normalization）。

关系规范化就是将数据库中不太合理的关系模型转化为一个最佳的数据模型，因此它要求对于关系数据库中的每一个关系都要满足一定的规范，根据满足规范的条件不同，可以划分为 6 个范式（Normal Form，NF），分别为：第一范式（1NF）、第二范式（2NF）、第三范式（3NF）、BCNF、第四范式（4NF）和第五范式（5NF）。

下面简要阐述前 3 个范式。

（1）第一范式

若一个关系模式 *R* 的所有属性都是不可再分的基本数据项，则该关系模式属于第一范式（1NF）。

第一范式是指数据库表的每一列都是不可再分割的基本数据项，同一列不能有多个值，即实体中的某个属性不能有多个值或者不能有重复的属性。如果出现重复的属性，就可能需要定义一个新的实体，新的实体由重复的属性构成，新实体与原实体之间为一对多关系。在第一范式中表的每一行只包含一个实例的信息。

简而言之，第一范式就是无重复的列。在任何一个关系数据库中，第一范式是对关系模型的基本要求，不满足第一范式的数据库就不是关系数据库。

（2）第二范式（2NF）

若关系模式 *R* 属于 1NF，且每个非主属性都完全函数依赖于主键，则该关系模式属于 2NF，2NF 不允许关系模式中的非主属性部分函数依赖于码。

第二范式是在第一范式的基础上建立起来的，即满足第二范式必须先满足第一范式。第二范式要求数据库表中的每个实例或行必须可以被唯一地区分。这个唯一属性列被称为主关键字或主键。

第二范式要求实体的属性完全依赖于主关键字。所谓“完全依赖”，是指不能存在仅依赖主关键字一部分的属性，如果存在，那么这个属性和主关键字的这一部分应该分离出来形成一个新的实体，新实体与原实体之间是一对多的关系。

（3）第三范式（3NF）

若关系模式 *R* 属于 1NF，且每个非主属性都不传递依赖于主键，则该关系模式属于 3NF。

满足第三范式必须先满足第二范式。也就是说，第三范式要求一个数据库表中不包含已在其他表中包含的非主关键字信息。

简而言之，第三范式就是属性不依赖于其他非主属性。

7.3.5 关系数据库的设计方法

在数据库设计中有两种方法，一种是以信息需求为主，兼顾处理需求，称为面向数据的方法（Data-Oriented Approach）；另一种是以处理需求为主，兼顾信息需求，称为面向过程的方法

（Process-Oriented Approach）。这两种方法目前都有使用，在早期，由于应用系统中处理多于数据，因此以面向过程的方法使用较多，而近期，由于大型系统中数据结构复杂、数据量庞大，而相应处理流程趋于简单，因此用面向数据的方法较多。由于数据在系统中稳定性高，数据已成为系统的核心，因此面向数据的设计方法已成为主流方法。

根据规范化理论，数据库设计的步骤可以分为以下阶段。

（1）需求分析阶段

需求分析是数据库设计的第一阶段，也是数据库应用系统设计的起点。准确了解与分析用户需求（包括数据与处理），是整个设计过程的基础。这里所说的需求分析只针对数据库应用系统开发过程中数据库设计的需求分析。

（2）概念设计阶段

概念结构设计是数据库设计的关键，是对现实世界第一层面的抽象与模拟，最终设计出描述现实世界的概念模型。概念模型是面向现实世界的，它的出发点是有效和自然地模拟现实世界，给出数据的概念化结构。长期以来被广泛使用的概念模型是实体－联系模型（Entity -Relationship Model，即 E-R 模型）。该模型将现实世界的要求转化成实体、属性、联系等几个基本概念，以及它们之间的基本连接关系，并且用 E-R 图非常直观地表示出来。

（3）逻辑设计阶段

逻辑结构设计是将上一步所得到的概念模型转换为某个数据库管理系统所支持的数据模型，并对其进行优化。

（4）物理设计阶段

数据库的物理设计的主要目标是对数据库内部物理结构做调整并选择合理的存取路径，以提高数据库访问速度以及有效利用存储空间，并为逻辑数据模型选取一个最适合应用环境的物理结构（包括存储结构和存取方法）。

（5）数据库实施阶段

运用数据库管理系统提供的数据语言、工具及宿主语言，根据逻辑设计和物理设计的结果建立数据库，编制与调试应用程序，组织数据入库，并进行试运行。

（6）数据库运行与维护阶段

数据库应用系统经过试运行后即可投入正式运行。在数据库系统运行过程中必须不断地对其进行评价、调整与修改。

设计一个完善的数据库应用系统是不可能一蹴而就的，它往往是上述 6 个阶段的不断反复修改、完善的过程。

7.3.6　常见的关系型数据库

根据数据库排名网站 DB-Engines 的统计结果，目前主流的关系型数据库有 Oracle、MySQL、Microsoft SQL Server、PostgreSQL、IBM Db2、SQLite、Microsoft Access 等。

- Oracle 数据库，又名 Oracle RDBMS，或简称 Oracle，是甲骨文公司的一款关系数据库管理系统，到目前仍在数据库市场上占有主要份额。
- MySQL 原本是一个开放源码的关系数据库管理系统，原开发者为瑞典的 MySQL AB 公司，该公司于 2008 年被 SUN 收购。2009 年，甲骨文公司（Oracle）收购 SUN 公司，MySQL 成为 Oracle 旗下产品。MySQL 在过去由于性能高、成本低、可靠性好，已经成为最流行的开源数据库。
- Microsoft SQL Server 和 Microsoft Access 是由美国微软公司所推出的关系数据库解决方案。

Microsoft Access 是小型数据库，操作灵活、转移方便、运行环境简单。Microsoft SQL Server 是企业级中型数据库，适合大容量数据的应用，在性能、安全、功能管理等方面要比 Microsoft Access 强很多。

- PostgreSQL 是一个功能强大的开源对象关系数据库系统，它是加州大学伯克利分校 POSTGRES 项目的一部分。经过 30 多年的积极开发，在可靠性，功能健壮性和性能方面赢得了极高的声誉。
- IBM Db2 是美国 IBM 公司发展的一套关系型数据库管理系统。它主要的运行环境为 UNIX（包括 IBM 自家的 AIX）、Linux、IBM i（旧称 OS/400）、Z/OS，以及 Windows 服务器。

7.4 大数据技术基础

随着云计算、物联网、社交网络、移动网络等各类技术的出现以及现有的计算能力、存储空间、网络带宽的高速发展，各类数据资源正在以前所未有的速度不断地增长和积累，催生了以海量数据作为关键基础要素的大数据时代的到来。大数据的数据是巨大的，往往为 PB 级，远远超出传统的数据库系统和常用软件的数据处理能力。大数据本身蕴含巨大的数据价值，目前被应用到网购、打车、金融、医疗、教育等社会生活的各个方面，伴随着各种大数据应用服务的发展，各类大数据技术和大数据解决方案也逐渐走向成熟。

7.4.1 大数据的定义

大数据是对海量数据集进行收集、组织、处理和分析所需的非传统策略和技术的统称。目前对大数据的定义没有统一的说法，维基百科将大数据定义为：大数据由巨型数据集组成，这些数据集大小常超出人类在可接受时间下的收集、管理和处理能力。百度百科将大数据定义为：无法在一定时间范围内用常规软件工具进行捕捉、管理和处理的数据集合，是需要新处理模式才能具有更强的决策力、洞察发现力和流程优化能力的海量、高增长率和多样化的信息资产。其他的定义是通过结合大数据的特征给出相关定义，比较有代表性的是“3V”定义，即大数据需要满足 3 个特点：Volume（大量）、Velocity（高速）、Variety（多样）。在此基础上，IBM 提出了大数据的“5V”特性（见图 7-9）：Volume（大量）、Velocity（高速）、Variety（多样）、Value（低价值密度）、Veracity（真实）。

1. Volume（大量）

数据量非常大，包括采集、存储和计算的数据量都非常大，远远超出传统的数据库系统和常用软件的数据处理能力。大数据的起始计量单位至少是 PB（1 000 个 TB）、EB（100 万个 TB）或 ZB（10 亿个 TB）。

2. Velocity（高速）

数据增长速度快，处理速度也快，时效性要求高。尽管大多数数据是在分析之前存储的，但对大数据的实时处理需求日益增长。例如搜索引擎要求几分钟前的新闻能够被用户查询到，个性化推荐算法尽可能要求实时完成所有相关信息的推荐。实时处理不仅可以减少存储需求，还可以提供响应更快、分析更准确、更有价值的实时分析结果。这是大数据区别于传统数据挖掘的显著特征。

3. Variety（多样）

种类和来源多样化。大数据处理的另一个挑战不仅是海量数据和日益增长的数据，还在于处理的数据种类繁多。这些数据包括结构化、半结构化和非结构化数据，具体表现为由自然语言、主题标签、地理空间数据、多媒体、传感器事件等组成的各种内容。要从这些多样的数据中提取隐含信息，就需要不断提升当前算法的数据处理和计算能力。

图 7-9　大数据“5V”特性

4. Value（低价值密度）

数据价值密度相对较低。大数据的数据价值密度相对较低，但是大数据背后隐含的数据价值是巨大的，如在零售行业，大数据不仅可以提供更有效的新销售方法，而且可以为挖掘市场新的产品需求、降低行业成本提供重要线索。因此，利用大数据结合行业的业务逻辑，并通过强大的机器算法来挖掘海量数据的隐含价值，是大数据时代最需要解决的问题。

5. Veracity（真实）

数据的准确性和可信赖度，即数据的质量。如果要分析的数据是不正确的或者不完整的，那这些数据的分析价值则相对较低或者是没有分析价值。当数据包含多个来源，并且具有不同的格式和信噪比时，我们需要对不同来源的数据进行预处理，利用多个来源的信息提升数据的准确性，否则最终分析的准确性就会降低。

7.4.2　大数据处理一般流程

不同业务场景下的大数据来源可能不一样，但是大数据处理的一般流程是相同的。大数据处理的一般流程包括：大数据采集、大数据预处理、大数据存储及管理、大数据分析及挖掘、大数据展现和应用等，如图 7-10 所示。

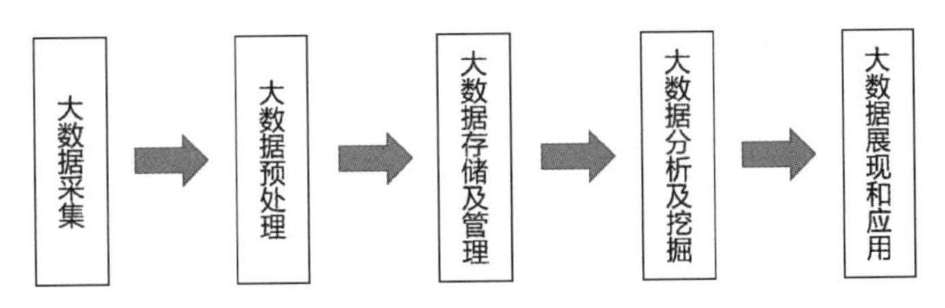

图 7-10　大数据处理一般流程

1. 大数据采集

大数据采集是指通过各种数据采集方式获取分散的、异构数据源中的原始数据的过程。例如，通过免费开源数据、企业内部数据、爬取网络数据、从数据公司购买数据等大数据采集方式，可以获取相应实际需求的原始数据。

2. 大数据预处理

大数据预处理是指在主要的处理以前对数据进行的一些处理，包括数据质量评估、数据清理、数据转换和数据压缩等内容。通过预处理数据，可以提升数据的一致性，使得数据更加准确、数据库更为完整。数据质量评估主要是评估数据类型不匹配、数组的不同维度、数据值混合、数据集的异常值、缺失数据等问题。数据清理主要是清理缺失数据和嘈杂的数据，进而为数据分析和数据挖掘任务提供简单、完整和清晰的数据集。数据转换是将数据转换为适当的格式以供计算机使用，数据转换主要方法包括聚合、规范化、特征选择、离散化、概念层次结构生成、归纳等。数据规约就是缩小数据挖掘所需的数据集规模，具体方式有维度规约与数量规约。

3. 大数据存储及管理

根据数据存储和管理的内容范围，大数据存储与管理要用存储器把采集到的数据存储起来，建立相应的数据库，并进行管理和调用。大数据存储及管理需要重点研究如何解决大数据的可存储、可表示、可处理、可靠性及有效传输等，需要解决海量文件的存储与管理，海量小文件的传输、索引和管理，海量大文件的分块与存储，系统可扩展性与可靠性等问题。

4. 大数据分析及挖掘

大数据分析及挖掘主要通过对收集来的大数据进行分析，提取和挖掘有用信息或隐藏信息，并形成结论而对数据加以详细研究和概括总结的过程。大数据分析需要通过数据分析来发现现状，并且通过模型与预测分析技术来预测和优化。

5. 大数据展现和应用

大数据展现和应用借助于图形化手段展示大数据分析结果。需要把过去用语言、数据、想象力表达的内容，通过图形、图表等形式即时显示，不但需要展示已知的数据间的规律，而且需要进一步认知数据，发现其中的问题和趋势，及时做出管理决策，提升用户的决策效率。

7.4.3 大数据处理关键技术

大数据技术，就是从各种类型的数据中快速获得有价值信息的技术。大数据领域已经涌现出了大量新的技术，它们成为大数据采集、存储、处理和呈现的有力武器。大数据处理关键技术一般包括：大数据采集、大数据预处理、大数据存储及管理、大数据分析及挖掘、大数据可视化等技术。

1. 大数据采集技术

按照数据的来源的不同，大数据采集方法也不相同。目前，大数据采集使用的处理模式包括 MapReduce 分布式并行处理模式或基于内存的流式处理模式。针对不同的数据源，大数据采集技术主要包括以下几类。

① 数据库采集。部署 Redis、MongoDB 和 HBase 等 NoSQL 数据库和部分传统的关系型数据库，并在这些数据库之间进行负载均衡和分片，来完成大数据采集工作。

② 系统日志采集。系统日志采集主要是收集各类业务平台日常产生的大量日志数据，供离线和在线的大数据分析系统使用。系统日志采集工具均采用分布式架构，能够满足每秒数百 MB

的日志数据采集和传输需求。

③ 网络数据采集。网络数据采集是利用网络爬虫或网站 API 等方式从网站上获取相关非结构化、半结构化以及非结构化信息的方法。

④ 感知设备数据采集。感知设备数据采集通过各类传感器、摄像头和智能终端自动采集信号、图像和音视频来获取数据。大数据智能感知系统实现了对结构化、半结构化和非结构化等信息的智能化识别、感知、适配、传输、接入、处理和管理等。

2. 大数据预处理技术

大数据预处理包括数据预处理、数据清洗、数据集成、数据规约、数据变换、数据离散化和大数据预处理等 7 个步骤。数据预处理主要是处理原始信息的不完整、噪声和不一致等“脏”数据问题，进而获得具有一致性、准确性、完整性、时效性、可信性和可解释性的数据。数据清洗主要是进行数据的缺失值的处理、噪声数据与离群点的处理。缺失值处理的技术包括忽略元组、人工填写、全局常量填充、属性中心度量填充、最可能的值填充等，噪声数据与离群点处理的技术包括分箱技术、回归方法、离群点的分类、离群点检测的方法等方法。数据集成是把不同来源、格式、特点性质的数据在逻辑上或物理上有机的集中，从而提供全面的数据共享。在进行数据集成时，同一数据在系统中多次重复出现，需要消除数据冗余，针对不同特征或数据间的关系进行相关性分析。数据规约技术包括数据规约策略、机器学习中的降维方法、主成分分析法、先行分别分析、局部线性嵌入等。数据变换技术包括数据变换策略和规范化方法，数据变换策略包括光滑、属性构造、聚集、规范化、离散化、标称数据的概念分层等，规范化方法包括最小最大规范化、Z-Score 规范化、小数定标等。数据离散化技术包括非监督离散化，如等宽算法、等频算法、K-means 聚类算法，以及监督离散化，如齐次性的卡方检验、自上而下的卡方分裂算法、ChiMerge 算法、基于熵的离散化方法等。大数据预处理包括 Hadoop 集群、Spark、HBase、云计算处理大数据等。

3. 大数据存储及管理技术

大数据存储及管理技术包括结构化、半结构化和非结构化大数据管理与处理技术，主要解决大数据的可存储、可表示、可处理、可靠性及有效传输等几个关键问题。大数据的存储方式包括分布式系统、NoSQL 数据库、云数据库等。分布式系统包含多个自主的处理单元，通过计算机网络互连来协作完成分配的任务，其分而治之的策略能够更好地处理大规模数据分析问题。NoSQL 数据库可以支持超大规模数据存储，具有强大的横向扩展能力等，典型的 NoSQL 数据库包含以下几种：键值数据库、列存储数据库、文档数据库和图形数据库。云数据库是基于云计算技术发展的一种共享基础架构的方法，是部署和虚拟化在云计算环境中的数据库。云数据库并非一种全新的数据库技术，而只是以服务的方式提供数据库功能。大数据存储技术路线包括 MPP（Massive Parallel Processing）架构的新型数据库集群、基于 Hadoop 的技术扩展和大数据一体机。

4. 大数据分析及挖掘技术

大数据分析及挖掘技术能够将隐藏于海量数据中的信息和知识挖掘出来，为人类的社会经济活动提供依据，从而提高各个领域的运行效率，大大提高整个社会的集约化程度。大数据挖掘涉及的技术方法很多，有多种分类法。根据挖掘任务可分为分类或预测模型发现、数据总结、聚类、关联规则发现、序列模式发现、依赖关系或依赖模型发现、异常和趋势发现等；根据挖掘对象可分为关系数据库、面向对象数据库、空间数据库、时态数据库、文本数据源、多媒体数据库、异质数据库等；根据挖掘方法分为机器学习方法、统计方法、神经网络方法和数据库方法。

5. 大数据可视化技术

大数据可视化根据数据的特性，如时间信息和空间信息等，找到合适的可视化方式，例如图表（Chart）、图（Diagram）和地图（Map）等，将数据直观地展现出来，以帮助人们理解数据，同时找出包含在海量数据中的规律或者信息。数据可视化是大数据生命周期管理的最后一步，也是最重要的一步。大数据可视化涉及数据的可视化、指标的可视化、数据关系的可视化、背景数据的可视化、转换成便于接受的形式、聚焦、集中或者汇总展示、扫尾的处理和完美的风格化。常用的大数据可视化工具包括 Processing、D3、Echarts、Tableau、QlikView 等。

7.4.4 主流大数据处理平台

随着大数据技术的迅猛发展，目前出现了很多大数据平台，主流的大数据处理平台包括 Hadoop、Spark、Flink、Storm、Samza 等。

1. Hadoop 批处理平台

Hadoop 是一个由 Apache 基金会所开发的分布式系统基础架构。Hadoop 是一款支持数据密集型分布式应用程序并以 Apache 2.0 许可协议发布的开源软件框架。它支持在商用硬件构建的大型集群上运行的应用程序。Hadoop 是根据谷歌公司发表的 MapReduce 和 Google 文件系统的论文自行实现而成。所有的 Hadoop 模块都有一个基本假设，即硬件故障是常见情况，应该由框架自动处理。

Hadoop 的核心由 Hadoop 分布式文件系统（Hadoop Distributed File System，HDFS）存储部分和 MapReduce 编程处理部分组成。Hadoop 将文件拆分为大块，并将它们分布在集群中的各个结点上。然后，它将打包的代码传输到结点中以并行处理数据，Hadoop 主要工作流程如图 7-11 所示。与在传统的超级计算机体系结构中依靠并行文件系统通过高速网络分发计算任务和数据相比，这种方法可以更快、更有效地处理海量数据集。

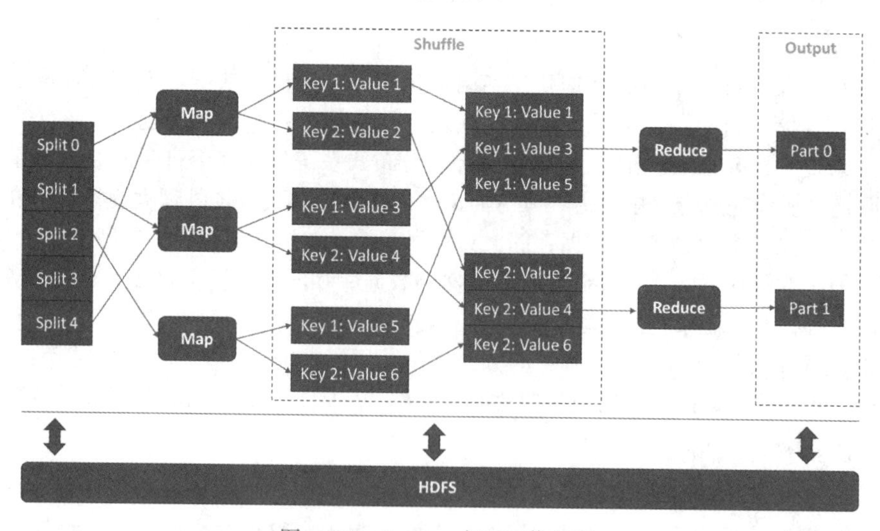

图 7-11　Hadoop 主要工作流程

基本的 Apache Hadoop 框架包括以下模块：Hadoop Common、HDFS、Hadoop YARN、Hadoop MapReduce、Hadoop Ozone，具体内容如下：

① Hadoop Common：包括 Hadoop 常用的工具类，由原来的 Hadoop core 部分更名而来。主要包括系统配置工具 Configuration、远程过程调用 RPC、序列化机制和 Hadoop 抽象文件系统等。

它们为在通用硬件上搭建云计算环境提供基本的服务，并为运行在该平台上的软件开发提供了所需的 API。

② Hadoop 分布式文件系统（HDFS）：一种将文件存储在商用机器上的分布式文件系统，提供对应用程序数据的高吞吐量、高伸缩性、高容错性的访问，是 Hadoop 体系中数据存储管理的基础。HDFS 是一个高度容错的系统，能检测和应对硬件故障，用于在低成本的通用硬件上运行。HDFS 简化了文件的一致性模型，通过流式数据访问，提供高吞吐量应用程序数据访问功能，适合带有大型数据集的应用程序。

③ Hadoop YARN：是一种新的 Hadoop 资源管理器，它是一个通用资源管理系统和调度平台，可为上层应用提供统一的资源管理和调度。YARN 的引入为集群在利用率、资源统一管理和数据共享等方面带来了巨大好处。YARN 主要包含三大模块：ResourceManager、NodeManager、ApplicationMaster。ResourceManager 负责所有资源的监控、分配和管理，一个集群只有一个。NodeManager 负责每一个结点的维护，一个集群有多个。ApplicationMaster 负责每一个具体应用程序的调度和协调，一个集群有多个。

④ Hadoop MapReduce：基于 YARN 的大型数据集并行处理系统。是一种计算模型，用以进行大数据量的计算。Hadoop 的 MapReduce 实现，和 Common、HDFS 一起，构成了 Hadoop 发展初期的三个组件。MapReduce 将应用划分为 Map 和 Reduce 两个步骤，其中 Map 对数据集上的独立元素进行指定的操作，生成"键 - 值"对形式中间结果。Reduce 则对中间结果中相同"键"的所有"值"进行规约，以得到最终结果。MapReduce 这样的功能划分，非常适合在大量计算机组成的分布式并行环境里进行数据处理。

⑤ Hadoop Ozone：Ozone 是 Apache Hadoop 社区的新一代分布式存储系统，它的出现满足了大量小文件的存储问题，解决了 Hadoop 分布式文件系统在可扩展性上的缺陷。作为 Hadoop 生态圈的一款新的对象存储系统，能够支持百亿甚至千亿级文件规模的存储。

Hadoop 是一个能够对大量数据进行分布式处理的软件框架，并且以一种可靠、高效、可伸缩的方式进行处理，具有以下特点：

① 支持超大文件：一般来说，HDFS 存储的文件可以支持 TB 和 PB 级别的数据。

② 高可靠性：Hadoop 具有按位存储和处理数据能力的高可靠性。

③ 高效性：Hadoop 能够在结点之间进行动态地移动数据，并保证各个结点的动态平衡，处理速度非常快。

④ 高容错性：Hadoop 文件保存多个副本，并且提供副本丢失自动恢复功能。

⑤ 高扩展性：Hadoop 通过可用的计算机集群分配数据，完成存储和计算任务，这些集群可以方便地扩展到数以千计的结点中，具有高扩展性。

⑥ 低成本：可以部署在廉价的机器上。

Hadoop 的主要缺点在于 Hadoop 不适用于低延迟数据访问，不能高效存储大量小文件，同时不支持多用户写入并任意修改文件。

2. Spark 混合处理平台

Apache Spark 是一个开源集群运算框架，最初是由加州大学柏克莱分校 AMPLab 所开发。2013 年，该项目被捐赠给 Apache 软件基金会，2014 年 2 月，Spark 成为 Apache 的顶级项目。相对于 Hadoop 的 MapReduce 会在运行完工作后将中间结果存放到磁盘中，Spark 使用了存储器内运算技术，能在中间结果尚未写入硬盘时即在存储器内分析运算。Spark 在存储器内运行程序的运算速度能做到比 Hadoop MapReduce 的运算速度快上 100 倍，即便是运行程序于硬盘时，

Spark 也能快上 10 倍。Spark 允许用户将数据加载至集群存储器，并多次对其进行查询，非常适合用于机器学习算法。

Spark 的内置项目主要包括 Spark Core、Spark SQL、Spark Streaming、Spark MLlib、GraphX、集群管理器。Spark Core 是整个项目的基础，提供了分布式任务调度，调度基本的 I/O 功能。其基础的程序抽象则称为弹性分布式资料集（RDDs），是一个可以并行操作、有容错机制的资料集合。Spark SQL 在 Spark Core 上引入了一种名为 DataFrames 的抽象化数据概念，DataFrames 支持处理结构化和半结构化数据。Spark SQL 提供了领域特定语言，可使用 Scala、Java、Python、.Net 和 Julia 等来操纵 DataFrames。它还支持使用命令行界面和 ODBC/JDBC 连接方式操作 Spark SQL 语言。Spark Streaming 充分利用 Spark Core 的快速调度能力来运行流分析。Spark Streaming 截取小批量的数据并对之运行 RDD 转换，这种设计使流分析可在同一个引擎内使用同一组为批量分析编写而撰写的应用程序代码。Spark MLlib 是 Spark 上分布式机器学习框架，MLlib 可使用许多常见的机器学习和统计算法，简化大规模机器学习时间，支持的算法包括：汇总统计、相关性、分层抽样、假设检定、随机数据生成、分类与回归（支持向量机、回归、线性回归、逻辑回归、决策树、朴素贝叶斯等）、协同过滤、聚类分析方法、维度约减算法、特征提取和转换、最优化方法等。GraphX 是 Spark 上的分布式图形处理框架。它提供了一组 API，可用于表达图表计算并可以模拟 Pregel 抽象化。GraphX 还对这种抽象化提供了优化运行。

3. Flink 混合处理平台

Apache Flink 是一个框架和分布式处理引擎，用于在无边界和有边界数据流上进行有状态的计算。Flink 能在所有常见集群环境中运行，并能以内存速度和任意规模进行计算。Flink 擅长处理无界和有界数据集，精确的时间控制和状态化使得 Flink 的运行时（runtime）能够运行任何处理无界流的应用。有界流则由一些专为固定大小数据集特殊设计的算法和数据结构进行内部处理，产生了出色的性能。Flink 集成了所有常见的集群资源管理器，例如 Hadoop YARN、Apache Mesos 和 Kubernetes，但同时也可以作为独立集群运行。

4. Storm 流处理框架

Storm 最初由 Nathan Marz 和 BackType 的团队创建。BackType 是一家社交分析公司。后来，Storm 被收购，并通过 Twitter 开源。Apache Storm 是一个分布式实时大数据计算系统，可以简单、可靠地处理大量的数据流。Storm 简化了流数据的可靠处理，像 Hadoop 一样实现实时批处理。Storm 的部署和运维都很便捷，而且更为重要的是可以使用任意编程语言来开发应用。Storm 有很多应用场景，包括实时数据分析、联机学习、持续计算、分布式 RPC（Remote Procedure Call）、ETL（Extract-Transform-Load）等。Storm 速度非常快，单结点上可以实现每秒一百万的组处理。目前已经有包括阿里、腾讯、百度、华为在内的数家大型互联网公司在使用该平台。

5. Samza 流处理框架

Samza 是由 LinkedIn 开源的一项技术，它是一个分布式流处理框架，专用于实时数据的处理，非常像 Twitter 开源的流处理系统 Storm。不同的是，Samza 基于 Hadoop，而且使用了 LinkedIn 自家的 Kafka 分布式消息系统，并使用资源管理器 Apache Hadoop YARN 实现容错处理、处理器隔离、安全性和资源管理。

7.4.5 NoSQL 数据库

大数据一般通过分布式系统、NoSQL 数据库等方式进行存储。NoSQL 最初表示 Non-SQL，后来有人转解为 Not only SQL，是对不同于传统的关系数据库的数据库管理系统的统称。NoSQL

允许部分数据使用 SQL 系统存储，而其他数据允许使用 NoSQL 系统存储。其数据存储可以不需要固定的表格模式以及元数据，也经常会避免使用 SQL 的 join 操作，一般有水平可扩展性的特征。

1. NoSQL 数据库分类

根据 DB-Engines 网站 2021 年 5 月的统计数据，目前已经产生了 200 多个 NoSQL 数据库产品。但是，典型的 NoSQL 可以划分为 4 种类型：键值 (Key-Value) 数据库、列存储 (Wide Column Store/Column-Family) 数据库、面向文档的数据库和图数据库。

（1）键值 (Key-Value) 数据库

键值数据库起源于 Amazon 开发的 Dynamo 系统，它使用一个哈希表，表中的 Key（键）用来定位 Value（值），即使用 Key 来存储和检索具体的 Value。数据库不能对 Value 进行索引和查询，只能通过 Key 进行查询。Value 可以用来存储任意类型的数据，包括整型、字符型、数组、对象等。键值数据库具有良好的伸缩性，理论上讲可以实现数据量的无限扩容。键值数据库也有自身的局限性，主要是条件查询。如果只对部分值进行查询或更新，效率会比较低下。在使用键值数据库时，应该尽量避免多表关联查询。相关的键值数据库产品包括 Azure Cosmos DB，Aerospike，Apache Ignite，ArangoDB，Berkeley DB，Couchbase，Dynamo，FoundationDB，InfinityDB, MemcacheDB，MUMPS，Oracle NoSQL Database，OrientDB，Redis，Riak，SciDB，SDBM/Flat File dbm，ZooKeeper 等。

（2）列存储（Wide Column Store/Column-Family）数据库

列存储数据库起源于 Google 的 BigTable，其数据模型可以看作是一个行列数可变的数据表。列存储数据库使用表，列的名称和格式在同一张表中的不同行之间可能会有所不同，这也是列存储数据库与关系数据库的主要不同之处。列存储数据库能够在其他列不受影响的情况下，轻松添加一列，但是如果要添加一条记录时就需要访问所有表。列式数据库适合执行分析操作，如进行汇总或计数。相关的列存储数据库产品包括 Azure Cosmos DB，Accumulo，Cassandra，HBase，Microsoft Azure Table Storage，Accumulo，Google Cloud Bigtable，Amazon Keyspaces 等。

（3）面向文档的数据库

面向文档的数据库是用于存储、检索和管理面向文档信息的一种计算机程序。这里的文档指的是半结构化数据，是一系列数据项的集合。每个数据项都有一个名称与对应的值，值既可以是简单的数据类型，如字符串、数字和日期等，也可以是复杂的类型，如有序列表和关联对象。数据存储的最小单位是文档，同一个表中存储的文档属性可以是不同的，数据可以使用 XML、JSON 或者 JSONB 等多种形式存储。相关的列存储数据库产品包括 Azure Cosmos DB，Apache CouchDB，ArangoDB，BaseX，Clusterpoint，Couchbase，eXist-db，IBM Domino，MarkLogic，MongoDB，OrientDB，Qizx，RethinkDB 等。

（4）图数据库

图数据库是一个使用图结构进行语义查询的数据库，它使用结点、边和属性来表示和存储数据。图数据库的关键概念是图，它直接将存储中的数据项与数据结点和结点间表示关系的边的集合相关联。这些关系允许直接将存储区中的数据链接在一起，并且可以通过相关操作进行检索。图数据库适用于高度相互关联的数据，可以高效地处理实体间的关系，尤其适合于社交网络、依赖分析、模式识别、推荐系统、路径寻找、科学论文引用，以及资本资产集群等场景。相关的图数据库产品包括 Neo4J、JanusGraph、TigerGraph、Dgraph、Giraph、Nebula Graph 和 GraphBase 等。

2. 典型 NoSQL 数据库介绍

4 种典型的 NoSQL 数据库开源热门软件包括列存储数据库中的 HBase、键值数据库 Redis、面向文档的数据库 MongoDB 和图数据库 Neo4j。

（1）HBase

HBase 是 Hadoop Database 的简称，是建立在 Hadoop 文件系统之上的分布式面向列的数据库，为横向发展类型数据库，提供快速随机访问海量结构化数据。HBase 是分布式、面向列存储的开源数据库，它参考了谷歌的 BigTable 建模，实现的编程语言为 Java。HBase 运行于 Hadoop HDFS 文件系统之上，为 Hadoop 提供类似于 BigTable 规模的服务。Hadoop HDFS 为 HBase 提供了高可靠性的底层存储支持，Hadoop MapReduce 为 HBase 提供了高性能的计算能力，Zookeeper 为 HBase 提供了稳定服务和 failover 机制。Pig 和 Hive 为 HBase 提供了高层语言支持，使得在 HBase 上进行数据统计处理变的非常简单。Sqoop 为 HBase 提供了方便的关系型数据库的数据导入功能，使得传统数据库数据向 HBase 中迁移变的非常方便。总的来说，HBase 是一个通过大量廉价的机器解决海量数据的高速存储和读取的分布式数据库解决方案。

（2）Redis

Redis 是一个使用 ANSI C 编写的开源、支持网络、基于内存、分布式、可选持久性的键值对存储数据库。在 2013 年 5 月之前，其开发由 VMware 赞助。2013 年 5 月至 2015 年 6 月期间，其开发由 Pivotal 赞助。从 2015 年 6 月开始，Redis 的开发由 Redis Labs 赞助。根据数据库排名网站 DB-Engines 的数据，Redis 是最流行的键值对存储数据库之一。

Redis 的外围由一个键、值映射的字典构成。与其他非关系型数据库主要不同在于：Redis 中值的类型不仅限于字符串，还支持如下抽象数据类型——字符串列表、无序不重复的字符串集合、有序不重复的字符串集合、键和值都为字符串的哈希表。Redis 值的类型决定了值本身支持的操作，Redis 支持不同无序、有序的列表，以及无序、有序的集合间的交集、并集等高级服务器端原子操作。Redis 具有速度快、基于键值对的数据结构服务器、丰富的功能、简单稳定、客户端支持语言多、持久化、主从复制以及高可用和分布式等 8 个重要特性，使得它广受业界的青睐，并成为流行的键值对存储数据库。

（3）MongoDB

MongoDB 是一个高性能、开源、无模式的文档型数据库，是当前 NoSQL 数据库产品中最热门的一种。它在许多场景下用于替代传统的关系型数据库或键值对存储方式，MongoDB 使用 C++ 开发，以解决应用程序开发社区中的大量现实问题。

MongoDB 在类似 JSON 的文档内存储数据，这种数据存储方法非常自然，支持将数组和嵌套对象存储为值，支持灵活、动态结构，比传统的行 / 列模型更加直观和强大。MongoDB 提供了强大丰富和直观的查询语言，支持通过任何字段进行筛选和排序，而不受其在文档内的嵌套方式影响。MongoDB 还支持聚合和其他现代使用案例，如基于地理的搜索、图搜索和文本搜索。查询本身是 JSON 格式，因此很容易进行组合，无须串联字符串即可动态生成 SQL 查询。MongoDB 支持关系数据库的各种功能，如完整的 ACID 事务、查询中的联接、引用和嵌套两种关系类型。

MongoDB 具有高性能、丰富的查询语言，以及高可用性、水平可扩展性和支持多种存储引擎等特性。①高性能。MongoDB 提供高性能的数据持久化，尤其是支持嵌入式数据模型可以减少数据库系统上的 I/O 活动。索引支持更快的查询，并且可以包括嵌入式文档和数组的键。②丰富的查询语言。MongoDB 支持丰富的查询语言来支持读写操作（CRUD），比如数据聚合、文本搜索和地理空间查询等。③高可用性。MongoDB 的复制工具称为副本集（replica set），它可提供自动故障转移和数据冗余功能。④高扩展性。MongoDB 提供了水平可扩展性作为其核心功能的一部分。分片将数据分布在一组集群的机器上。从 3.4 版本开始，MongoDB 支持基于片键创建数据区域。在一个平衡的集群中，MongoDB 将一个区域所覆盖的读写只定向到该区域内的那些片。⑤支持多种存储引擎。MongoDB 支持 mmapv1、wiredtiger、mongorocks（rocksdb）、in-memory 等引擎，可以满足多种场景下的业务需求。

（4）Neo4j

Neo4j 是一个开源的、Schema 自由的、没有 SQL 的世界领先的开源图数据库，它完全由 Java 语言编写。Neo4j 属于原生图数据库，其使用的存储后端专门为图结构数据的存储和管理进行定制和优化的，在图上互相关联的结点在数据库中的物理地址也指向彼此，因此更能发挥出图结构形式数据的优势。知识图谱中，知识的组织形式采用的就是图结构，所以非常适合用 Neo4j 进行存储。Neo4j 的数据存储形式主要是结点（node）和边（edge）来组织数据。node 可以代表知识图谱中的实体，edge 可以用来代表实体间的关系，关系可以有方向，两端对应开始结点和结束结点。另外，可以在 node 上加一个或多个标签表示实体的分类，以及一个键值对集合来表示该实体除了关系属性之外的一些额外属性。关系也可以附带额外的属性。Neo4j 不仅对关系的查询速度快，还善于发现隐藏的关系，例如通过判断图上两点之间有没有走得通的路径，就可以发现事物间的关联。

Neo4j 图数据库具有完整的 ACID 支持、高可用性、轻易扩展到上亿级别的结点和关系、通过遍历工具高速检索数据等特性。随着应用在运营中不断发展，性能问题肯定会逐步凸显出来，而 Neo4j 不管应用如何变化，它只会受到计算机硬件性能的影响，不受业务本身的约束。部署一个 neo4j 服务器便可以承载上亿级的结点和关系。

7.4.6　MPP 数据库

MPP（Massively Parallel Processing）是两个或多个处理器对同一程序进行协作处理。每个处理器都有自己的操作系统和专用内存，分别处理程序的不同线程任务。通过利用消息传递接口，不同的处理器可以分别安排线程处理分析任务。有时一个应用程序可能需要成千上万个处理器协同工作。采用 MPP 架构的数据库称为 MPP 数据库。MPP 数据库架构如图 7-12 所示。

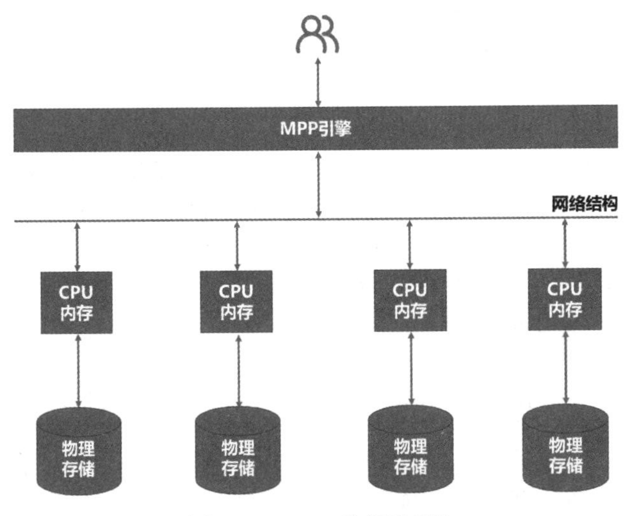

图 7-12　MPP 数据库架构

MPP 数据库是用于企业和科学数据分析的流行数据平台，它将分析数据分散在许多机器或结点上来处理大量数据。这些结点都包含自己的存储和计算功能，从而使每个结点都可以执行查询的一部分。与 Hadoop 和 Flink 等其他类型的平台相比，MPP 数据库的优势在于它们在过去几十年中建立的成熟和全面的功能。典型的 MPP 数据库产品包括 Teradata、Greenplum、Vertica 以及许多 SQL-on-Hadoop 系统，如 Impala 和 HAWQ。

1. Impala

Apache Impala是一个开源的大规模并行处理(MPP)SQL查询引擎，与Google F1数据库等效，Impala 查询的数据存储在运行 Hadoop 的计算机集群中。Impala 将可扩展的并行数据库技术引入 Hadoop，使用户能够对存储在 HDFS 和 Apache HBase 中的数据无须进行数据移动或转换便可以进行低延迟的 SQL 查询。Impala 通常与 Hadoop 集成在一起，以便和 MapReduce、Apache Hive、Apache Pig 等 Hadoop 体系软件共用相同的数据文件、数据格式、元数据、安全管理和资源管理框架等。

Impala 具有如下的一些特性：

- 支持完整的 SQL-92 标准的 SQL 查询。
- 实现了原生的 MPP 查询引擎。
- 支持 HDFS 和 Hbase。
- 支持多种数据格式：包括 Hadoop 本身支持的所有格式，还有普通的文本格式，以及一些列存储的格式，比如 Parquet。
- 没有容错的模块：没有设计容错模块的主要原因是 Impala 本身是一个实时查询系统，一次查询失败，重新再进行一次即可。这种查询失败的代价对用户而言是可以接受的。

2. Greenplum

Greenplum 是一种基于 MPP 架构和 Postgres 开源数据库技术的大数据技术产品。Greenplum 数据库产品使用大规模并行处理技术，每个计算机集群都包含一个主结点、一个备用主结点和若干段结点。所有数据都驻留在段结点上，目录信息存储在主结点上。段结点运行一个或多个段，这些段是经过修改的 PostgreSQL 数据库实例，并分配有内容标识符。对于每个表，数据都是根据用户在数据定义语言中指定的分布列关键字在段结点之间进行划分的。对于每个段内容标识符，既有主段又有镜像段，它们不在同一物理主机上运行。当查询进入主结点时，将对其进行分析、计划和调度，将其分配给所有段以执行查询计划，然后返回请求的数据或将查询的结果插入数据库表中。

Greenplum 本质上是多个 PostgreSQL 面向磁盘的数据库实例一起工作形成的一个紧密结合的数据库管理系统（DBMS），它基于 PostgreSQL 开发，其 SQL 支持、特性、配置选项和最终用户功能在大部分情况下和 PostgreSQL 非常相似。Greenplum 数据库可以选用列式存储，数据在逻辑上还是组织成一个表，但其中的行和列在物理上是存储在一种面向列的格式中，而不是存储成行，列式存储可以提供更好的性能。Greenplum 使用 2003 版本的 SQL 结构化查询语言，事务遵循 ACID 的相关约束要求。

3. Presto

Presto 是一种用于大数据集群的高性能分布式 SQL 查询引擎。其架构允许用户查询各种数据源，如 Hadoop、AWS S3、Alluxio、MySQL、Cassandra、Kafka 和 MongoDB，甚至可以在单个查询中查询来自多个数据源的数据。

Presto 的架构非常类似于使用 MPP 的传统数据库管理系统。它可以视为一个协调器结点与多个工作结点同步工作。客户端提交已解析和计划的 SQL 语句，然后将并行任务安排给工作机。工作机一同处理来自数据源的行并生成结果返回给客户端。与 Apache Hive 使用的 MapReduce 机制相比，Presto 不会将中间结果写入磁盘，可以显著提高速度。Presto 是用 Java 语言编写的，单个 Presto 查询可以组合来自多个源的数据，包括 Alluxio、HDFS、Amazon S3、MySQL、PostgreSQL、Microsoft SQL Server、Amazon Redshift、Apache Kudu、Apache Phoenix、Apache Kafka、Apache Cassandra、Apache Accumulo、MongoDB 和 Redis 等。Presto 支持计算和存储分离，可以部署在本地和云端。

7.4.7　大数据应用

过去几年，大数据理念已经深入人心，“用数据说话”已经成为所有人的共识，数据也成了堪比石油、黄金、钻石的战略资源。无论是国家、企业还是社会公众，都越来越认识到数据的价值。大数据辐射的行业也从传统的电信、金融逐渐扩展到工业、医疗、教育、大健康等。

大数据已经被广泛应用于各个行业，在金融、汽车、餐饮、电信、能源和城市管理等行业均提供了强有力的支撑。在金融行业，利用大数据在高频交易和信贷风险分析等方面可以发挥重要作用。在汽车行业，综合大数据、物联网、人工智能等技术可以实现汽车自动驾驶。在餐饮等零售行业，借助大数据技术可以实现餐饮 O2O 模式，同时分析客户行为进行针对性的产品推荐和广告投放。在电信行业，大数据可以提前分析客户离网倾向，帮助挽留客户。在能源行业，利用大数据可以改善现有能源规划的合理性，确保能源运行安全。在城市管理方面，利用大数据可以实现智慧城市。大数据的价值不止于此，大数据与各产业广泛融合，正日益对全球生产、流通、分配、消费活动以及经济运行机制、社会生活方式和国家治理能力产生重要影响。

第 8 章 人工智能技术

人工智能是计算机科学的一个分支，该领域的研究包括机器学习、知识图谱和知识推理、自然语言处理和专家系统等。随着人工智能在近两年的不断兴起，理论和技术日益成熟，其应用领域也不断扩大。本章介绍人工智能的基本概念、发展历史以及具体应用领域，并且对机器学习、知识图谱和知识推理以及自然语言处理等人工智能研究分支进行介绍，让读者对人工智能技术有初步的了解。

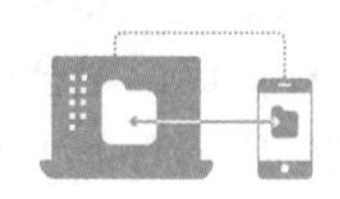

8.1 什么是人工智能

8.1.1 人工智能的概念

人工智能（Artificial Intelligence），英文缩写为 AI，是用人工的方法在机器（计算机）上实现的智能，也称为机器智能（Machine Intelligence）。它是研究、开发用于模拟、延伸和扩展人的智能的理论、方法、技术及应用系统的一门新的技术科学。广义地讲，人工智能是关于人造物的智能行为，而智能行为包括知觉、推理、学习、交流和在复杂环境中的行为。人工智能的一个长期目标是发明出可以像人类一样或能好的完成以上行为的机器。

“人工智能”一词诞生于 1956 年，在由闵斯基、约翰・麦卡锡（John McCarthy）、克劳德・香农（Claude Shannon）等人主持的达特茅斯会议上，人们提出“学习和智能的每个方面都能被精确地描述，使人们可以制造一台机器来模拟它”，并将“使用机器模拟人类认知能力”的技术命名为“人工智能”。时至今日，人工智能已经发展成涵盖计算机科学、哲学、逻辑学等多门专业知识的一门交叉学科，如图 8–1 所示。

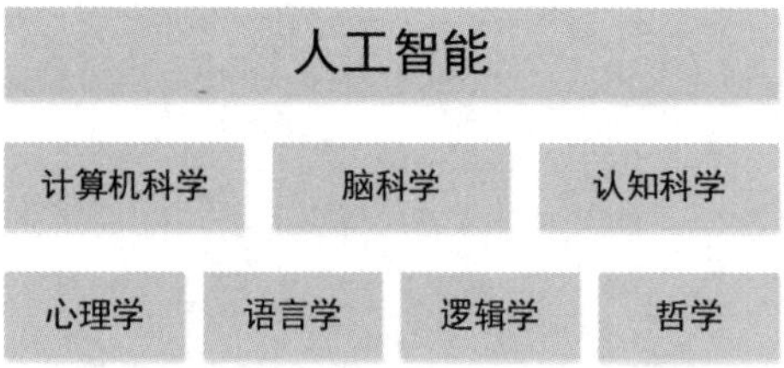

人工智能

计算机科学 脑科学 认知科学

心理学 语言学 逻辑学 哲学

图 8–1 人工智能的内涵

人工智能有三种类型，分别是弱人工智能、强人工智能、超人工智能。

1. 弱人工智能

弱人工智能（Artificial Narrow Intelligence，ANI），是指机器不能实现自我思考、推理和解决问题，它们只是看起来像拥有智能。弱人工智能是擅长于单个方面的人工智能，例如 AlphaGo 属于弱人工智能。AlphaGo 的判断可以用于围棋，达到很高的水平，但如果要下象棋就需要重新学习，它在围棋领域的深度学习知识无法通用于其他领域。

2. 强人工智能

强人工智能（Artificial General Intelligence，AGI），是指具有和人类同等能力的智能。这是一种类似于人类级别的人工智能，在定义上是能完成任何人类可以做到的智力任务 (Intellectual Task)，具有思考、计划和解决问题的能力。拥有“强人工智能”的机器不仅是一种工具，而且本身拥有思维且有自我意识，能够进行思考、计划、解决问题、抽象思维、理解复杂理念、快速学习和从经验中学习等操作。

3. 超人工智能

牛津哲学家、知名人工智能思想家 Nick Bostrom 把超人工智能（Artificial Superintelligence，ASI）定义为“在几乎所有领域都比最聪明的人类大脑都聪明很多，包括科学创新、通识和社交技能”。在超人工智能阶段，人工智能的计算和思维能力已经远超人脑，它将打破人脑受到的维度限制，其所观察和思考的内容，人脑已经无法理解，人工智能将形成一个新的社会。

8.1.2 人工智能技术的发展史

人工智能并不是一项新技术，它诞生于 1956 年，已有半个多世纪的发展历程。人工智能技术的发展大致可分为以下几个阶段。

1. 人工智能的诞生（20 世纪 50 年代）

1950 年，著名的图灵测试诞生，按照“人工智能之父”艾伦 • 图灵的定义：如果一台机器能够与人类展开对话（通过电传设备）而不能被辨别出其机器身份，那么称这台机器具有智能。同一年，图灵还预言会创造出具有真正智能的机器的可能性。

1954 年，美国人乔治 • 戴沃尔设计了世界上第一台可编程机器人。

1956 年夏天，美国达特茅斯学院举行了历史上第一次人工智能研讨会，被认为是人工智能诞生的标志。会上，麦卡锡首次提出了“人工智能”这个概念，纽厄尔和西蒙则展示了编写的逻辑理论机器。

2. 人工智能的黄金时代（20 世纪 60 ～ 70 年代）

此后，人工智能有了极大的进展。

1966—1972 年期间，美国斯坦福国际研究所研制出机器人 Shakey，这是首台采用人工智能的移动机器人。

1966 年，美国麻省理工学院（MIT）的魏泽鲍姆发布了世界上第一个聊天机器人 ELIZA。ELIZA 的智能之处在于它能通过脚本理解简单的自然语言，并能产生类似人类的互动。

3. 人工智能的低谷（20 世纪 70 ～ 80 年代）

1970 年之后，人工智能研究领域进入第一个寒冬。人们逐渐发现人工智能解决实际问题的效果并不理想，因此投入的资金减少。1973 年，数学家詹姆斯 • 莱特希尔（James Lighthill）在向英国科学院提交的一份报告中指出了这一点。他特别指出，简单的人工智能在解决多个变量的问题时存在困难，甚至可能无法解决。因此当时的人工智能在实验室环境中表现良好，但在实际环境中收效甚微。这个时期的困难主要来自当时计算机有限的内存和处理速度不足以解决任何实际的人工智能问题。

4. 人工智能的繁荣期（1980—1987 年）

1980 年之后，以卡耐基梅隆大学研发的 XCON 为代表的实用专家系统打破了人工智能研究领域低迷的局面。专家系统致力于解决特定专业领域的问题，也带动人工智能研究领域进入繁荣阶段。

1981 年，日本经济产业省拨款 8.5 亿美元用以研发第五代计算机项目，在当时被称为人工智能计算机。随后，英国、美国纷纷响应，开始向信息技术领域的研究提供大量资金。

1984 年，在美国人道格拉斯 • 莱纳特的带领下，启动了 Cyc 项目，其目标是使人工智能的应用能够以类似人类推理的方式工作。

5. 人工智能的冬天（1987—1993 年）

“AI 之冬”一词由经历过 1974 年经费削减的研究者们创造出来。他们注意到了对专家系统的狂热追捧，预计不久后人们将转向失望。事实被他们不幸言中，专家系统的实用性仅仅局限于某些特定情景。到了 20 世纪 80 年代晚期，美国国防部高级研究计划局（DARPA）的新任领导认为人工智能并非“下一个浪潮”，拨款将倾向于那些看起来更容易出成果的项目。

6. 人工智能真正的春天（1993 年至今）

人工智能在 1993 年之后开始解冻，进入稳健发展时期。人们对人工智能的前景感到乐观，其原因在于人工智能已经可以投入实际应用了。

1997 年，IBM 公司的电脑“深蓝”战胜国际象棋世界冠军卡斯帕罗夫，成为首个在标准比赛时限内击败国际象棋世界冠军的计算机系统。

2011 年，Watson（沃森）作为 IBM 公司开发的使用自然语言回答问题的人工智能程序参加美国智力问答节目，打败两位人类冠军，赢得了 100 万美元的奖金。

2012 年，加拿大神经学家团队创造了一个具备简单认知能力、有 250 万个模拟“神经元”的虚拟大脑，命名为“Spaun”，并通过了最基本的智商测试。

2013 年，深度学习算法被广泛运用在产品开发中。Facebook 人工智能实验室成立，探索深度学习领域，借此为 Facebook 用户提供更智能化的产品体验；Google 收购了语音和图像识别公司 DNNResearch，推广深度学习平台；百度创立了深度学习研究院等。

2015 年，Google 开源了利用大量数据直接就能训练计算机来完成任务的第二代机器学习平台 TensorFlow；剑桥大学建立了人工智能研究所。

2016 年，Google 人工智能 Alpha Go 以 4:1 的比分击败世界围棋冠军李世石。

8.1.3 人工智能的应用领域

当前，围绕着语音识别、计算机视觉识别和自然语言理解的突破，人工智能技术被广泛应用在实体经济和社会治理的各个领域。目前，取得较好应用的领域包括：智能家居、智能安防、智能医疗、智能零售、智能教育、智能物流等。

1. 智能家居

智能家居主要是基于物联网技术，通过智能硬件、软件系统、云计算平台构成一套完整的家居生态圈，将家中的各种设备（如音视频设备、照明系统、窗帘控制、空调控制、安防系统等）连接到一起。用户可以进行远程控制设备，设备间可以互联互通，并进行自我学习等，来整体优化家居环境的安全性、节能性、便捷性等。

2. 智能安防

物联网技术的普及应用，使得城市的安防从过去简单的安全防护系统向城市综合化体系演变，城市的安防项目涵盖众多的领域，有街道社区、楼宇建筑、银行邮局、道路监控、机动车辆、警务人员、移动物体、船只等。

3. 智能医疗

随着人工智能领域语音交互、计算机视觉和认知计算等技术的逐渐成熟，人工智能的应用场景越发丰富，人工智能技术也逐渐成为影响医疗行业发展、提升医疗服务水平的重要因素。其应用技术主要包括：语音录入病历、医疗影像辅助诊断、药物研发、医疗机器人、个人健康大数据的智能分析等。

4. 智能零售

人工智能在零售领域的应用已经十分广泛，无人便利店、智慧供应链、客流统计、无人仓/无人车等等都是热门方向。通过人工智能、深度学习、图像智能识别、大数据应用等技术，让工业机器人可以进行自主的判断和行为，完成各种复杂的任务，在商品分拣、运输、出库等环节实现自动化。

5. 智能教育

近年来，人工智能在教育领域的应用也得到了快速的发展。通过图像识别，可以进行机器批改试卷、识题答题等；通过语音识别可以纠正、改进发音；而人机交互可以进行在线答疑解惑等。人工智能和教育的结合一定程度上可以改善教育行业师资分布不均衡、费用高昂等问题，从工具层面给师生提供更有效率的学习方式。

6. 智能物流

物流行业利用智能搜索、 推理规划、计算机视觉以及智能机器人等技术，在运输、仓储、配送装卸等流程上已经进行了自动化改造，能够基本实现无人操作。比如利用大数据对商品进行智能配送规划，以及优化配置物流供给、需求匹配等。

2017 年，国务院正式印发《新一代人工智能发展规划》，这期规划重点描述了 AI+ 传统行业的展望和规划。报告指出，为推动人工智能与各行业融合创新，国家将在制造业、农业、物流、金融、商务、家居等重点行业和领域开展人工智能应用试点示范，推动人工智能规模化应用，全面提升产业发展智能化水平。

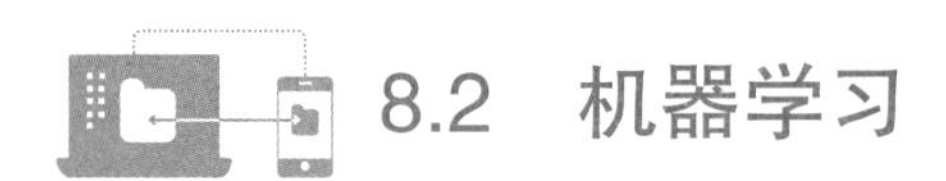

8.2 机器学习

机器学习（Machine Learning，ML）是人工智能的核心，属于人工智能的一个分支，一直受到人工智能及认知心理学家们的普遍关注。关于机器学习的研究，可以追溯到 20 世纪 50 年代中期。机器学习理论主要是设计和分析一些让计算机可以自动“学习”的算法。机器学习算法是一类从数据中自动分析获得规律，并利用规律对未知数据进行预测的算法。

8.2.1 机器学习的概念

机器学习是一门多领域交叉学科，涉及概率论、统计学、逼近论、凸分析、算法复杂度理论等多门学科，专门研究计算机怎样模拟或实现人类的学习行为，以获取新的知识或技能，重新组织已有的知识结构使之不断改善自身的性能。它是人工智能的核心，是使计算机具有智能的根本途径。

从广义上来说，机器学习是一种能够赋予机器学习的能力以此让它完成直接编程无法完成的功能的方法。从实践的意义上来说，机器学习就是一种利用数据、训练出模型，然后使用模型预测的一种方法。让我们把机器学习的过程与人类对历史经验归纳的过程做个比对，如图 8–2 所示。

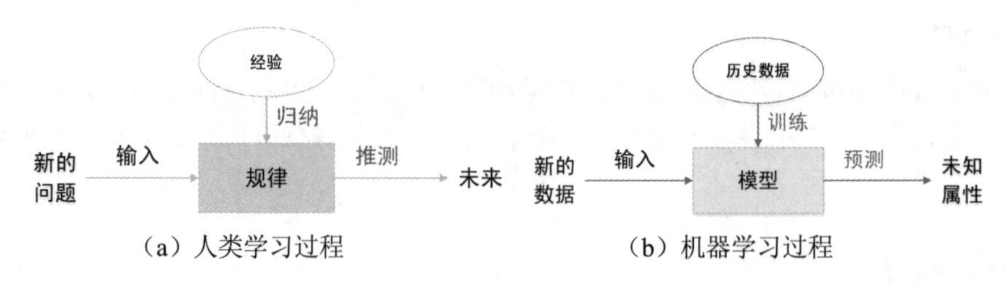

（a）人类学习过程　　（b）机器学习过程

图 8-2　人类和机器的学习过程

① 人类在成长、生活过程中积累了很多的历史与经验。人类定期地对这些经验进行“归纳”，获得了生活的“规律”。当人类遇到未知的问题或者需要对未来进行“推测”的时候，人类使用这些“规律”，对未知问题与未来进行“推测”，从而指导自己的生活和工作。

② 机器学习中的“训练”与“预测”过程可以对应到人类的“归纳”和“推测”过程。通过这样的对应，我们可以发现，机器学习的思想并不复杂，仅仅是对人类在生活中学习成长的一个模拟。由于机器学习不是基于编程形成的结果，因此它的处理过程不是因果的逻辑，而是通过归纳思想得出的相关性结论。

机器学习最基本的做法，是使用算法来解析数据、从中学习，然后对真实世界中的事件做出决策和预测。与传统的为解决特定任务、硬编码的软件程序不同，机器学习是用大量的数据来“训练”，通过各种算法从数据中学习如何完成任务。举个简单的例子，当我们浏览网上商城时，经常会出现商品推荐的信息。这是商城根据你往期的购物记录和冗长的收藏清单，识别出这其中哪些是你真正感兴趣，并且愿意购买的产品。这样的决策模型，可以帮助商城为客户提供建议并鼓励产品消费。

机器学习领域的创始人 Arthur Samuel（亚瑟 • 塞缪尔）早在 1959 年就给机器学习下了定义：机器学习是这样的一个研究领域，它能让计算机不依赖确定的编码指令来自主的学习工作。此外，他还开发了一个机器学习的系统，能够通过跟人下跳棋来学习提升机器自身的下跳棋的水平，通过成千上万次的学习之后，已经能够达到和 Arthur Samuel 相当的下棋水平了。

到了 1998 年，Tom Mitchell 对机器学习的定义做了更好的定义。Tom Mitchell 引入了三个概念：经验（E）、任务（T）以及任务完成效果的衡量指标（P）。其中：

- E：Experience，经验，通常指数据集。
- P：Performance measure，性能测度，如准确率、召回率等。
- T：Task，任务，如垃圾邮件检测、目标识别等。

有了这三个概念，机器学习的定义可以更加严谨：就是在有了经验（E）的帮助后，机器完成任务（T）的衡量指标（P）会变得更好，如图 8-3 所示。

从一个例子来看：电子邮箱通过学习你平常标记邮件是否为垃圾邮件的行为，来更好地为你过滤垃圾邮件。这个事里面，E、T、P 分别是什么呢?

- 将邮件归类为垃圾邮件和非垃圾邮件（这个是机器学习的任务 T）。
- 用户标记为垃圾邮件、非垃圾邮件的历史（这个是机器学习的经验 E）。
- ML 标记垃圾邮件、非垃圾邮件的正确率（这个是机器学习的衡量指标 P）。

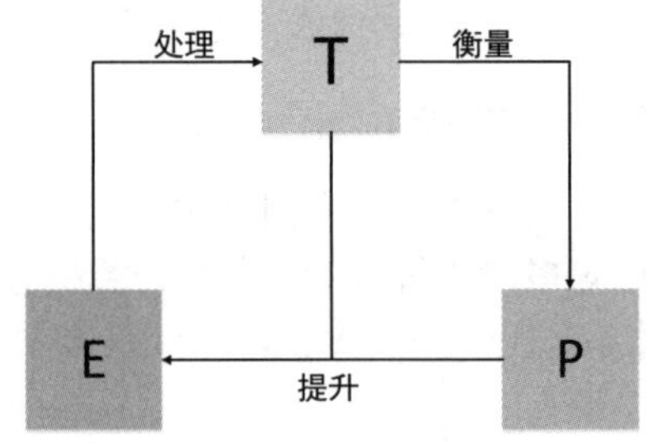

图 8-3　Tom Mitchell 的机器学习定义

8.2.2　机器学习三要素

机器学习方法都是由模型、策略（学习准则）和优化算法构成的，可以简单地表示为：方法＝模型＋策略＋优化算法，构建一种机器学习方法就是确定其具体的三要素，如图 8–4 所示。

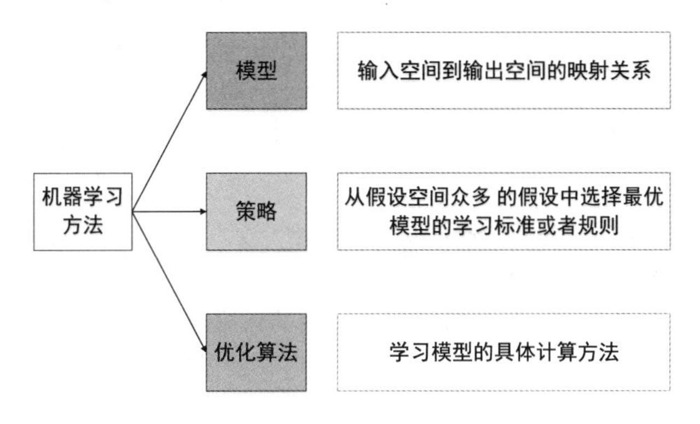

图 8–4　机器学习三要素

1. 模型

机器学习的第一要素就是模型，学习的目的就是在模型的假设空间中选择一个最佳的模型，即最接近真实映射的映射函数或者条件概率分布，然后再利用该模型去完成相应的任务。其中，假设空间是指学习算法可以选择的为了解决问题的函数集合。图 8–5 所示为根据任务选择对应的模型。

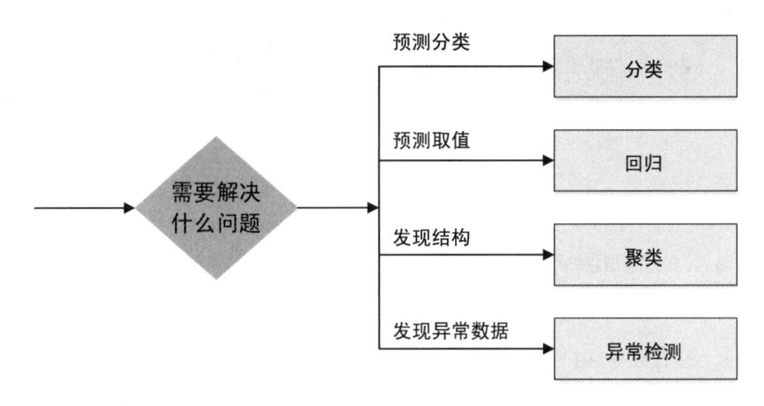

图 8–5　机器学习模型选择

2. 策略

在确定了模型的假设空间后，接下来便是从假设空间中如何选择最优的模型的问题，即学习策略的问题。

往往选择的模型不一定是最优的，对于选择的模型的预测值与样本真实值之间的差异，通常用损失函数（Loss Function）或者代价函数（Cost Function）来衡量。

3. 优化算法

在给定了数据集，确定了假设空间以及选择了合适的策略之后，最后一步便是解决一个最优化（Optimization）问题。机器学习的训练和学习的过程，便是一个不断求解最优化问题的过程。

若一个最优化问题存在一个显式的解析解，那么我们可以很容易求取它的闭式解。若不存在闭式解，则只能通过数值方法不断逼近。最常见的优化算法便是梯度下降法（GD，Gradient Descent）。

8.2.3 机器学习的分类

机器学习直接来源于早期的人工智能领域，传统的算法包括决策树、聚类、贝叶斯分类、支持向量机、EM、Adaboost 等。从学习方法上来分，机器学习算法可以分为监督学习（例如分类问题）、无监督学习（例如聚类问题）、半监督学习和强化学习。

1. 监督学习

监督学习（Supervised Learning），就是使用已经给定标签的数据给机器进行学习的一个过程。在监督学习中训练数据既有特征（Feature）又有标签（Label），通过训练，让机器可以自己找到特征和标签之间的联系，在面对只有特征没有标签的数据时，可以判断出标签。

通俗的讲，监督学习就相当于我们做练习题，当我们做完一道题之后，可以翻看已经存在的答案，然后通过答案来进行学习和调整，达到一个举一反三的效果。通过这样的学习，在下次出现类似的题目的时候，我们就可以通过已有的经验进行解答。

例如你想训练一个图像分类的模型，首先需要使用带有标签的数据训练分类模型，然后使用该模型对标签未知的图像进行分类，如图 8-6 所示。

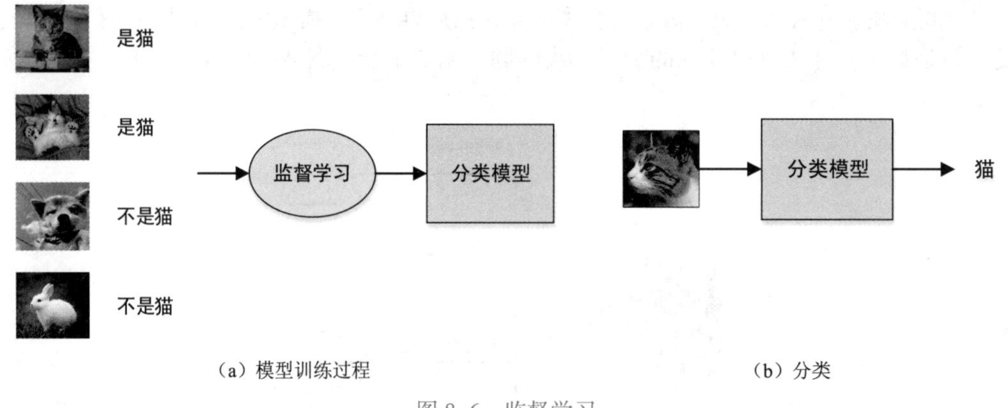

（a）模型训练过程　　（b）分类

图 8-6　监督学习

在机器学习中，监督学习也包含很多算法，例如线性回归算法、BP 神经网络算法、决策树、支持向量机、KNN 等算法，不同的算法适应不同的场景。当然，每个算法也有其优缺点，所以在机器学习的训练中，不同的场景会选择不同的算法。

2. 无监督学习

现实生活中常常会有这样的问题：缺乏足够的先验知识，因此难以人工标注类别，或进行人工类别标注的成本太高。很自然地，我们希望计算机能代我们完成这些工作，或至少提供一些帮助。无监督学习（Unsupervised Learning），不依赖任何标签值，可以通过对数据内在特征的挖掘，找到样本间的关系，比如聚类相关的任务。

如图 8-7 所示，在无监督学习中，我们只是给定了一组数据，我们的目标是发现这组数据中的特殊结构。例如我们使用无监督学习算法会将这组数据分成两个不同的簇，这样的算法就叫聚类算法。

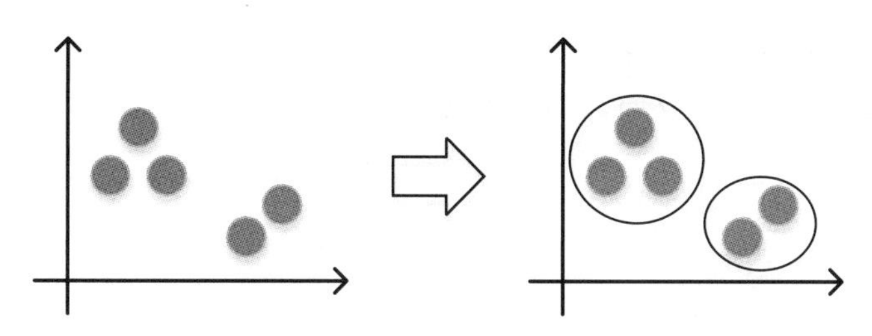

图 8-7 无监督学习

监督学习和无监督学习最主要的区别在于模型在训练时是否需要人工标注的标签信息。无监督算法常见的有层次聚类、K-Means 算法（K 均值算法）、DBSCAN 算法等。

3. 半监督学习

半监督学习（Semi-Supervised Learning），是监督学习与无监督学习相结合的一种学习方法。半监督学习在训练中使用的数据，只有一小部分是标记过的，而大部分是没有标记的。因此和监督学习相比，半监督学习的成本较低，但是又能达到较高的准确度。因此，半监督学习正越来越受到人们的重视。

半监督学可进一步划分为纯（pure）半监督学习和直推学习（Transductive Learning），前者假定训练数据中的未标记样本并非待测的数据，而后者则假定学习过程中所考虑的未标记样本恰是待预测数据，学习的目的就是在这些未标记样本上获得最优泛化性能。

半监督学习算法常见的有标签传播算法（LPA）、生成模型算法、自训练算法、半监督 SVM、半监督聚类等。

4. 强化学习

强化学习（Reinforcement Learning），又称再励学习、评价学习或增强学习，是机器学习的范式和方法论之一，用于描述和解决智能体（agent）在与环境的交互过程中通过学习策略以达成回报最大化或实现特定目标的问题。

强化学习的思想和小孩子不断学习的过程是类似的，强化学习就是希望智能体可以像人一样，在不断地试错过程中，从经验中学习。强化学习强调如何基于环境而行动，以取得最大化的预期利益。其灵感来源于心理学中的行为主义理论，即有机体如何在环境给予的奖励或惩罚的刺激下，逐步形成对刺激的预期，产生能获得最大利益的习惯性行为。

以俄罗斯方块为例，我们可以把一块砖放在从来没有放过的地方，这可能是完全不合理的决策，那么环境也会给出相应的反馈，也就是非常低的分数；反之，会得到高分。两种情况对于强化学习模型来说都是有帮助的，他们能够帮助模型去更好地估测在不同的情况下各个决策动作所带来的长远收益，进而改善决策的制定。

强化学习的核心优势在于可以主动学习，去从环境当中获取所需要的反馈，这也是强化学习相对于传统机器学习的重要优势之一。此外，强化学习算法学习的是在动态环境中可执行的策略，这一点比监督和非监督学习更接近于人们通常所理解的人工智能。

8.2.4 机器学习基本流程

1. 数据收集

机器学习界有一句非常著名的话："数据决定了机器学习的上界，而模型和算法只是逼近这个上界。"由此可见，数据对于整个机器学习项目至关重要。图 8-8 所示为机器学习基本流程。

通常，针对某个领域的具体问题，我们一般会从网上下载一些具有代表性的、大众经常会用到的公开数据集来训练机器学习模型。一方面，相较于自己建立的数据集而言，大众数据集在数据过拟合、数据偏差、数值缺失等问题上会处理的更好，且易于获取；另一方面，使用大众数据集得到的结果更容易得到大家的认可。如果在网上找不到现成的数据，那只好收集原始数据，再去一步步进行加工、整理。

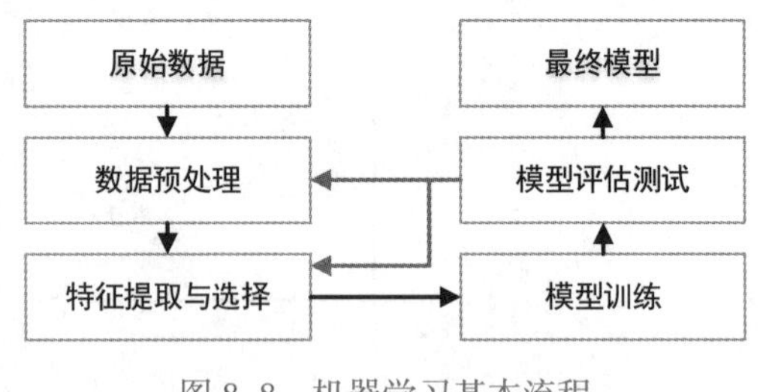

图 8–8　机器学习基本流程

数据集中的每一个数据称为一个样本，反映样本在某方面的表现或性质的事项或属性称为特征。一般我们会把数据集分成独立的三部分：训练集（train set），验证集（validation set）和测试集（test set）。其中训练集用来估计模型，验证集用来调整模型参数从而得到最优模型，而测试集则检验最优的模型的性能如何。一个典型的划分是训练集占总样本的 50%，而其它各占 25%，三部分都是从样本中随机抽取。

2. 数据预处理

数据集或多或少都会存在数据缺失、分布不均衡、存在异常数据、混有无关紧要的数据等诸多数据不规范的问题。这就需要我们对收集到的数据进行进一步的处理，包括处理缺失值、处理偏离值、数据规范化、数据的转换等，这样的步骤叫做“数据预处理”。

在数据预处理阶段，一般包含以下几个步骤。

① 缺失值处理。根据缺失率和重要性，分为去除字段、填充缺失值、重新取数据。

其中，填充缺失值的方法有：

●删除属性缺少的记录。但该方法会浪费该记录中被正确记录的属性，而且当属性缺失值的记录百分比很大时，它的性能特别差。

●以业务知识或经验推测填充。数据量特别大时，该方法并不适用。

●使用平均值、中值、分位数、众数、随机值、插值等来填充缺失值。尽管该方法简单，但是并不十分可靠。

●建立一个模型来“预测”缺失的数据。可以使用回归、贝叶斯形式化方法的推理工具或决策树归纳确定。例如利用数据集里其他样例的属性，构造决策树预测缺失值。

② 格式与内容处理。有时数据集中会存在日期格式不统一、存在多余的字符或者字段值颠倒等问题，需要在数据预处理阶段对其进行校正，以确保后续模型训练时不会因为数据的格式与内容问题产生错误。

③ 去除重复的数据。

④ 噪声数据的处理。噪声数据过多，会导致模型泛化能力差，但适当的噪声数据，有助于防止过拟合。

3. 特征选择与提取

原始特征（Raw Feature）存在以下不足：

●特征比较单一，需要进行（非线性的）组合才能发挥其作用。

●特征之间冗余度比较高。

●并不是所有的特征都对预测有用。

●很多特征通常是易变的。

●特征中往往存在一些噪声。

因此，一般需要提取有效特征，称为特征学习（Feature Learning）。特征学习包括特征的选择与特征的提取。通过特征的选择与提取，一定程度上也可以减少模型复杂性、缩短训练时间、提高模型泛化能力、避免过拟合。

特征选择（Feature Selection）也称属性选择，是指从已有的 N 个特征中选择 M 个特征，使得系统的特定指标最优化，是从原始特征中选择出一些最有效特征以降低数据集维度的过程，也是提高学习算法性能的一个重要手段。而特征提取（Feature extraction）利用已有的特征计算出一个抽象程度更高的特征。常用的特征选择方法有 Filter（过滤法）、Wrapper（包装法）、Embedded（嵌入法）等；常用的特征提取方法有 PCA（主成分分析）、SVD（奇异值分解）、LDA（线性判别分析）等。特征选择与特征提取的区别如图 8-9 所示。

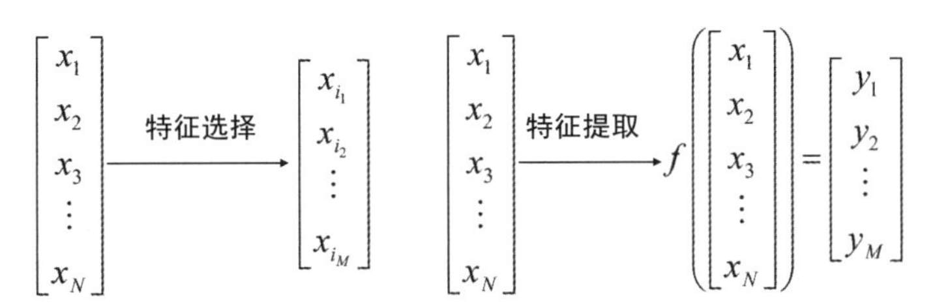

图 8–9　特征选择与特征提取

在模型训练前进行特征的选择与提取的好处有以下几点。

●减少数据存储和输入数据带宽。

●减少冗余数据，避免模型训练过拟合。

●模型在低维数据上往往具有更高的准确度。

●降低数据维度，缩短模型训练时间。

●能发现更有意义的潜在的变量，帮助对数据产生更深入的了解。

4. 模型选择与训练

当处理好数据之后，就可以选择合适的机器学习模型（算法）进行数据的训练了。可供选择的机器学习模型有很多，每个模型都有自己的适用场景，那么如何选择合适的模型呢？

首先我们要对处理好的数据进行分析，判断训练数据有没有类别标记，若是有类别标记则应该考虑监督学习的模型，否则可以划分为非监督学习问题。其次，分析问题的类型是属于分类问题（预测图片中是否为猫，就是一个分类任务）还是回归问题（预测股票涨势，这是一个回归任务），当确定好问题的类型之后再去选择具体的模型。

在模型的实际选择时，通常会考虑尝试不同的模型对数据进行训练，然后比较输出的结果，选择最佳的那个模型。此外，我们还会考虑到数据集的大小。选好模型后是调优问题，可以采用交差验证、观察损失曲线、测试结果曲线等分析原因，调节参数。此外还可以尝试多模型融合，来提高效果。

5. 模型性能评估

在建模过程中，由于偏差过大会导致模型欠拟合，以及方差过大会导致过拟合的存在，为了解决这两个问题，我们需要一整套方法及评价指标。其中评估方法用于评估模型的泛化能力，而性能度量则用于评价单个模型性能的高低。

模型的泛化性能是由学习算法的能力、数据的充分性及学习任务本身的难度所决定的，良好的泛化性能代表了较小的偏差，即算法的期望预测结果与真实结果的偏离程度，同时还要有较小的方差，即随训练样本的变化算法本身的学习能力变化不大。

（1）模型评估方法

在模型评估中，我们经常要对数据集进行训练集和测试集的划分，数据集划分通常要保证两个条件：

- 训练集和测试集的分布要与样本真实分布一致，即训练集和测试集都要保证是从样本真实分布中独立同分布采样而得。
- 训练集和测试集要互斥，即两个子集之间没有交集。

基于划分方式的不同，评估方法可以分为留出法，交叉验证法及自助法。其中，留出法是直接将数据集划分为两个互斥的集合，其中一个集合作为训练集，另一个作为测试集；交叉验证法通常把数据集分为 K 份，其中一份作为测试集，其他 K-1 份作为训练集，从而获得 K 组训练 / 测试集；自助法以自助采样法（Bootstrap Sampling）为基础，即有放回的采样或重复采样，将采样得到的数据作为训练集，将从未被采样的数据作为测试集。

（2）性能度量

性能度量是衡量模型泛化能力的评判标准，性能度量反映了任务需求，在对比不同模型的能力时，使用不同的性能度量往往会导致不同的评判结果，因此什么样的模型是好的，不仅取决于算法和数据，还取决于任务需求。

我们以二分类问题为例，可根据样例的真实类别与学习器预测的类别得到表 8-1 所示的混淆矩阵。其中：

① 若一个样本实例是正类（真），并且被预测为正类，即为真正例（True Positive，TP）。

② 若一个样本实例是正类，但是被预测为负类（假），即为假反例（False Negation，FN）。

③ 若一个样本实例是负类，但是被预测为正类，即为假正例（False Positive，FP）。

④ 若一个样本实例是负类，并且被预测为负类，即为真反例（True Negation，TN）。

表 8-1 混淆矩阵

预测 实际	预测值为真	预测值为假	合计
真实值为真	TP	FN	P
真实值为假	FP	TN	N
合计	P’	N’	P+N

常用的性能度量指标有准确率（Accuracy）、精确率（Precision）、召回率（Recall）。

准确率：精确率是分类正确的样本数占样本总数的比例。

$$\text{ACC（精确率）} = (\text{TP} + \text{TN}) / (P + N)$$

精确率：精确率反应分类模型预测的正样本中有多少是真正的正样本。

$$P\text{（精确率）} = \text{TP} / (\text{TP} + \text{FP})$$

召回率：召回率反应样本中的正类有多少被分类模型预测正确。

$$R\text{（召回率）} = \text{TP} / P$$

8.2.5　机器学习的常见算法

1. 线性回归

回归分析（Regression）是一种预测性的建模技术，它研究的是因变量（目标）和自变量（预测器）之间的关系。回归技术通常用于预测分析、时间序列模型以及发现变量之间的因果关系，例如使用面积，户型，区域等多种因素预测房价。通常使用曲线来拟合数据点，目标是使曲线到数据点的距离差异最小。

线性回归（Linear Regression）是回归问题中的一种，线性回归假设目标值与特征之间线性相关，即满足一个多元一次方程。线性回归目的是根据已知数据 (x, y)，得到一个通过属性的线性组合来进行预测的函数，即：

$$y'=wx+b$$

其中，y' 为预测值，自变量 x 和因变量 y 是已知的，而我们想实现的是预测新增一个 x，其对应的 y 是多少。因此，为了构建这个函数关系，目标是通过已知数据点，求解线性模型中 w 和 b 两个参数。

求解最佳参数，需要一个标准来对结果进行衡量，为此我们需要定量化一个目标函数式，使得计算机可以在求解过程中不断地优化。针对任何模型求解问题，都是最终都是可以得到一组预测值 y'，对比已有的真实值 y，数据维度为 n，可以将损失函数定义如下：

$$L=\frac{1}{n}\sum_{i=1}^{n}\left(\hat{y}_i-y_i\right)^2$$

通过最小化损失函数，学习模型参数 w 和 a。

线性回归示意图如图 8-10 所示。

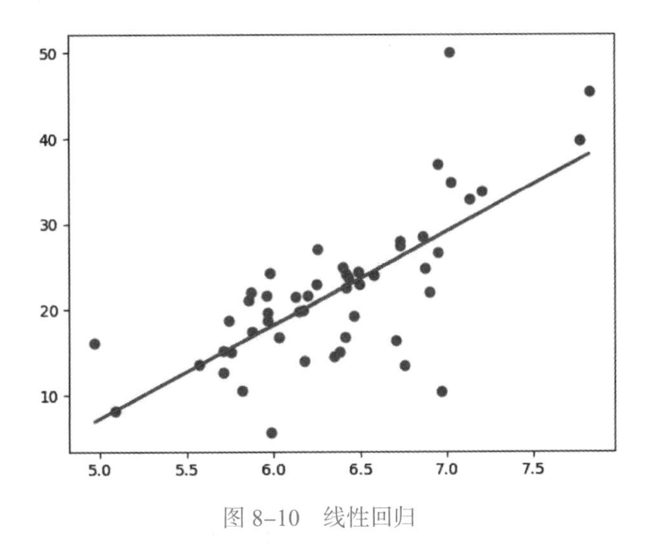

图 8-10　线性回归

线性回归分析中只包括一个自变量和一个因变量，且二者的关系可用一条直线近似表示，这种回归分析称为一元线性回归分析。如果回归分析中包括两个或两个以上的自变量，且因变量和自变量之间是线性关系，则称为多元线性回归分析。

2. 决策树

决策树（Decision Tree）是一个树结构，一棵决策树包含一个根结点、若干个内部结点和若干个叶结点；叶结点对应于决策结果，其他每个结点则对应于一个属性测试；每个结点包含的样本集合根据属性测试的结果被划分到子结点中；根结点包含样本全集，从根结点到每个叶子结点的路径对应了一个判定测试序列。

决策树最重要的是决策树的构造。所谓决策树的构造就是进行属性选择度量，确定各个特征属性之间的拓扑结构。构造决策树的关键步骤是分裂属性，即在某个结点处按照某一特征属性的不同划分构造不同的分支。例如，图 8-11 中，对位置类别属性的数据，首先通过“体温”进行判断，如果体温为恒温，再通过“胎生”属性判断，最终得到“猫属于哺乳动物”的结论。

决策树的学习算法用来生成决策树，常用的学习算法为 ID3、C4.5、CART。

3. KNN 分类算法

KNN（K-Nearest Neighbor）法即 K 最邻近法，最初由 Cover 和 Hart 于 1968 年提出，是一个理论上比较成熟的方法，也是最简单的机器学习算法之一。该方法的思路非常简单直观：如果一个样本在特征空间中的 K 个最相似（即特征空间中最邻近）的样本中的大多数属于某一个类别，则该样本也属于这个类别。该方法在定类决策上只依据最邻近的一个或者几个样本的类别来决定待分样本所属的类别。

KNN 算法示意图如图 8-12 所示。KNN 算法的具体流程为：

- 计算已知类别数据集中的点与当前点之间的距离。
- 按距离递增次序排序。
- 选取与当前点距离最小的 K 个点。
- 统计前 K 个点所在的类别出现的频率。
- 返回前 K 个点出现频率最高的类别作为当前点的预测分类。

K=1 时，未知类别信息的点属于类 1，K=5 时，该点属于类 2。

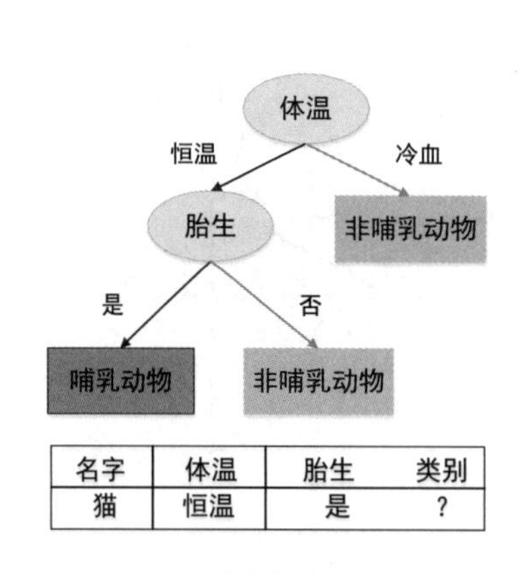

图 8-11　决策树算法示意图

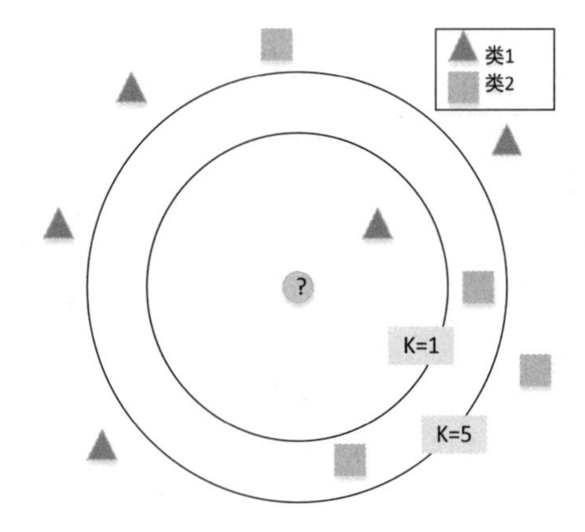

图 8-12　决策树算法示意图

4. K-means

聚类属于无监督学习方法，是将数据分类到不同的类或者簇的一个过程。同一个簇中的对象有很大的相似性，而不同簇间的对象有较大的相异性。聚类分析的目标就是在衡量相似度的基础上对数据进行分类。通过聚类，可以发现数据的内在结构。聚类源于很多领域，包括数学、计算机科学、统计学、经济学和生物学等。在不同的应用领域，聚类技术都得到了广泛的发展。

K-means（K 均值）聚类是最著名的划分聚类算法，由于简洁和效率使得它成为所有聚类算法中最广泛使用的算法。K-means 算法接受一个未标记的数据集，然后将数据聚类成不同的组。

K-means 算法示意图如图 8–13 所示。K-means 算法的具体流程为：

①选择初始化的 K 个样本作为初始聚类中心。

②针对数据集中每个样本计算它到 K 个聚类中心的距离，并将其分到距离最小的聚类中心所对应的类中。

③针对每个类别，重新计算它的聚类中心（即属于该类的所有样本的质心）。

④重复上面②、③两步操作，直到达到某个中止条件（迭代次数、最小误差变化等）。

K-means 算法优缺点较为明显。K-means 算法容易理解，聚类效果不错，处理大数据集的时候可以保证较好的伸缩性，而且算法复杂度低。但算法中的 K 值需要人为设定，而且对初始的簇中心敏感，不同的 K 值和初始中心选取方式会得到不同的聚类结果。

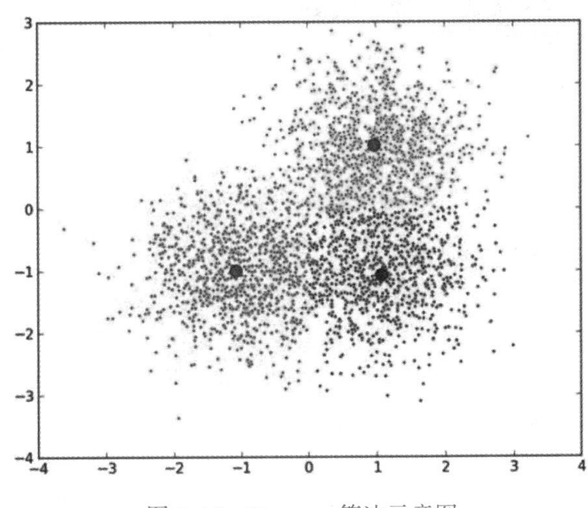

图 8–13　K-means 算法示意图

8.2.6　深度学习

深度学习（Deep Learning）是机器学习的分支，是一种试图使用包含复杂结构或由多重非线性变换构成的多个处理层对数据进行高层抽象的算法。深度学习是机器学习中一种基于对数据进行表征学习的算法，至今已有数种深度学习框架，如卷积神经网络、深度置信网络和递归神经网络等已被应用在计算机视觉、语音识别、自然语言处理、音频识别与生物信息学等领域，并获取了极好的效果。

人工智能、机器学习与深度学习的关系如图 8–14 所示。人工智能是最早出现的，也是最大、最外侧的；其次是机器学习，稍晚一点；最内侧，是深度学习，是当今人工智能大爆炸的核心驱动。

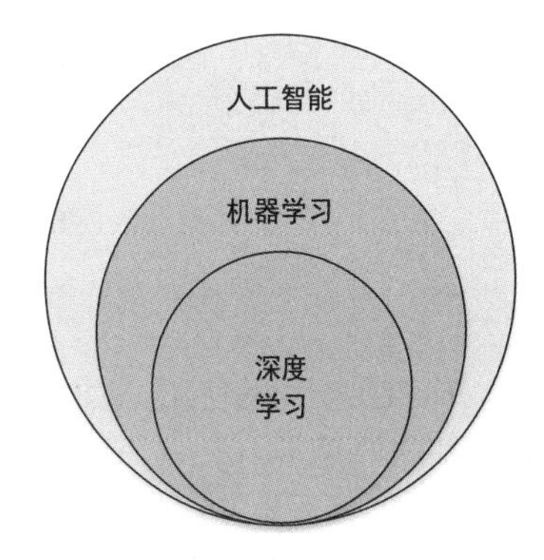

图 8–14　人工智能、机器学习与深度学习关系图

1. 生物神经元

对于神经元的研究由来已久，1904 年生物学家就已经知晓了神经元的组成结构。

一个神经元通常具有多个树突，主要用来接收传入信息；而轴突只有一条，轴突尾端有许多轴突末梢可以给其他多个神经元传递信息。轴突末梢跟其他神经元的树突产生连接，从而传递信号。这个连接的位置在生物学上称为“突触”。

人脑中的神经元形状可以用图 8-15 做简单的说明。

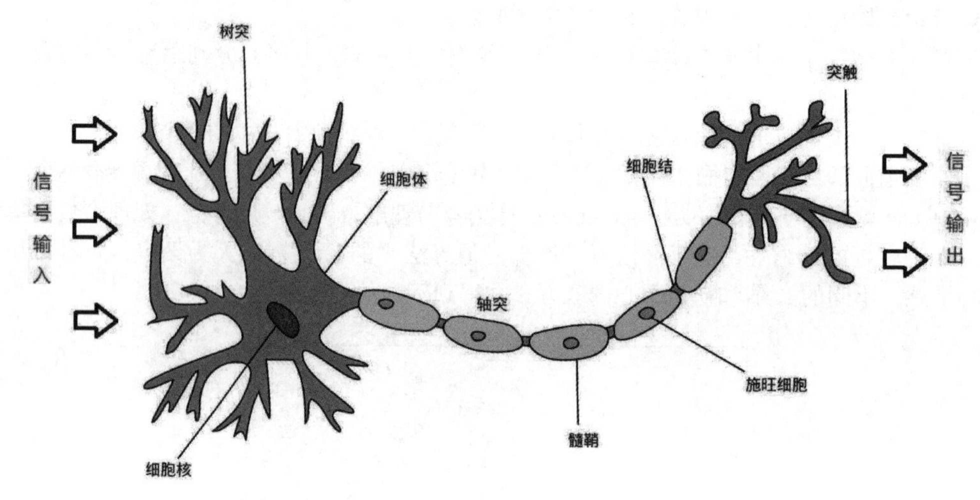

图 8–15 生物神经元结构

树突接收信息，并转换成电信号，轴突传输电信号及处理等，神经末梢对信息进行反应。一个神经元完成了一个简单的信息接收、处理、输出的基本动作。人工智能专家们就从这里得到启发，开始了人工智能模型——“神经网络”的研究。

2. 感知机

在人脑中负责活动的基本单元是“神经元”，它以细胞体为主体，由许多向周围延伸的不规则树枝状纤维构成神经细胞。人脑中含有上百亿个神经元，而这些神经元互相连接成一个更庞大的结构，就称为“神经网络”。机器学习试图模仿人脑的“神经网络”建立一个类似的学习策略，也取名为“神经网络”。

1943 年，心理学家 McCulloch 和数学家 Pitts 参考了生物神经元的结构，发表了抽象的神经元模型 MP。神经元模型是一个包含输入、输出与计算功能的模型。输入可以类比为神经元的树突，而输出可以类比为神经元的轴突，计算则可以类比为细胞核。图 8–16 是一个典型的神经元模型：包含有 3 个输入、1 个输出，以及 2 个计算功能。

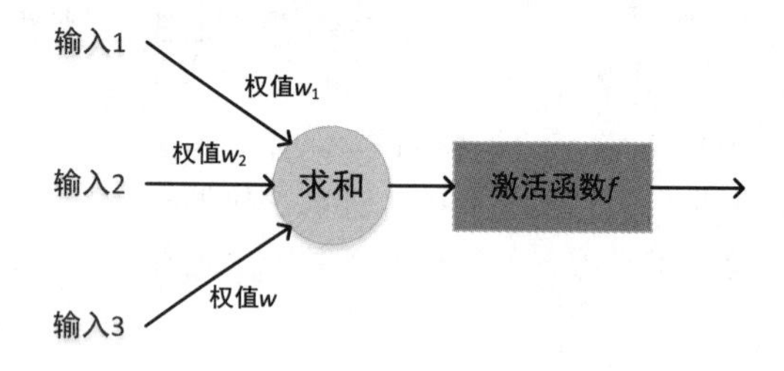

图 8–16 MP 模型

神经元模型的使用可以这样理解：我们有一个数据，称之为样本。样本有四个属性，3 个已知属性的值是 a_1，a_2，a_3，未知属性的值是 z。我们需要做的就是通过 3 个已知属性预测未知属性：

$$z = f\left(a_1 \times w_1 + a_2 \times w_2 + a_3 \times w_3\right)$$

MP 模型虽然简单，但已经建立了神经网络大厦的地基。然而在 MP 模型中，权重的值都是预先设置的，因此不能学习。

1958 年，计算科学家 Rosenblatt 提出了由两层神经元组成的神经网络，并起名为感知机（Perception）。感知机是当时首个可以学习的人工神经网络。在感知机中，有两个层次，分别是输入层和输出层。输入层里的“输入单元”只负责传输数据，不做计算。输出层里的“输出单元”则需要对前面一层的输入进行计算，如图 8–17 所示。

我们通过一个学生成绩判定问题形象说明感知机模型。假设，我们综合考虑学生的考试成绩、平时成绩和作业成绩，计算总分确定该门课程是否及格。现已知部分学生的分项成绩和成绩总评，但不知道总分的计算公式。那么我们就可以使用感知机模型来大致推算 3 项的权重分别是多少。

感知机属于单层神经网络。与神经元模型不同，感知机中的权值是通过训练得到的。因此，根据以前的知识我们知道，感知机类似一个逻辑回归模型，可以做线性分类任务。然而感知机只能做简单的线性分类任务，因此研究人员开始研究更深层次的网络。

3. 人工神经网络

让我们来看一个经典的神经网络，如图 8-18 所示。这是一个包含四个层次的神经网络。神经网络就是将许多个单一的神经元联结在一起的网络，用更多的神经元去进行学习。神经网络最左边的一层称为输入层，有 3 个输入单元，最右的一层称为输出层，输出层只有 1 个结点。中间两层称为隐藏层，因为我们不能在训练过程中观测到它们的值。其实神经网络可以包含更多的隐藏层。

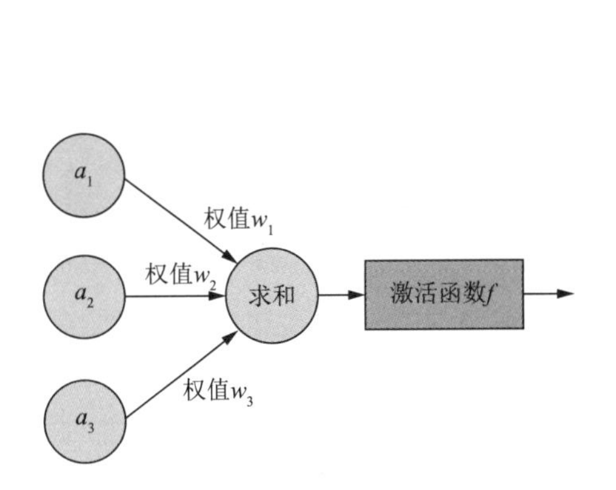

图 8–17　感知机

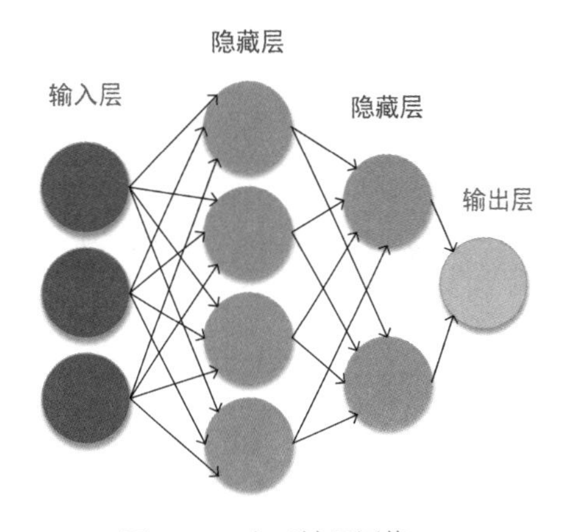

图 8–18　人工神经网络

神经网络在多个领域得到了广泛的应用，例如语音识别、图像识别、自动驾驶等。但是神经网络仍然存在若干的问题：一次神经网络的训练耗时太久，而且困扰训练优化的一个问题就是局部最优解问题，这使得神经网络的优化较为困难。同时，隐藏层的结点数需要调参。20 世纪 90 年代中期，由 Vapnik 等人发明的 SVM（Support Vector Machines，支持向量机）算法诞生，很快就在若干个方面体现出了对比神经网络的优势，并迅速打败了神经网络算法成为主流。

4. 深度学习

深度学习的概念由 Hinton 等人于 2006 年提出。深度学习的概念源于人工神经网络的研究。含多隐层的人工神经网络就是一种深度学习结构。深度学习通过组合底层特征形成更加抽象的高层表示属性类别或特征，以发现数据的分布式特征表示。

一般来说，典型的深度学习模型是指具有“多隐层”的神经网络，如图 8–19 所示。这里的“多隐层”代表有三个以上隐层，相应的神经元连接权、阈值等参数也会更多，因此深度学习模型可以自动提取很多复杂的特征。过去在设计复杂模型时会遇到训练效率低、易陷入过拟合的问题，但随着云计算、大数据时代的到来，海量的训练数据配合逐层预训练和误差逆传播微调的方法，让模型训练效率大幅提高，同时降低了过拟合的风险。

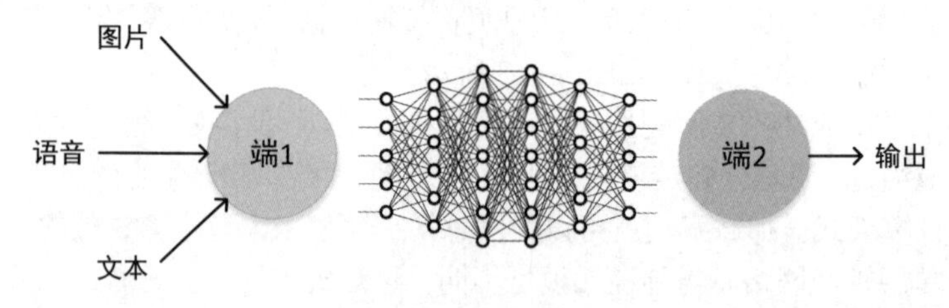

图 8-19 深度学习模型

常用的深度学习网络有 CNN（卷积神经网络）、RNN（循环神经网络）、DNN（深度神经网络）等。

相比而言，传统的机器学习算法很难对原始数据进行处理，通常需要人为的从原始数据中提取特征。这需要系统设计者对原始的数据有相当专业的认识。在获得了比较好的特征表示后需要设计一个对应的分类器，使用相应的特征对问题进行分类。而深度学习是一种自动提取特征的学习算法，通过多层次的非线性变换，它可以将初始的“底层”特征表示转化为“高层”特征表示后，用“简单模型”即可完成复杂的分类学习任务。

深度学习和传统机器学习的区别如表 8-2 所示。

表 8-2 深度学习和机器学习的区别

传统机器学习	深 度 学 习
对计算机硬件需求较小	进行大量的矩阵运算，可以使用 GPU 优化该进程
需要使用分治法将其分解为预处理、特征提取和选择、分类器设计等若干步骤	属于“端到端”学习方法
人工进行特征选择	利用算法自动提取特征自行学习
适用于分析维度较低、可解释性很强的任务	适用于分析高维度的数据，比如图像、语音等
局限于某个固定问题	普适性更强，模型能够适用于各种问题

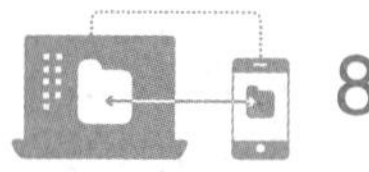

8.3 知识图谱和知识推理

8.3.1 知识图谱

1. 知识图谱的发展历史

尽管大数据受到了学术界和工业界的广泛关注，但其蕴藏的巨大价值还尚未被完全发掘。大数据的价值源于其中蕴含的各种知识之间的关联，如何对知识关联进行刻画、揭示和利用，是大数据价值分析、发现和创造的核心问题。知识蕴含在数据中。随着互联网业务的发展，产生了大量的数据，数据经过分析会推动业务的发展。将数据中蕴含的知识用图的结构表示出来，就形成了知识图谱。

知识图谱（Knowledge Graph）是一种基于图的数据结构，由结点（point）和边（Edge）组成，每个结点表示一个“实体”，每条边为实体与实体之间的“关系”，知识图谱本质上是语义网络。

实体指的可以是现实世界中的事物，比如人、地名、公司、电话、动物等；关系则用来表达不同实体之间的某种联系。

图 8–20 中展示了一个典型的知识图谱结构。例如，图中的“小兰”是一个实体，“A 公司”也是一个实体，他们之间有一个语义关系就是“现就职于”。类似的，图中不同的实体间具有不同的语义关系，比如“朋友”。

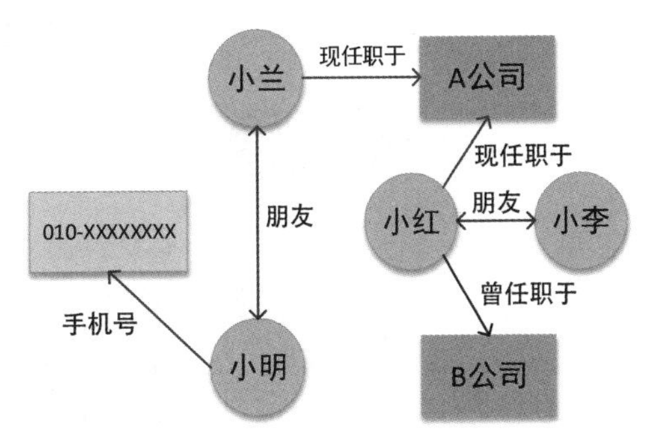

图 8–20　知识图谱

知识在图谱中一般采用三元组（实体，关系，实体）表示。如果我们把实体看作是结点，把实体关系（包括属性、类别等）看作是一条边，那么包含了大量三元组的知识库就成为了一个庞大的知识图。实体关系也可分为两种，一种是属性（Property），一种是关系（Relation）。属性和关系的最大区别在于，属性所在的三元组对应的两个实体，常常是一个实体和一个字符串，如身高属性对应的三元组（小明，身高，170 cm），而关系所在的三元组所对应的两个实体，常常是两个实体比如（小明，朋友，小兰），“小明”和“小兰”都是实体。

从 20 个世纪七八十年代的知识工程兴盛开始，学术界和工业界推出了一系列知识库，直到 2012 年 Google 推出了面向互联网搜索的大规模的知识库，被称之为知识图谱。知识图谱的发展历史如图 8–21 所示。从 2012 年 Google 提出知识图谱直到今天，知识图谱技术发展迅速，知识图谱的内涵远远超越了其作为语义网络的狭义内涵。当下，在更多实际场合下，知识图谱是作为一种技术体系，指代大数据时代知识工程的一系列代表性技术进展的总和。

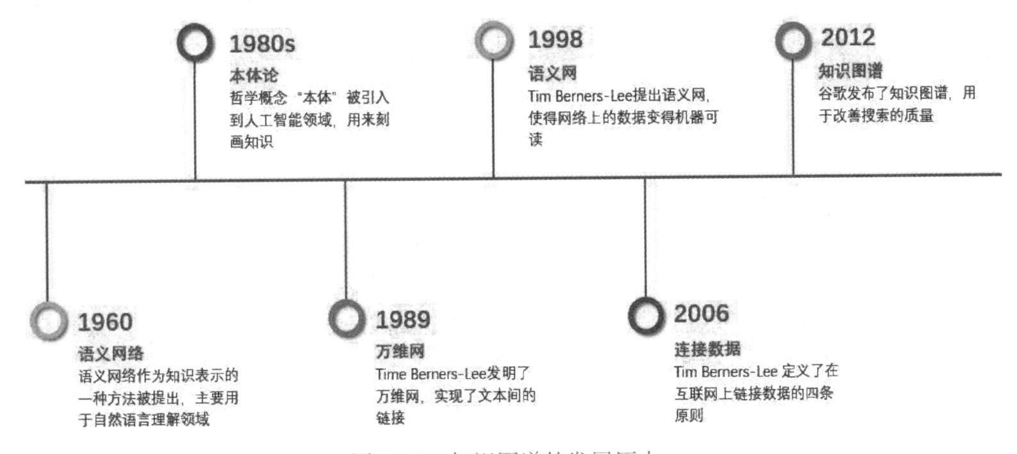

图 8–21　知识图谱的发展历史

2. 知识图谱构建框架

图 8–22 是非常经典的知识图谱整体架构图。

① 框架图最左边是三种输入数据结构：结构化数据、半结构化数据、非结构化数据。这些数据可以来自任何地方，只要它对要构建的这个知识图谱有帮助。

② 框架中间部分是知识图谱的构建过程。其中主要包含了 3 个阶段：信息抽取、数据融合、知识加工。

③ 最右边是生成的知识图谱，而且这个技术架构是循环往复、迭代更新的过程。知识图谱

不是一次性生成，是慢慢积累的过程。

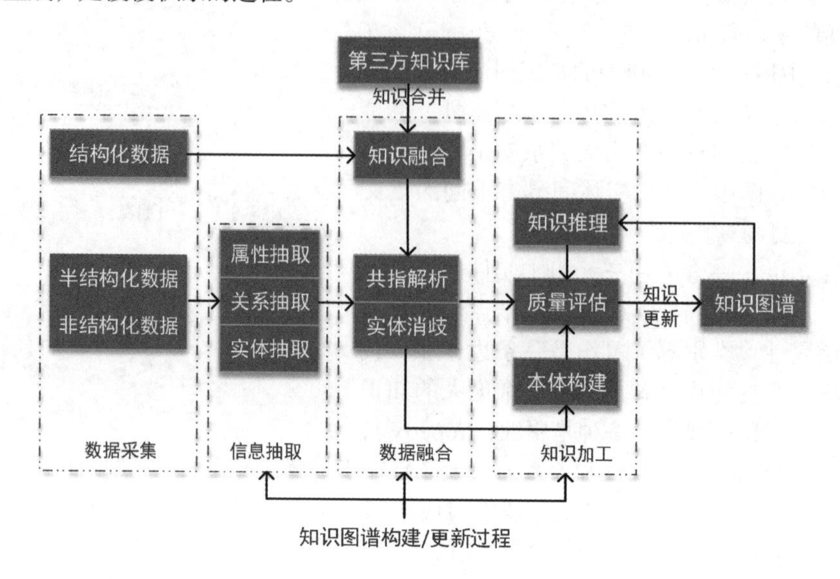

图 8-22　知识图谱框架

3. 知识图谱的应用

作为一种应用型技术，知识图谱支撑了很多行业中的具体应用。具体如图 8-23 所示。

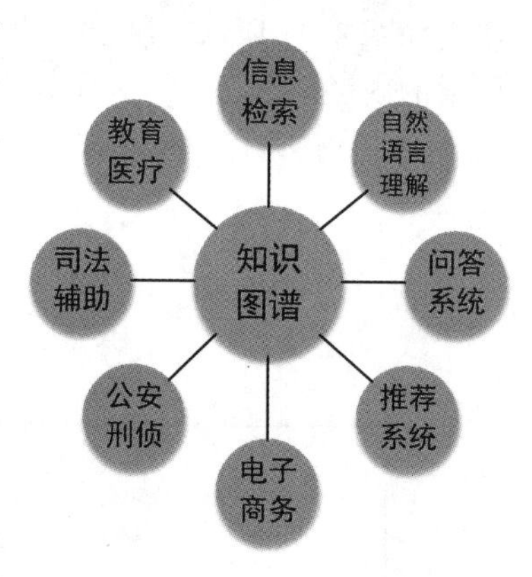

图 8-23　知识图谱应用领域

① 信息检索：通过引入知识图谱中的实体以及实体的描述信息丰富语义，从而优化信息检索模型。

② 自然语言理解：知识图谱中的知识作为理解自然语言中实体和关系的背景信息。

③ 问答系统：人与机器通过自然语言进行问答与对话是人工智能实现的关键标志之一。通过匹配问答模式和知识图谱中知识子图之间的映射，实现自动问答。

④ 推荐系统：将知识图谱作为一种辅助信息集成到推荐系统中，以提供更加精准的推荐选项。

⑤ 电子商务：将用户的购买或评价记录中反映出来的商品之间的潜在关联关系作为商品之间关联关系的补充，实现商品分类、用户定向、销量预测和个性化推荐。

⑥ 公安刑侦：重构数据之间的联系，进而真正挖掘大数据的价值，为公安部门找出更加准确的信息，做出更全面的总结并提供更有深度相关的信息。

⑦ 司法辅助：主要用于辅助律师、法官对平时案件信息的处理，以及为大众和寻求司法帮助的人群实现个性化地案例推送等。

⑧ 教育医疗：提供可视化的知识表示，用于药物分析、疾病诊断等。

8.3.2　知识推理

知识推理（Knowledge Reasoning）能力是人类智能的重要特征。所谓的知识推理，就是在已有知识的基础之上，推断出隐含知识的过程。通过从已知的知识出发，通过已经获取的知识，从中获取所蕴含的新的事实，或者从大量的已有的知识中进行归纳，从个体知识推广到一般性的知识。具体来说，知识图谱推理主要能够辅助推理出新的事实、新的关系、新的公理以及新的规则。

知识图谱的构建是为了对知识的统筹与规划，以完成对上层应用的支撑。知识图谱推理的任务是根据知识图谱中已有的知识推理出新的知识或识别出错误的知识。狭义的知识推理是为了完成知识图谱的补全，广义的知识推理是在完成对知识图谱补全的基础上，对知识图谱进行智能搜索，包括链接预测和实体分类。

知识图谱通常用（实体，关系，实体）的三元组形式表达事物的属性以及事物之间的语义关系。其中，事物或属性值作为三元组中的实体，属性或关系作为三元组中的关系。知识图谱补全实际上是给定三元组中任意两个元素，试图推理出缺失的另外一个元素。比如，给定实体和关系，找出与之形成有效三元组的另外实体（实体预测）；或者给定实体，找出实体间的关系（关系预测）。不管实体预测还是关系预测，实际上都是选择与给定元素形成的三元组更可能有效的实体 / 关系作为推理预测结果。这种有效性可以通过规则的方式推理或通过基于特定假设的得分函数计算。

实体关系之间存在丰富的同现信息。如图 8-24 所示，我们根据大量的实体 A、B、C 间出现（A，母亲，B）、（B，母亲，C）以及（A，外祖母，C）关系的实例，统计出“母亲 + 母亲 => 外祖母”的推理规则。然后使用这个推理规则完成对知识图谱的补全。

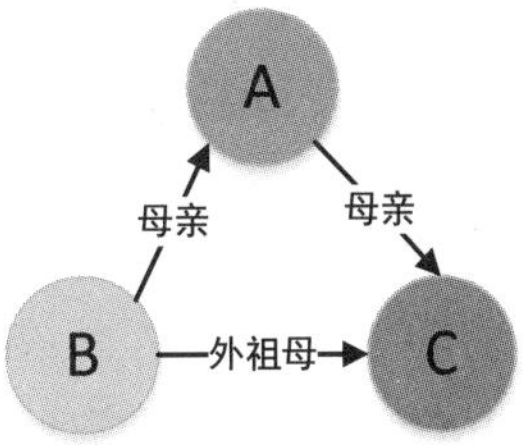

图 8-24　知识推理举例

知识推理的主要的方法包含基于逻辑规则的推理、基于图结构的推理、基于分布式表示学习的推理、基于神经网络的推理以及混合推理。

Path Ranking Algorithm 是基于图结构的推理方法之一。该方法首先统计两个实体之间都出现的不同关系路径，把每一种不同的关系看成是一个特征，进而构建关系路径的特征向量，该特征向量中的每一维反映了一种不同类型的关系路径。最后利用这种特征向量为任意两个实体进行关系抽取或者关系分类。但该方法只能在连通图上使用，对于那些出现频率低的关系有严重的数据稀疏问题，且代价高昂。针对这样的问题，现今也出现了许多针对该算法的改进研究。目前主要发展趋势是提升规则挖掘的效率和准确度，用神经网络结构的设计代替在知识图谱上的离散搜索和随机游走是比较值得关注的方向。

8.4　自然语言处理

自然语言处理（Natural Language Processing，NLP）是人工智能和语言学领域的分支学科。NLP 研究能实现人与计算机之间用自然语言进行有效通信的各种理论和方法。NLP 是一门融语言学、计算机科学、数学于一体的科学。NLP 并不是一般地研究自然语言，而在于研制能有效地实现自然语言通信的计算机系统。NLP 是计算机科学、人工智能、语言学关注计算机和人类（自然）语言之间的相互作用的领域。

该领域探讨如何处理及运用自然语言。NLP 研究的内容包括但不限于如下分支领域：文本分类、信息抽取、自动摘要、智能问答、话题推荐、机器翻译、主题词识别、知识库构建、深度文本表示、命名实体识别、文本生成、文本分析（词法、句法、语法）、语音识别与合成等。

8.4.1 自然语言处理的发展

自然语言处理的研究历程，可以分为下列几个时期。

1. 萌芽时期

自然语言处理的研究可以追溯到20世纪40年代末和50年代初期。随着第一台计算机问世，研究人员开始了机器翻译方面的研究，开启了自然语言处理研究的早期阶段。在这一时期，由于来自机器翻译的社会需求，发展了许多自然语言处理的基础研究。

1948年，Shannon把离散马尔可夫过程的概率模型应用于描述语言的自动机。1956年，Chomsky从Shannon的工作中吸取了有限状态马尔可夫过程的思想，提出了上下文无关语法，并把它运用到自然语言处理中。他们的工作直接引起了基于规则和基于概率这两种不同的自然语言处理技术的产生。这些研究成果在后来的数十年中逐步与自然语言处理中的其他技术相结合。这种结合既丰富了自然语言处理的技术手段，同时也拓宽了自然语言处理的社会应用面。

2. 以关键词匹配为主流的时期（20世纪60年代）

1956年人工智能的诞生为自然语言处理翻开了新的篇章。这个时期已经产生一些自然语言理解系统，用来处理受限的自然语言子集。但这些系统大都没有真正意义上的文法分析，主要靠关键词匹配技术来识别输入句子的意思。

在这些系统中，事先存放了大量包含某些关键词的模式。系统将当前输入的句子同这些模式相匹配，一旦匹配成功便立即得到这个句子的解释，而不再考虑句子中那些非关键词成分对句子意思的影响。因此，这类系统的优点是，因为仅仅是靠关键词匹配实现自然语言理解，因此输入的句子可以不遵守规范的语法；缺点是这种近似匹配技术存在很大的不精确性，往往会导致错误的分析。

3. 以句法–语义分析为主流的时期（20世纪70年代）

这个时期，自然语言处理在句法–语法分析技术方面取得了重要进展，出现了LUNAR、SHEDLU等若干有影响的自然语言处理系统。经典的句法–语义分析系统框架如图8-25所示。

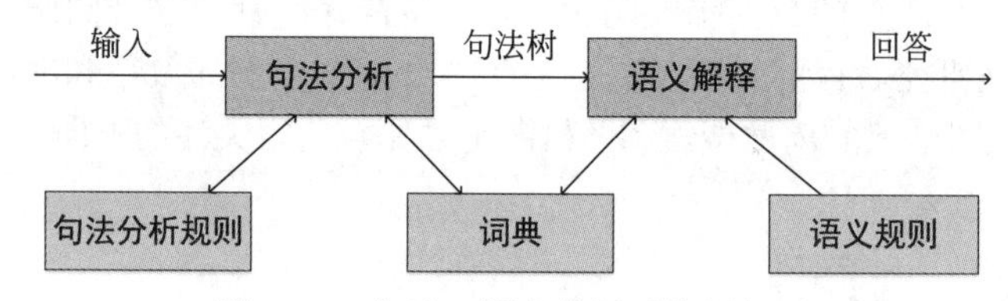

图8–25 句法–语义分析系统框架

语法分析的主要任务是：给定一个输入句子，以语言的语法特征为主要知识源，生成一棵短语结构树，通过树的形式指明输入句子各部分之间的关系。这些系统的主要特点是在句法、语义的分析中采用了所需要的知识表达形式和处理模型。尽管它还是局限在某个领域内，但在语言分析的深度和难度方面都比早期系统有了长足的进步，能够很好地理解自然语言，标志着自然语言处理进入了一个新的阶段。

4. 基于知识的语言处理系统时期（20世纪80年代）

1980年，在美国的卡内基梅隆大学召开了第一届机器学习国际研讨会，标志着机器学习研究在全世界的重新兴起。这个时期，得益于计算能力的稳定增长以及机器学习的发展，研究人员开始对AI和NLP进行根本性的重新定位，用简单的近似法取代了深入的分析法，评估过程也变得更加量化。

这一时期的主要特点是引入了知识的表示和处理方法，引入了领域知识和推理机制，借鉴了许多人工智能和专家系统中的思想，使自然语言处理系统不再局限于单纯的语言句法和词法的研究，极大地提高了系统处理的正确性，使得系统越来越趋向实用化和工程化。在自然语言理解研究的基础上，机器翻译走出了低谷，出现了一些具有较高水平的机器翻译系统，例如 META 系统、SYSTRAN 系统等。

5. 基于大规模语料库自然语言处理系统（20 世纪 90 年代至今）

近年来，为了处理大规模的真实文本，研究人员提出了语料库语言学。语料库是存放语言材料的仓库；而语料库语言学则是一种以语料库为基础的语言研究方法。目前，语料库语言学已经成为语言研究的主流，该思想认为语言学的知识大规模的来自生活的真实语料，计算语言学工作者的任务是使计算机能够自动或半自动地从大规模语料库中获取处理自然语言所需的各种知识。

目前，已经出现了一批可以进行一定自然语言处理的商品软件，但要让计算机可以像人类一样自如地运用自然语言，还需要长期的探索。

8.4.2 自然语言处理的关键技术

自然语言处理技术是所有与自然语言的计算机处理有关的技术的统称，其目的是使计算机理解和接受人类用自然语言输入的指令，完成从一种语言到另一种语言的翻译功能。下面我们就来了解和分析自然语言处理的关键技术。

1. 词法分析

词法分析是从句子中切分出单词，找出词汇的各个语素，从中获得单词的语言学信息并确定单词的意义的过程。词法分析包括词形和词汇两个方面。不同的语言对词法分析有不同的要求。例如：在英语等语言中，单词之间自然用空格分开，因此单词的划分非常的方便；在中文全文检索系统中，词法分析主要表现在对汉语信息进行词语切分，即汉语自动分词技术。常用的词法分析方法有最大匹配法、基于字符串匹配法、基于词典的中文分词法、神经网络分析算法等。

2. 句法分析

句法分析是对句子或短语结构进行分析，以确定构成句子的各个词、短语之间的关系，并将这些关系用层次结构进行表达，进而识别句子的句法结构，实现自动句法分析过程。

对句法结构进行分析，一方面是语言理解的自身需求，句法分析是语言理解的重要一环；另一方面也为其他自然语言处理任务提供支持。常用的句法分析方法有短语结构分析、完全句法分析、局部句法分析、依存句法分析等。

3. 语义分析

句法分析之后，一般还不能完全理解所分析的句子，因此还需要进行语义分析。语义分析是基于自然语言语义信息的一种分析方法，把分析得到的句法成分与应用领域中的目标表示相关联，不仅仅是词法分析和句法分析这样语法水平上的分析，而是涉及了单词、词组、句子、段落所包含的意义。

4. 语用分析

语用指人对语言的具体运用，它与语境、语言使用者的知识涵养、言语行为、想法和意图是分不开的，是对自然语言的深层理解。语用分析研究语言所在的外界环境对语言使用所产生的影响，是自然语言处理中一种更高级的语言学分析。语用分析相对于语义分析又增加了对上下文、语言背景、环境等的分析，从文章的结构中提取到意象、人际关系等的附加信息。

5. 语境分析

语境分析将自然语言与客观的物理世界和主观的心理世界联系起来，补充完善词法、语义、语用分析的不足，以便更准确地解释所要查询语言的技术。情景语境和文化语境是语境分析主要涉及的方面。

8.4.3 自然语言处理应用

1. 机器翻译

单来说，机器翻译就是通过特定的计算机程序将一种语言（一句话、一段话或者一篇文章）翻译成另外一种语言。按照媒介可以将机器翻译分为文本翻译、语音翻译、图像翻译以及视频和 VR 翻译等。机器翻译模型的发展主要分为三个阶段：基于规则的翻译、统计机器翻译和神经网络机器翻译。目前，在神经网络机器翻译中使用最为广泛的是编码器－解码器模型。

2. 信息检索

信息检索指从相关文档集合中查找用户所需信息的过程。信息检索的目标是获得相关的信息。信息检索的目标在于根据用户的查询，尽量把主题相关的信息都查询出来，同时摒弃与主题不相关的文档。近年来，随着自然语言处理技术的发展，人们通过对句子、段落以及整篇文档的逐级理解，改进对文档的理解和表示，从而提高信息检索系统的性能指标。

3. 信息抽取

信息抽取主要是指从文本中抽取出特定的事实信息。与之关系密切的是信息检索，信息检索主要是要从大量的文档中找到用户所需要的文档；而信息抽取是获取用户感兴趣或所需要的事实信息，这就需要对文本有深入的理解和分析。信息检索的结果可以作为信息抽取的范围，提高效率；信息抽取用于信息检索可以提高检索质量，更好地满足用户的需求。

4. 情感分析

情感分析又称意见挖掘，是指利用自然语言处理和文本挖掘技术，对带有情感色彩的主观性文本进行分析、处理和抽取的过程。目前，文本情感分析研究涵盖了包括自然语言处理、文本挖掘、信息检索、信息抽取、机器学习和本体学等多个领域，近几年持续成为自然语言处理和文本挖掘领域研究的热点问题之一。情感分析在电商评价、互联网舆情分析、选举预测等领域发挥重要作用。

5. 自动问答

问答系统是自然语言处理领域一个很经典的问题，它用于回答人们以自然语言形式提出的问题，有着广泛的应用。问答系统是信息服务的一种高级形式，系统反馈给用户的不再是基于关键词匹配排序的文档列表，而是更具有语义内涵的自然语言答案。该研究涉及信息检索、知识库、深度学习等领域，对加深自然语言处理的理论与应用研究有着现实意义。经典应用场景包括智能语音交互、在线客服、知识获取、情感类聊天等。

6. 自动文摘

互联网为人们提供了一个便捷的信息获取渠道，但也带来了新的问题：如何在每天不断涌现的海量信息中快速、准确地获得有用的信息？自动文摘就是利用计算机自动地从原始文献中提取文摘。自动文摘对大规模电子文本快速地进行浓缩、提炼，是加快阅读和获取信息资源的一个准确而高效的手段。